JavaScript实战

JavaScript、jQuery、HTML5、Node.js实例大全

（第2版）

张泽娜 编著

清华大学出版社

北京

内 容 简 介

本书从最流行的前端应用场景出发，结合当下热门技术（AJAX、jQuery UI、瀑布流、HTML5、Node.js、CSS3），用最浅显的例子带领大家走向 IT 前沿。

本书分为 5 篇共 24 章：第一篇介绍 JavaScript 的基础知识，用原生的 JavaScript 做表单验证、照片展示、抽象树控件等；第二篇认识 HTML5 的流行特性，如新表单验证、CSS3 动画、离线 API 及多媒体；第三篇学习强大的 Canvas，它是网页游戏的基础；第四篇学习用 jQuery 3.x 进行实战开发；第五篇通过 Node.js 了解 JavaScript 强大的后端开发功能。

本书是了解 JavaScript 技术最好的图书，其丰富的参考资料和指南能够成为读者必要的参考工具，成为前端开发初学者绝佳的选择。

图书在版编目（CIP）数据

JavaScript 实战：JavaScript、jQuery、HTML5、Node.js 实例大全 / 张泽娜编著. —2 版. —北京：清华大学出版社，2018

（Web 前端技术丛书）

ISBN 978-7-302-49845-2

Ⅰ. ①J… Ⅱ. ①张… Ⅲ. ①JAVA 语言—程序设计 Ⅳ. ①TP312.8

中国版本图书馆 CIP 数据核字（2018）第 046953 号

责任编辑：夏毓彦
封面设计：王　翔
责任校对：闫秀华
责任印制：李红英

出版发行：清华大学出版社
网　　址：http://www.tup.com.cn，http://www.wqbook.com
地　　址：北京清华大学学研大厦 A 座　　　邮　　编：100084
社　总　机：010-62770175　　　　　　　　邮　　购：010-62786544
投稿与读者服务：010-62776969，c-service@tup.tsinghua.edu.cn
质量反馈：010-62772015，zhiliang@tup.tsinghua.edu.cn

印　装　者：清华大学印刷厂
经　　销：全国新华书店
开　　本：190mm×260mm　　　印　　张：29　　　字　　数：742 千字
版　　次：2014 年 8 月第 1 版　　2018 年 6 月第 2 版　　印　　次：2018 年 6 月第 1 次印刷
印　　数：1~3000
定　　价：89.00 元

产品编号：078576-01

前　言

读懂本书

兴趣是第一位老师

歌德说过："哪里没有兴趣，哪里就没有记忆。"技术会有非常多的知识点需要记忆，为了帮助读者容易地记住，在本书中，笔者收集了很多有趣的技术背景资料，期望读者都能够爱上 JavaScript，爱上它所应用的各行各业。

还记得儿时的故事吗

小时候，总是偷偷地跑到老大爷那里听他讲过去奇奇怪怪的故事。后来，读了书，上了学，才知道那是历史。"读史使人明智，读诗使人灵透，数学使人精细，物理使人深沉，伦理使人庄重，逻辑修辞使人善辩。"英国哲学家弗朗西斯·培根把历史列在各科之首，足见其重要性。中国古言道"知古可以鉴今"，本书不仅讲技术还介绍了相关技术的来龙去脉，通过这些，让我们可以做一个有方向感的技术开发者。

基础知识与发展趋势

庄子说过："水之积也不厚，则其负大舟也无力"，所以本书不仅介绍了 JavaScript 当下最主流和热门的发展应用，还包括 JavaScript 原生语法基础及其应用，尤其是对初学时需要注意的方方面面均有提示，以帮助读者少走弯路。

本书改版说明

Web 前端技术日新月异，jQuery、Node.js 还有 HTML5 的变化都非常大，为了跟上前端的变化，本书也进行了更新，jQuery 已经从当初的 1.X 升级到了 3.X，Node.js 也从 0.X 更新到了 8.X，HTML5 和 CSS3 也完成了定稿，并确定了各种技术的使用场景。

这是一本实例书，也是一本引导书，本书是要教会你写代码，而不是教会你语法。本书涉及的工具和技术如下。

本书涉及的软件或工具

Firebug	Aptana Studio	MySQL
EditPlus	Google Chrome	MongoDB
Dreamweaver	Mozilla Firefox	Photoshop
Sublime Text	Internet Explorer	Nginx
WebStorm	SQL Server	

本书涉及的技术或框架

CSS3	Canvas	Express 框架
CSS Sprites	HTML5 Video	Connect
Transform	HTML5 Audio	Socket.IO
用户体验	SVG	WebSocket
jQuery	LocalStorage	node-formidable
jQuery UI	SessionStorage	ejs
AJAX	IndexedDB	闭包
DHTML	Node.js	重构
JSON	CommonJS	防止变量污染
JSONP	MIME	Masonry
HTML5	HTTP	延迟加载
正则	NPM	

本书涉及的一些案例

淘宝工具"如意淘"	自定义树控件
搜狗云输入法	淘宝哇哦
有道云笔记——网页剪报	重大哀悼日的黑白滤镜
小米手机产品图集页面	打飞机
自己动手构造一个 Web 服务器	哆啦 A 梦
基于 Express 框架的 HTTP 服务器	图片的压缩和解压
构造一个基于 Socket 的聊天系统	DoS 攻击与防范

本书特点

- 本书不是纯粹的理论知识介绍，也不是高深的技术研讨，完全从基础出发，用最简单的、典型的示例引申出核心知识，最后指出了通往"高精尖"进一步深入学习的道路。

- 本书没有深入介绍某一个知识块，而是全面介绍 JavaScript 涉及的前端领域、后端应用范围，能够系统性地观看到这门语言的全貌，以便在学习的过程中不至于迷失方向。

- 本书人文与技术结合，基础与参考结合，有大量的名人名言、名人轶事和参考资料，能激活读者的阅读兴趣且能够时时为读者提供参考。
- 本书旨在引导读者进行更多技术上的创新，每章最后都会用技术点参考的方式扩大读者的阅读范围。
- 本书代码遵循重构原理，避免代码污染，真心希望读者能编写出优秀的、简洁的、可维护的代码。

适用读者

- 爱好网页设计的大中专院校或职校的学生。
- 准备从事前端开发的人员。
- 喜欢或从事网页设计并对前端感兴趣的人员。
- 想扩展前端知识面的读者。
- JavaScript、jQuery、Node.js 的爱好者。

下载地址

本书示例源代码下载地址（注意数字与字母大小写）如下：

https://pan.baidu.com/s/1Bp4FRpOERC9ghpjOPY2xHg

（密码：ha6w）

也可扫描右边二维码获取网址。如果下载有问题，请联系电子邮箱 booksaga@163.com，邮件主题为"JavaScript 实战——JavaScript、jQuery、HTML5、Node.js 实例大全（第 2 版）"。

本书由张泽娜主笔，其他参与创作的还有王晓华、常新峰、林龙、王亚飞、薛燚、王刚、李雷霆、管书香、薛福辉、陈晓珺、陈云香，排名不分先后。

编 者
2018 年 3 月

目　录

第二篇　HTML5+CSS3 实战篇

第三篇　HTML5 Canvas 实战篇

第四篇　jQuery 实战篇

第一篇

JavaScript
实战篇

第 1 章　JavaScript 概述

是金子终会发光!

——弗里德里希·威廉·尼采

本书将用新颖的视角去认识 JavaScript，通过流行简单的实例深度阐述 JavaScript 的特性，尽量利用 IT 世界里有意思的东西来激发读者的学习兴趣。本章将概括性地介绍 JavaScript 的基本特点，绕开千篇一律的语法叙述，直接讲解 JavaScript 领域中的常见术语。工欲善其事必先利其器，笔者首先推荐一些非常优秀的开发工具并进行简要说明，读者可根据自身情况选择适合自己的工具。

本章主要内容:

- JavaScript 是"活"语言
- JavaScript 开发工具

1.1　认识 JavaScript

JavaScript 是一个被埋没很久的编程语言，它早在 1995 年就被布兰登·艾奇（Brendan Eich）设计出来了。

网景（Netscape）公司最初将其脚本语言命名为 LiveScript，在与 Sun 合作之后将其改名为 JavaScript，随着 Netscape Navigator 2.0（见图 1-1）公布于世，虽然想要师出名门的效果，但是网景公司却把它作为非程序人员的编程语言来推广和宣传，非程序开发者并不对其买账，JavaScript 由此被埋没长达十年之久。但是 JavaScript 的确具有很多优秀的特点，近几年的发展势头越来越好，预示着 JavaScript 春天般的前景。

图 1-1　十几年前 JavaScript 的起源浏览器 Netscape Navigator 2.0

1.1.1　浏览器战争

JavaScript 一生下来就和浏览器绑在一起，它的发展史就是一部浏览器的战争史。在 JavaScript 1.0 时期，Netscape Navigator 主宰着浏览器市场，微软 IE 则只是个跟班。

在微软发布 IE 3.0（见图 1-2）的同时也发布了 VBScript 语言，同时以 JScript 的名称发布了一个类似 JavaScript 的东西，由此缩短了与 Netscape Navigator 的差距，第一次浏览器世界大战由此展开。

图 1-2 IE 早期 8 个版本的 LOGO 图标

面对竞争，网景（Netscape）公司与 Sun 公司联合欧洲计算机制造商协会（ECMA）对 JavaScript 语言进行了标准化，于是出现了 ECMA-262 标准。由此可见，标准不过是为了竞争而存在的武器。

直到 1997 年 10 月，微软 IE 浏览器发布 4.0 版本，但是其市场份额仍然不足两成，网景则占据七成。

1999 年 IE 5.0 发布，IE 5.0 对 CSS 1 和 CSS 2 的支持使得文本渲染得到了增强。

2001 微软发布了最具里程碑意义的 IE 6.0 浏览器，也是在这个时候，微软似乎为其浏览器选定了正确的方向。2002 年微软彻底打败网景，占有九成的市场份额，而且与 Windows XP 的黄金组合统治了互联网多年，到 2004 年市场份额达到了历史最高点的百分之九十多。

第一次浏览器世界大战宣告结束。

2003 年 7 月，网景将 Netscape 浏览器源代码开源，同时建立 Mozilla Foundation。2004 年 11 月，Mozilla 发布第一款 Firefox 浏览器。第二次浏览器世界大战爆发，时至今日，2008 年 Google 发布的 Chrome 浏览器、1996 年发布的 Opera 浏览器、2003 年苹果发布的 Safari 浏览器仍在混战中。图 1-3 是几个具有自主技术的浏览器 LOGO。

图 1-3 主流浏览器 LOGO

遗憾的是，大多数国产浏览器都是 OEM "贴牌加工"后的产物，但是在浏览器世界大战中同样可见它们的身影，而且它们还把战线延伸到手机上，如百度浏览器、傲游浏览器、360浏览器、QQ 浏览器、搜狗浏览器、金山猎豹浏览器、淘宝浏览器、UC 浏览器等。

1.1.2 寄生语言

ECMA-262 标准（第 2 段）说："ECMAScript 可以为不同种类的宿主环境提供核心的脚本编程能力，因此核心的脚本语言是与任何特定的宿主环境分开进行规定的……"。

有宿主当然就有寄生，浏览器对于 ECMAScript 来说是一个宿主环境，但它并不是唯一的宿主环境，比如本书第 21 章要讲的 Node.js 也是它的一个宿主环境，还有大部分国产浏览器大都只是把宿主环境给美化一下，其核心依然要"进口"。

JavaScript 和 ECMAScript 之间的关系如图 1-4 所示，JavaScript 包括 ECMAScript、DOM（文档对象模型）和 BOM（浏览器对象模型）。

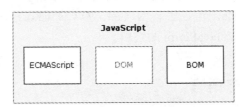

图 1-4 JavaScript 和 ECMAScript 之间的关系

由图 1-4 可见，ECMAScript 是独立于 DOM 和 BOM 的，ECMAScript 仅仅是一个描述，定义了脚本语言的所有属性、方法和对象。其他语言可以实现 ECMAScript 来作为功能的基准，JavaScript 就是这样，如图 1-5 所示，它是 JavaScript 的一部分，也可以是其他语言的一部分，如 Flash 中的 ActionScript。

图 1-5 ECMAScript 和其他语言的关系

JavaScript 具有强悍的寄生能力，除了用在浏览器上，还广泛用于服务器、PC、笔记本电脑、平板电脑和智能手机等设备上。JavaScript 嵌入的设备类型丰富、数量庞大，所以是世界上最流行的编程语言。

1.1.3 DHTML、DOM 和 W3C

浏览器的竞争和发展大幅扩展了 DOM，使得通过 JavaScript 完成的功能大大增强，而网页设计人员也接触到一个新名词：DHTML（Dynamic HTML）。

DHTML 不是语言，它和本书第 4 章讲解的 AJAX 是同样性质的东西，它不是一种标准或规范，只是一种将目前已有的网页技术、语言标准整合运用的方式。

由于浏览器发展的早期，各个开发商在扩展 DOM 时采用了不同的实现方法，于是就形成了各种不同的浏览器差异问题——也就是今天令各种前端开发和设计人员头痛的"浏览器兼容性"问题。于是开发者为同一个网页写两份以上的代码才能完成工作，这是一件相当痛苦的事情。

W3C 即万维网联盟（World Wide Web Consortium），又称 W3C 理事会。

在各大浏览器忙着第一次世界大战时，W3C 预知到 DOM 混乱，研究各家长短后在 1998 年 10 月 1 日推出了一个标准化的 DOM Level 1。1999 年 1 月 11 日，CSS 1 推荐也被重新修订，CSS 2 推荐发布。DOM Level 2 则在 2000 年 11 月 13 日发布。

W3C 对 DOM 的定义是："一个与系统平台和编程语言无关的、中立的应用程序编程接口（API），允许程序通过接口访问并更改文档的内容、结构和样式。"从此 W3C 为互联网发展道路制定并推广各种标准。可以去官网（http://www.w3.org/）上查阅所有关于互联网相关技术及标准的资料，也包括 JavaScript 的资料。

1.1.4 动态语言和静态语言

JavaScript 至今仍然被称为"脚本语言"，但正是因为有了"脚"，浏览器才大踏步地前进着、奔跑着、跳跃着，所以它也是一个让全世界都充满活力的语言。虽然 C、C++构建的软件像高楼大厦般宏伟，但是它们也如这些建筑一样缺乏足够的生机。

如果说 C、C++是经典的静态语言，那么 JavaScript 则是动态语言的代表。世界上有静就有动，并且动和静都是相对而言的。看到 JavaScript 越来越活跃，在微软主导的 C#静态编程语言中也逐渐可以看到大量的动态语言特性。如果浏览器可以取代或部分取代庞大的操作系统，JavaScript 可能正躲藏在浏览器不为人知的角落，偷笑着与自己越来越像的 C#这类静态语言。

世界上第一门动态语言（也是世界上第二门编程语言）是 Lisp，其后很多语言都从 Lisp身上继承了必要的优势基因（比如 Smalltalk、Python、Ruby 等），动态性就是其中之一。20世纪 70 年代，Smalltalk 语言出现，集合了面向对象和动态性，获得当时开发界的认可；1986年 Perl 出现，高效的开发效率和极少的语法限制赢得了大量程序员的欢迎，也使更多人领教了动态语言的魅力。目前，主要的动态编程语言有 PHP、Visual Basic、Ruby、Python、JavaScript、Groovy 和 Perl 等。

静态类型语言的主要优点在于其结构非常规范，便于调试，类型安全，效率高。动态类型语言的缺点是不方便调试，因为它要运行起来后才能发现一些错误。

动态语言秉承的一个理念是：优化人的时间，而不是机器的时间。提高开发者的生产力，宁肯牺牲部分的程序性能或者购买更高配置的硬件来弥补。随着 IT 业的不断发展和摩尔定律的作用，硬件价值相对于人的价值一直在贬值，这个理念便符合了现实的发展规律。

最近几年各种语言的发展趋势如图 1-6 所示。读者要明白 JavaScript 这种动态语言也不是无所不能，它有自己坚持的理由和奋斗的目标。

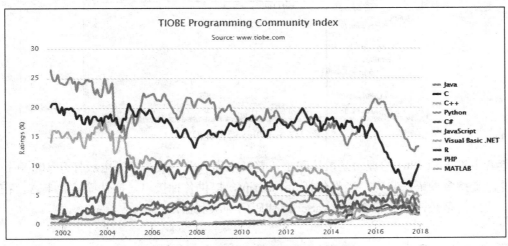

图 1-6 动态语言和静态语言发展趋势

1.2 配置 JavaScript 开发环境

近几年 JavaScript 的开发工具也得到了蓬勃发展，大小工具琳琅满目，笔者结合自身经验介绍一些常用的优秀开发工具，抛砖引玉，使读者对常用的 JavaScript 开发工具有所认识，对于每一款软件的具体使用，读者朋友可到网上去搜索、查找，由于篇幅有限，就不包括在本书内了。

大部分读者应该是在 Windows 平台下进行开发，因此本书主要以 Windows 操作系统为主来介绍各种 JavaScript 开发环境。

1.2.1 EditPlus

EditPlus 是一个程序员使用的老牌编程工具，支持很多语言，它是一款由韩国 Sangil Kim（ES-Computing）出品的小巧但是功能强大的可处理文本、HTML 和程序语言的编辑器。运行效果如图 1-7 所示，图中版本是 4.3，网上的版本很丰富，读者可以根据实际情况去选择。

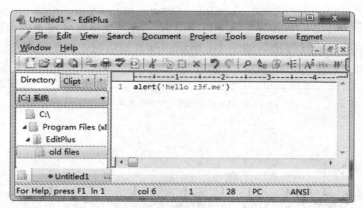

图 1-7 EditPlus 运行界面

笔者主推 Edit Plus 的理由是，体积小，普及率高，上手快，可闪电般打开 10000 行代码的文件，支持多种语法高亮，当然包括 JavaScript，提供各种接口，插件简洁且丰富，在网络中极易找到，是快速修改、查阅 JavaScript 代码的神级利器。

1.2.2 Adobe Dreamweaver

曾经被誉为"网页三剑客"之一的 Dreamweaver 备受广大网页设计和开发人员的喜爱，历史非常悠久，运行效果如图 1-8 所示。

图 1-8 Adobe Dreamweaver CS6

CS6 版本支持 CSS3、HTML5，并集成了 jQuery 代码提示功能，是网页开发人员开发大型项目或长期使用的必备工具。

1.2.3　Sublime Text

Sublime Text 是 JavaScript 集成开发环境 IDE 中比较漂亮（见图 1-9）的且对开发支持非常良好的一款文本编辑器，简洁、强大、高效。

它处理 JavaScript 文件的效率的确比不上 EditPlus，但是做了很多用户体验方面的改进和支持，对审美有要求的读者可果断入手。

图 1-9　Sublime Text 3

1.2.4　JetBrains WebStorm

JetBrains WebStorm 被国内广大前端开发者誉为"Web 前端开发神器""最强大的 HTML5 编辑器""最智能的 JavaScript IDE"等。图 1-10 是其华丽的启动界面，当然它的内涵也相当丰富。

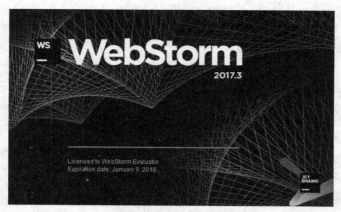

图 1-10 WebStorm 2017 启动界面

这个 IDE 打开之后，不仅可以看到项目结构，还能看到 js 文件的代码结构，如图 1-11 所示。

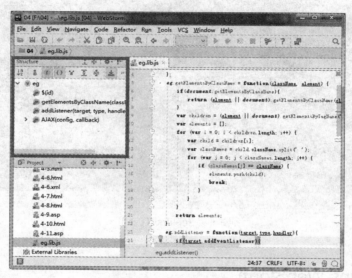

图 1-11 WebStorm 工作界面

强大是要付出代价的。WebStorm 会消耗大量内存，由于自身是由 Java 语言编写的，因此某些界面和 Windows 默认风格格格不入，比较怪异。

1.2.5 Aptana Studio

Aptana 是一个强大、开源、JavaScript-focused 的 AJAX 开发 IDE。它的特点包括 JavaScript 函数、HTML 和 CSS 语言的代码提示功能。Aptana 安装简便，基本上按照提示一直单击 Next 按钮（见图 1-12）即可安装完成。

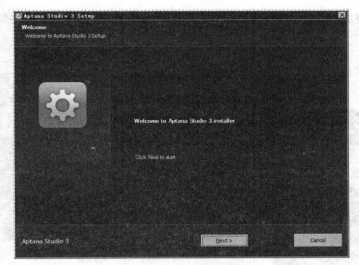

图 1-12 Aptana 安装界面

Aptana 在第一次启动时，会弹出如图 1-13 所示的对话框，让用户选择一个目录作为工作空间，相比 WebStorm 那种在每一个目录下创建一个临时文件的软件来说，这种方式更容易让人接受。可直接单击 OK 按钮，如果不想以后弹出此对话框，勾选图中的复选框就可以了。

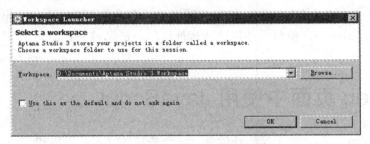

图 1-13 Aptana 第一次启动对话框

对前端开发者来说非常实用的功能是，它支持 JavaScript、HTML 和 CSS 的代码结构分析，这一点和 WebStorm 差不多，图 1-14 是在 Aptana 中打开一个 js 文件的运行效果图。

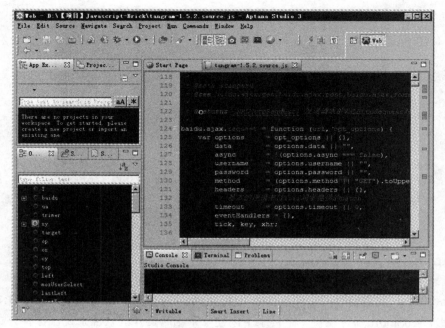

图 1-14 Aptana 工作界面

Aptana 也是一个吃内存的大户，但是它还提供一个非常不错的 MyEclipse 插件版本，这又拉住了不少程序员的心，但目前使用这款软件的用户已经越来越少。

1.3 在 Web 页面中使用 JavaScript

编写 JavaScript 代码其实无须特殊软件，一个普通的文本编辑器和一个 Web 浏览器就足够了。虽然在 1.2 节中介绍了很多 JavaScript 文件编辑器，读者还是应该根据实际应用场景和个人习惯选择适合的工具。

用 JavaScript 编写的代码需要放在 html 文档中才能被浏览器执行，有两种方式可以做到这一点。

1.3.1 直接内嵌 JavaScript 代码

第一种方式是将 JavaScript 代码放到文档<head>标签的<script>标签中，见【范例 1-1】。

【范例 1-1 第一个 JavaScript 程序 hello world】

```
1.  <!DOCTYPE html>
2.  <html>
3.   <head>
4.    <title>hello world</title>
```

```
5.    <script>
6.      alert('hello world!');
7.    </script>
8.  </head>
9.  <body>
10. </body>
11. </html>
```

将上面的代码保存到 html 文件中（在记事本中编写，然后另存为扩展名为 html 的文件），用任意浏览器打开，就可以看到一个弹出对话框。

1.3.2 引用 JavaScript 文件

第二种方式是把 JavaScript 代码存为一个扩展名为 js 的独立文件。以前的做法是在文档 <head>里用<script>标签的 src 属性来指向该文件，见【范例 1-2】。

【范例 1-2 引用 JavaScript 文件】

```
1.  <!DOCTYPE html>
2.  <html>
3.   <head>
4.    <title>hello world</title>
5.    <script src="helloworld.js"></script>
6.   </head>
7.   <body>
8.   </body>
9.  </html>
```

目前业界推荐的做法是把【范例 1-2】中的<script>放到 html 文档最后，</body>标签之前（第 7 行和第 8 行之间）。这样做的目的是，使浏览器更快地加载页面并展示给用户，从而增强用户体验。

1.4 高效率的开发

开发效率的高低取决于两大因素，一是自身，二是外在。自身因素包括开发者的逻辑思维能力、对开发语言和工具的熟悉程度。外在因素通常包括工具的灵活度、代码复用率、语法复杂度等。

1.4.1 熟悉语法

JavaScript 的语法非常灵活多变，所以很多工作数年的 JavaScript 同行常常使用的也只是其中一部分语法技巧。读者不要因为 JavaScript 上手简单而忽略它原本的语法体系，只有熟悉了语法才能在大型项目中游刃有余或是推陈出新。

市面上有很多语法书籍，本书只对语法进行简单概括以供参考查阅。JavaScript 语法基本要素：

- 区分大小写。
- 变量不区分类型。
- 每条语句结尾可以省略分号。
- 注释与 C、C++、Java、PHP 相同。
- 代码段要封闭。

JavaScript 数据类型有字符串、数字、布尔值、数组、对象、Null、undefined、NaN。JavaScript 中的所有事物都是对象，包括字符串、数值、数组、函数等，由数据类型确定 JavaScript 内置的几大对象就是 String、Number、Boolean、Array、Object，除此之外还提供了正则表达式对象 RegExp、日期对象 Date、函数对象 Function、静态数学对象 Math。

注意：

- Null 和 undefined 没有对应的内置对象，只在赋值和对比时使用。
- 除了 Math 对象，其他内置对象都可以用 new 关键字调用。
- 常见的 window 对象和 document 对象不是 JavaScript 内置对象，而由浏览器 BOM 和 DOM 提供，在 Node.js 等非浏览器环境下是无法调用的。
- 单双引号都可以用来定义字符串对象，见【范例 1-3】。
- 数字对象接受十进制数；接受以 0 开头的八进制数，如 023420；以 0x 开头的十六进制数，如 0x2710；还接受科学计数，如 1e4，见【范例 1-3】。
- NaN 是 Not a Number 的缩写，主要用于处理计算中出现的错误情况。
- Boolean 对象初始化值为 0、-0、null、""、false、undefined、NaN 时，对象值就是 false，反之则为 true。
- []可表示创建一个新数组对象 Array，见【范例 1-3】。
- {}可表示创建一个新对象 Object，见【范例 1-3】。
- 对象通过中括号运算符能够创建任意名称的对象成员，见【范例 1-3】。

【范例 1-3 JavaScript 常见语法技巧】

```
1.  '<span class="z3f"></span>' == "<span class=\"z3f\"></span>"    //等于 true
2.  023420 === 0x2710;                               //八进制和十六进制,等于 true
3.  023420 === 10000;                                //八进制和十进制,等于 true
4.  023420 === 1e4;                                  //八进制和科学计数,等于 true
5.  var myArray = []
6.  var myObject = {}
7.  var myFunction = function(){};                   //创建函数
```

```
8.      myFunction.3f = 1;                              //会报错
9.      myObject[myFunction] = 1;                       //对象成员名称是一个匿名函数
10. "10.567890"|0 === 10                                //取整同时转成数值型
11. +new Date() === new Date().getTime()                //日期转数值
12. Math.random().toString(16).substring(2);            //14 位字符长度的漂亮随机码
13. Math.random().toString(36).substring(2);            //11 位字符长度的漂亮随机码
14. myArray = [1,2,3]
15. Array.prototype.push.apply(myArray, [4,5,6]);
                                           //合并数组后，myArray===[1,2,3,4,5,6]
16. var a=1,b=2;
17. a= [b, b=a][0];                                     //a，b 交换数值使 a=2，b=1
```

更多语法技巧有待读者自己去探索和发现，笔者只是抛砖引玉。

1.4.2 自动完成

语法自动完成功能，相信读者在使用各种 IDE 工具时都有所感受，在这里要顺便提示的是，前面介绍的很多 JavaScript 开发 IDE 都有代码片段自动完成功能，它能一下子完成一大段代码的输入工作。以 EditPlus 为例，在菜单栏单击"工具（T）"→"首选项（P）"可打开如图 1-15 所示的对话框。

图 1-15 EditPlus 首选项对话框

在 EditPlus 安装目录下可以看到 acp 结尾的文件，它就是自动完成规则文件。acp 文件有 4 个规则：

- 以#TITLE 开头的表示声明，如#TITLE=XHTML 就表示是 HTML/XHTML 的自动完成文件，同理也可以自定义 html 等文件的自动完成。
- 以#T 开头的表示简写，后面紧跟所表示的全部代码。
- 分号（;）代表注释。

- ^!表示指针位置。

【范例 1-4】是一小段 XHTML 的自动完成示例。

【范例 1-4 EditPlus 自动完成 acp 文件规则片段】

```
1.  #TITLE=XHTML
2.  ; EditPlus Auto-completion File v1.0 written by ES-Computing.
3.  ; This file is intended to be used by HTML Toolbar of EditPlus.
4.  ; <WARNING>
5.  ; This file is required for EditPlus to run correctly.
6.  ; You can modify only the content of each entry.
7.  ; Do not add/remove any entry.
8.  ; Do not modify title of each entry.
9.  #CASE=y
10. #T=B
11. <b>^!</b>
12. #T=I
13. <i>^!</i>
14. #T=U
15. <u>^!</u>
16. #T=H1
17. <h1>^!</h1>
18. ;中间省略部分
19. #T=H6
20. <h6>^!</h6>
21. #T=A
22. <a href="">^!</a>
23. #T=IMG
24. <img src="" width="" height="" alt="^!" />
```

设置好后，可能需要重启 EditPlus。新建一个 html 或 xhtml 文档，在文件中输入 IMG，软件就自动转换为<img src="" width="" height="" alt=""/>。这绝对是提高效率的最佳方式，一次定义多次使用。

限于篇幅，无法一一列举所有软件的自动完成功能，读者可上网搜寻。

1.4.3 使用成熟框架和便捷工具

很多成熟框架（如 jQuery 和 Ext 等）都有悠久的历史，代码久经千万网站考验，也符合绝大多数项目需求和开发人员的习惯，对这些框架的使用是提高开发效率的有效手段。

本书第 17 章将详细介绍 jQuery，其他常见的框架还有 Ext、Prototype、Yahoo UI、Mootools、Dojo、MochiKit、Zepto、Rialto、Spry 等。在这里先给出几个框架的相关链接：

- http://jquery.com——大名鼎鼎的 jQuery。

- https://www.sencha.com/products/extjs/ ——Ext 官网

利器在手，编程不愁，笔者特收集了一些有用的工具供读者平时使用：

- 正则工具——http://refiddle.com/。
- 正则表达式库——http://regexlib.com。
- 在线调试（非 IE 可用）——http://jsfiddle.net/。
- css、js 兼容性支持查询——http://caniuse.com。
- CSS3 的 loading——https://icons8.com/cssload/。
- 常用 Web 图标——https://pfefferle.github.io/openwebicons/。
- 检查网站配色是否正确的工具——http://www.checkmycolours.com/。

1.5 相关参考

- https://www.ultraedit.com/downloads.html —— UltraEdit。
- https://notepad-plus-plus.org/download —— Notepad++。
- https://baike.baidu.com/item/EditPlus —— EditPlus 实用技巧。
- https://baike.baidu.com/view/76320.htm —— 脚本语言百度百科。

第 2 章 用 JavaScript 验证表单

简单不先于复杂，而是在复杂之后。

——*Alan Perlis*，使计算机科学成为独立学科的首届图灵奖得主

要知道 JavaScript 最初就是为了验证而生，而一个 Web 项目开发得不好就会因验证而死。
JavaScript 的出现主要是为了解决服务器端遗留的速度问题，为客户提供更流畅的浏览效果。当时服务端需要对数据进行验证，由于网络速度相当缓慢，只有 28.8kbps，客户提交数据等待半天后，服务端提示说："输入有错！"这是一件很让人郁闷的事情。

由于 Web 项目在验证步骤浪费的时间越来越多，所以需要 JavaScript 这样一个把门的人。
本章主要用范例讲解 JavaScript 被发明出来主要做的事情——表单验证。本章主要知识点：

- JavaScript 正则表达式
- 表单元素事件

2.1 最简单的表单验证——禁止空白的必填项目

表单验证是一个恒久话题，但其原理则相当简单（见图 2-1）。简单的东西更有生命力，用 JavaScript 语言专门制作的收费表单验证产品有很多。

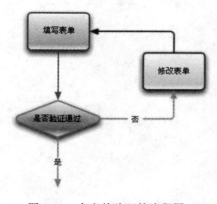

图 2-1 一个表单验证的流程图

2.1.1 最简单表单的 HTML 结构

网站最基础的模块就是注册，它是一个系统的交互基础。有关其 HTML 结构，请看【范例 2-1】。

【范例 2-1 最简单表单的 HTML 结构】

```
1.   <!DOCTYPE html>
2.   <html>
3.    <head>
4.     <title>最简单表单的 HTML 结构</title>
5.    </head>
6.    <body>
7.     <form method="post" action="">
8.           账户：<input type="text" name="" /><br /><br />
9.           密码：<input type="password" name="" /><br /><br />
10.          确认：<input type="password" name="" /><br /><br />
11.          <input type="submit" value="注册"/>
12.    </form>
13.   </body>
14.  </html>
```

【范例 2-1】中第 7~12 行就是一个注册表单的基本代码，目前我们还做不了任何有用的事情。比如单击"注册"按钮后发布的数据，系统后台是接收不到的，因为 input 标签中的 name 没有指定任何参数，这个参数需要和系统后台协商指定。再看看代码运行的效果，如图 2-2 所示。

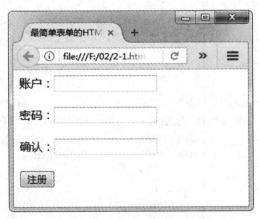

图 2-2 【范例 2-1】Firefox 中的运行效果

2.1.2 绑定验证功能

因为用户最后要去单击"注册"按钮，所以我们就在"注册"按钮上添加一个 onclick 事件属性，引用 eg.regCheck()，见【范例 2-2】。

【范例 2-2 注册事件】

```
1.    ……前面代码略……
2.    <input type="submit" value="注册"onclick="return eg.regCheck();"/>
3.    </form>
4.    <script>
5.    var eg = {};//声明一个对象，当作命名空间来使用，本书默认的范例都会以此来方便管理
6.    eg.regCheck = function(){
7.
8.    }
9.    </script>
10.   </body>
11.  </html>
```

当写到【范例 2-2】时，必须要让 eg.regCheck()函数做些什么才是。比如要获取用户输入的账户信息该怎么办？这时最好给 input 标签加上一个 id 属性，JavaScript 再通过这个指定的 id 去取得对应的信息，然后返回验证结果 true 或 false，见【范例 2-3】。

【范例 2-3 给表单添加验证功能】

```
1.    ……前面代码略……
2.    账户: <input type="text" name="" id="userid" /><br /><br />
3.    密码: <input type="password" name="" id="userpwd" /><br /><br />
4.    确认: <input type="password" name="" id="userpwd2" /><br /><br />
5.    <input type="submit"value="注册"onclick="return eg.regCheck();"/>
6.    </form>
7.    <script>
8.            var eg = {};
              //声明一个对象，当作命名空间来使用，本书默认的范例都会以此来方便管理
9.            //定义一个公共函数来获取指定 id 元素，减少代码量，提高代码复用率
10.           eg.$ = function(id){
11.                   return document.getElementById(id);
12.           };
13.           eg.regCheck = function(){
14.                   var uid = eg.$("userid");
15.                   var upwd = eg.$("userpwd");
16.                   var upwd2 = eg.$("userpwd2");
17.                   if(uid.value == ''){
18.                           alert('账户不能为空!');
19.                           return false;
20.                   }
```

```
21.                 if(upwd.value == ''){
22.                     alert('密码不能为空!');
23.                     return false;
24.                 }
25.                 if(upwd.value != upwd2.value){
26.                     alert('两次密码输入不相同!');
27.                     return false;
28.                 }
29.                 return true;
30.         };
31.     </script>
32.     </body>
33. </html>
```

【范例 2-3】第 11 行的 getElementById 函数和 onclick 事件就是前面 1.1.3 小节提到的 DHTML 所提供的，限于篇幅，更多信息需要读者自行上网搜寻了解。

这样我们就为表单加上了最简单的验证功能。

2.1.3 绑定验证的另一种方式

【范例 2-3】把验证放在"注册"按钮的 onclick 事件属性里使用，同样还有另一种调用方式，即 form 标签的 onsubmit 事件属性，功能一样，完整代码见【范例 2-4】。

【范例 2-4 form 表单绑定验证完整范例】

```
1.  <!DOCTYPE html>
2.  <html>
3.   <head>
4.    <title>最简单表单的 HTML 结构</title>
5.   </head>
6.   <body>
7.    <form method="post" action="" onsubmit="return eg.regCheck();">
8.          账户: <input type="text" name="" id="userid" /><br /><br />
9.          密码: <input type="password" name="" id="userpwd" /><br /><br />
10.         确认: <input type="password" name="" id="userpwd2" /><br /><br />
11.         <input type="submit" value="注册" />
12.    </form>
13.    <script>
14.         var eg = {};
            //声明一个对象，当作命名空间来使用，本书默认的范例都会以此来方便管理
            //定义一个公共函数来获取指定 id 元素的值，减少代码量，提高代码复用率
16.         eg.$ = function(id){
17.             return document.getElementById(id);
18.         };
19.         eg.regCheck = function(){
```

21

```
20.              var uid = eg.$("userid");
21.              var upwd = eg.$("userpwd");
22.              var upwd2 = eg.$("userpwd2");
23.              if(uid.value == ''){
24.                   alert('账户不能为空!');
25.                   return false;   //返回 false 就会阻止表单 form 提交
26.              }
27.              if(upwd.value == ''){
28.                   alert('密码不能为空!');
29.                   return false;   //返回 false 就会阻止表单 form 提交
30.              }
31.              if(upwd.value != upwd2.value){
32.                   alert('两次密码输入不相同!');
33.                   return false;   //返回 false 就会阻止表单 form 提交
34.              }
35.              return true;          //返回 true 就会提交表单 form
36.         };
37.    </script>
38.  </body>
39. </html>
```

【范例 2-4】和【范例 2-3】类似，只是调用的地方不同，所谓条条大路通罗马，有很多算法都可以达到相同的目的，只是根据情况而定，两个范例的运行效果都一样，见图 2-3。

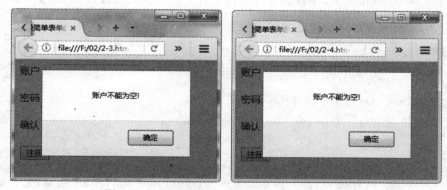

图 2-3 【范例 2-3】和【范例 2-4】的运行效果

前面的范例都是把 JavaScript 和 HTML 代码写在一起，也可以将 js 代码直接保存为 html 格式或 htm 格式的文件让浏览器来运行。HTML 文档最常用的扩展名是 html，而扩展名 htm 是因为像 DOS 这样的旧操作系统限制扩展名为最多 3 个字符，所以也允许使用 htm 扩展名。现在 htm 扩展名使用得比较少，但是仍旧受到支持。

从本章的范例可以看出，笔者使用了 eg 这样的全局对象变量来存储自定义的各种方法。这称为"单全局变量"——这样做的目的是减少"环境污染"，正所谓环保无处不在，环保的好处在于不同人编写的代码、不同项目的代码都可以放心大胆地使用，而不用担心冲突，另外就是利于维护，看看图 2-4 就能明白。使用单全局变量的著名范例有 jQuery 库、YUI 工具等。

比单一更少的是零全局变量，这是一个极端特例，如果脚本短小，且不需要对外提供交互接口时就可以这样做，但一般都要提供至少一个以上的交互接口。

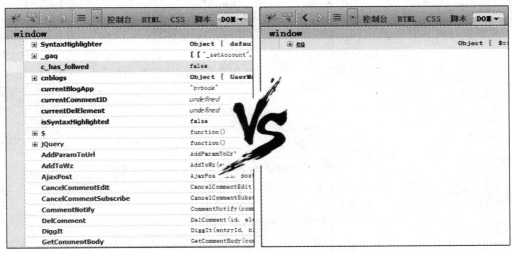

图 2-4 全局变量污染对比

2.2 处理各种类型的表单元素

表单（Form）是在 HTML1.0 草案时代就被支持的古老概念，因为 HTML 没有 1.0 版，所以表单元素最早在 HTML2.0 中被规范，这么古老的对象至今依然被广泛使用，这就证明其意义所在。

2.2.1 input、textarea、hidden 和 button

随着网站的发展，需求会不断发生变化，比如要在【范例 2-4】基础上增加"简介"字段，可以为空，但是最长不超过 60 个字符，同时要统计一下，用户输入错误的次数，输入超过 3 次，就锁定"注册"按钮，然后要"解锁"才能重新使用，根据业务需求基于【范例 2-4】增加的代码如【范例 2-5】所示。

【范例 2-5 处理各种类型的表单一】

```
1.  <!DOCTYPE html>
2.  <html>
3.   <head>
4.    <title>处理各种类型的表单一</title>
```

```
5.    </head>
6.    <body>
7.      <form method="post" action="" onsubmit="return eg.regCheck();">
8.          <input type="hidden" name="" id="errnum" value="0"/>
9.          账户：<input type="text" name="" id="userid" /><br /><br />
10.         密码：<input type="password" name="" id="userpwd" /><br /><br />
11.         确认：<input type="password" name="" id="userpwd2" /><br /><br />
12.         简介：<textarea name="" rows="4" cols="18" id="about"></textarea>
                 <br /><br />
13.         <input type="submit" value="注 册" id="regBtn" /> <input type=
            "button" value="解锁" onclick="eg.unlock()" style="display:none;"
            id="regUnlock" />
14.     </form>
15.     <script>
16.         var eg = {};
                 //声明一个对象，当作命名空间来使用，本书默认的范例都会以此来方便管理
17.             //定义一个公共函数来获取指定 id 元素，减少代码量，提高代码复用率
18.         eg.$ = function(id){
19.                 return document.getElementById(id);
20.         };
21.             //主要的验证方法
22.         eg.regCheck = function(){
23.                 var uid = eg.$("userid");
24.                 var upwd = eg.$("userpwd");
25.                 var upwd2 = eg.$("userpwd2");
26.                 if(uid.value == ''){//value 是元素自带属性
27.                         alert('账户不能为空!');
28.                         eg.err();
29.                         return false;
30.                 }
31.                 if(upwd.value == ''){
32.                         alert('密码不能为空!');
33.                         eg.err();
34.                         return false;
35.                 }
36.                 if(upwd.value != upwd2.value){
37.                         alert('两次密码输入不相同!');
38.                         eg.err();
39.                         return false;
40.                 }
41.                 //新增的部分
42.                 var about = eg.$("about");
43.                 if(about.value.length>60){ //value 是字符串类型的属性
44.                         alert('简介太长!');
45.                         eg.err();
```

24

```
46.                        return false;
47.                    }
48.                    return true;                      //返回 true 就会提交表单 form
49.            };
50.        //出错时记录错误次数
51.        eg.err = function(){
52.                    var el = eg.$("errnum");
53.                    var old = el.value;
54.                    el.value = parseInt(old)+1;
                       //把字符串转换为整数+1，并保存起来
55.                    eg.lock();                         //用来检查是否应该锁定
56.            };
57.        //通过次数判断是否要锁定注册
58.        eg.lock = function(){
59.                    var err = eg.$("errnum");
60.                    if(parseInt(err.value)>2){
61.                        eg.$("regBtn").disabled = true;
                           //根据业务需求，输错 3 次就锁定
62.                        eg.$("regUnlock").style.display="block";
                           //同时显示解锁按钮
63.                    }
64.            };
65.        //解锁
66.        eg.unlock = function(){
67.                    eg.$("regBtn").disabled = false;
                       //根据业务需求，解锁就是让用户可以重新注册
68.                    eg.$("regUnlock").style.display="none";
                       //元素所有样式都挂载到 style 属性下
69.            }
70.    </script>
71.    </body>
72. </html>
```

从【范例 2-5】的代码可看出，以前直接提示错误信息就行了，现在还要做错误统计，这些统计数据非常有用，可以为后台系统保存起来用于分析用户的错误率，甚至可以分析出用户一般会在哪些字段上出错。记录错误信息的数据不需要给用户看到，可以选择 input 的 type 属性是 hidden 的元素来存储。用户第 3 次注册出错时的界面如图 2-5 所示。

图 2-5 【范例 2-5】用户第 3 次注册失败的效果图

2.2.2 checkbox、radio 和 select

永远别期待自己写的代码会运行很久，就算没有 bug，需求也总是在变化的。

例如，有人告诉你【范例 2-5】收集的信息太少了，需要知道用户"性别"，还需要知道用户"年龄"段，然后还要选择兴趣爱好，最好是让用户必须选择一个。这些需求都必须实现，最终的代码见【范例 2-6】。

【范例 2-6 处理各种类型的表单二】

```
1.   <!DOCTYPE html>
2.   <html>
3.    <head>
4.     <title>处理各种类型的表单二</title>
5.    </head>
6.    <body>
7.     <form method="POST" onSubmit="return eg.regCheck();">
8.          <input type="hidden" name="" id="errnum" value="0"/>
9.          账户: <input type="text" name="" id="userid" /><br /><br />
10.         密码: <input type="password" name="" id="userpwd" /><br /><br />
11.         确认: <input type="password" name="" id="userpwd2" /><br /><br />
12.         性别: <input type="radio" name="sex" value="1" checked="checked"/>
            男 <input type="radio" name="sex" value="0"/>女 <br /><br />
13.         年龄: <select name="" id="age">
14.             <option value="0"  selected="selected">请选择年龄段</option>
15.             <option value="1">18 岁以下</option>
16.             <option value="2">18-24 岁</option>
17.             <option value="3">24-30 岁</option>
18.             <option value="4">30-35 岁</option>
19.             <option value="5">35 岁以上</option>
```

```
20.      </select><br/><br/>
21.      爱好: <input type="checkbox" name="like" value="1" class="like"/>
         上网 <input type="checkbox" name="like" value="2" class="like"/>
         逛街<input type="checkbox" name="like" value="3" class="like"/>
         看电影  <input type="checkbox" name="like" value="4"class="like"/>
         其他 <br/><br/>
22.      简介: <textarea name="" rows="4" cols="18" id="about"></textarea>
         <br/><br/>
23.      <input type="submit" value="注册" id="regBtn" /> <input type=
         "button" value="解锁" onclick="eg.unlock()" style="display:none;"
         id="regUnlock" />
24.  </form>
25.  <script>
26.      var eg = {};
         //声明一个对象，当作命名空间来使用，本书默认的范例都会以此来方便管理
27.      //定义一个公共函数来获取指定 id 元素，减少代码量，提高代码复用率
28.      eg.$ = function(id){
29.          return document.getElementById(id);
30.      };
31.      //主要的验证方法
32.      eg.regCheck = function(){
33.          var uid = eg.$("userid");
34.          var upwd = eg.$("userpwd");
35.          var upwd2 = eg.$("userpwd2");
36.          if(uid.value == ''){
37.              alert('账户不能为空!');
38.              eg.err();
39.              return false;
40.          }
41.          if(upwd.value == ''){
42.              alert('密码不能为空!');
43.              eg.err();
44.              return false;
45.          }
46.          if(upwd.value != upwd2.value){
47.              alert('两次密码输入不相同!');
48.              eg.err();
49.              return false;
50.          }
51.          //新增的部分
52.          var about = eg.$("about");
53.          if(about.value.length>60){
54.              alert('简介太长!');
55.              eg.err();
56.              return false;
```

```
57.              }
58.              //第二次新增的部分
59.              var age = eg.$("age");                //下拉选项框
60.              if(age.value == "0"){
61.                      alert('请选择年龄段!');
62.                      eg.err();
63.                      return false;
64.              }
65.
66.              var likes = document.getElementsByClassName("like");
67.              var likeNum = 0;
68.              for(var n=0;n<likes.length;n++){
69.                      if(likes[n].checked){
70.                              likeNum++;
71.                      }
72.              }
73.              if(likeNum==0){
74.                      alert('请至少选择一个爱好!');
75.                      eg.err();
76.                      return false;
77.              }
78.              return true;
                                     //返回 true 就会提交表单 form
79.      };
80.      //出错时记录错误次数
81.      eg.err = function(){
82.              var el = eg.$("errnum");
83.              var old = el.value;
84.              el.value = parseInt(old)+1;
                //把字符串转换为整数+1，并保存起来
85.              eg.lock();                        //用来检查是否应该锁定
86.      };
87.      //通过次数判断是否要锁定注册
88.      eg.lock = function(){
89.              var err = eg.$("errnum");
90.              if(parseInt(err.value)>2){
91.                      eg.$("regBtn").disabled = true;
                         //根据业务需求，输错 3 次就锁定
92.                      eg.$("regUnlock").style.display="block";
                         //同时显示解锁按钮
93.              }
94.      };
95.      //解锁
96.      eg.unlock = function(){
97.              eg.$("regBtn").disabled = false;
```

```
         //根据业务需求，解锁就是让用户可以重新注册
98.              eg.$("regUnlock").style.display="none";
99.         }
100.       </script>
101.   </body>
102. </html>
```

最让人痛苦的事情是好不容易写好代码，用 Firefox 调试一切正常，提交测试部门进行测试。这代码怎么不兼容 IE 6、IE 7 呢？

看看在 IE 6 下到底是怎么回事呢？图 2-6 不容易看到，在运行时它会一闪而过，也无任何提示，这也是未达到预期验证效果的原因。

在 IE 6 下 document 不支持 getElementsByClassName 方法，怎么办呢？那就得写一套兼容的代码放到 eg.regCheck 方法前，见【范例 2-7】。

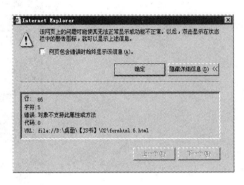

图 2-6 IE 6 下报错信息

【范例 2-7 兼容各浏览器的获取指定 class 名称元素集合的方法】

```
1.    //定义一个公共函数来获取指定 class 名称的元素集合，能兼容各个浏览器
2.    eg.getElementsByClassName = function(className, element) {
3.        if(document.getElementsByClassName){      //如果浏览器支持，直接返回
4.            return(element||document).getElementsByClassName(className);
5.        }
6.        var children = (element || document).getElementsByTagName('*');
         //使用通配符
7.        var elements = new Array();
8.
9.        for (var i = 0; i < children.length; i++) {
10.            var child = children[i];
11.            var classNames = child.className.split(' ');
             //分割多个 class 样式
12.            for (var j = 0; j < classNames.length; j++) {
13.                if (classNames[j] == className) {
14.                    elements.push(child);
15.                    break;
16.                }
17.            }
18.        }
19.        return elements;
20.    };
```

【范例 2-6】原 66 行也要改为：

```
var likes = eg.getElementsByClassName("like");
```

再次运行后，终于在 IE 6 中得到了预期的验证效果，如图 2-7 所示。

图 2-7 预期的验证效果

兼容性是令人头疼的历史遗留问题，因此 jQuery 这类框架才会应运而生，jQuery 相关信息可以参看第四篇中的内容，jQuery 从 2 版本开始也放弃了对 IE 6 的兼容问题，因为目前已经很少有人再使用 IE 6，所以本书后面也会更少提及这类兼容问题。

2.3 用正则来校验复杂的格式要求

在职场里流行一句话：用户总是对的，老板也是对的。

前面的代码运行没多久，老板就提出：加上电子邮件吧！于是我们就得接触已有 40 多岁的大妹子——"伊妹儿"了，当然大多数时候和"伊妹儿"打交道的也是有 50 多岁的正则老大哥。

2.3.1 认识 JavaScript 正则

正则，也称正则表达式，也叫正则表示法。最早见于 1956 年斯蒂芬·科尔·克莱尼（Stephen Cole Kleene）发表的论文《神经网事件的表示法》。该论文利用称为正则集合的数学符号描述神经网事件模型，而且他的递归论研究奠定了理论计算机科学的基础，他也被称为正则表达式之父。

之后一段时间，UNIX 之父肯·汤普逊（Kenneth Lane Thompson）将其引入 UNIX 编辑器中，自此以后，正则表达式被广泛地应用到各种 UNIX 或类似于 UNIX 的工具中，如大家熟知的 Perl。

如今，只要是计算机编程语言就必然会有正则表达式的身影。

正则确实是公认的难学但非常有用的工具。著名的 NoSQL 数据库 MongoDB 不是靠 SQL 语句来搜索数据而是用正则来搜索，这正说明其价值。

2.3.2 JavaScript 正则符号及其说明

因为其强大而复杂，市面上也有很多专门介绍正则的书籍，读者可根据自己情况去选择阅读，也可以上网自行搜索资料。表 2-1 列出了常见的正则表达式符号并简要说明了其用法，以备查阅。

表 2-1 正则表达式常见符号及说明

符号	简要说明
\	将下一个字符标记为一个特殊字符、一个原义字符、一个向后引用或一个八进制转义符。例如，'n'匹配字符 "n"，'\n'匹配一个换行符，序列'\\'匹配"\"而"\("则匹配"("
^	匹配输入字符串的开始位置。如果设置了 RegExp 对象的 Multiline 属性，^也匹配'\n' 或 '\r'之后的位置
$	匹配输入字符串的结束位置。如果设置了 RegExp 对象的 Multiline 属性，$也匹配'\n'或 '\r'之前的位置
*	匹配前面的子表达式零次或多次。例如，zo*能匹配"z"以及"zoo"。*等价于{0,}
+	匹配前面的子表达式一次或多次。例如，'zo+'能匹配"zo"以及"zoo"，但不能匹配 "z"。+ 等价于{1,}
?	匹配前面的子表达式零次或一次。例如，"do(es)?"可以匹配"do"或"does" 中的"do"。?等价于{0,1}
{n}	n 是一个非负整数。匹配确定的 n 次。例如，'o{2}'不能匹配 "Bob"中的'o'，但是能匹配"food"中的两个 o
{n,}	n 是一个非负整数，至少匹配 n 次。例如，'o{2,}'不能匹配"Bob"中的'o'，但能匹配"foooood"中的所有 o。'o{1,}' 等价于'o+'，'o{0,}'则等价于'o*'
{n,m}	m 和 n 均为非负整数，其中 n <= m。最少匹配 n 次且最多匹配 m 次。例如，"o{1,3}" 将匹配"foooood"中的前三个 o。'o{0,1}' 等价于'o?'。请注意逗号和两个数之间不能有空格
?	当该字符紧跟在任何一个其他限制符(*, +, ?, {n}, {n,}, {n,m})后面时，匹配模式是非贪婪的。非贪婪模式尽可能少地匹配所搜索的字符串，而默认的贪婪模式则尽可能多地匹配所搜索的字符串。例如，对于字符串"oooo"，'o+?'将匹配单个"o"，而'o+' 将匹配所有'o'
.	匹配除"\n"之外的任何单个字符。要匹配包括 \n'在内的任何字符，请使用像'[.\n]'的模式
(pattern)	匹配 pattern 并获取这一匹配。所获取的匹配可以从产生的 Matches 集合得到，在 VBScript 中使用 SubMatches 集合，在 JScript 中则使用$0…$9 属性。要匹配圆括号字符，请使用'\(' 或 '\)'

（续表）

符号	简要说明
(?:pattern)	匹配 pattern 但不获取匹配结果，也就是说这是一个非获取匹配，不进行存储供以后使用。这在使用 "或" 字符 (|) 来组合一个模式的各个部分时很有用。例如，'industr(?:y|ies)'就是一个比'industry|industries'更简略的表达式
(?=pattern)	正向预查，在任何匹配 pattern 的字符串开始处匹配查找字符串。这是一个非获取匹配，也就是说，该匹配不需要获取供以后使用。例如，'Windows (?=95|98|NT|2003)' 能匹配 "Windows 2003"中的"Windows"，但不能匹配"Windows 7"中的"Windows"。预查不消耗字符，也就是说，在一个匹配发生后，在最后一次匹配之后立即开始下一次匹配的搜索，而不是从包含预查的字符之后开始
(?!pattern)	负向预查，在任何不匹配 pattern 的字符串开始处匹配查找字符串。这是一个非获取匹配，也就是说，该匹配不需要获取供以后使用。例如 'Windows (?!95|98|NT|2003)' 能匹配 "Windows 7"中的"Windows"，但不能匹配"Windows 2003"中的"Windows"。预查不消耗字符，也就是说，在一个匹配发生后，在最后一次匹配之后立即开始下一次匹配的搜索，而不是从包含预查的字符之后开始
x|y	匹配 x 或 y。例如，'z|food' 能匹配 "z" 或 "food"。'(z|f)ood' 则匹配"zood"或"food"
[xyz]	字符集合。匹配所包含的任意一个字符。例如，'[abc]'可以匹配"plain"中的 'a'
[^xyz]	负值字符集合。匹配未包含的任意字符。例如，'[^abc]'可以匹配"plain"中的'p'
[a-z]	字符范围。匹配指定范围内的任意字符。例如，'[a-z]' 可以匹配'a'到'z'范围内的任意小写字母字符
[^a-z]	负值字符范围。匹配任何不在指定范围内的任意字符。例如，'[^a-z]'可以匹配任何不在'a'到'z'范围内的任意字符
\b	匹配一个单词边界，也就是指单词和空格间的位置。例如，'er\b'可以匹配"never"中的'er'，但不能匹配"verb"中的'er'
\B	匹配非单词边界。'er\B' 能匹配"verb"中的'er'，但不能匹配"never"中的'er'
\cx	匹配由 x 指明的控制字符。例如，\cM 匹配一个 Control-M 或回车符。x 的值必须为 A~Z 或 a~z 之一，否则，将 c 视为一个原义的'c'字符
\d	匹配一个数字字符。等价于 [0-9]
\D	匹配一个非数字字符。等价于 [^0-9]
\f	匹配一个换页符。等价于\x0c 和\cL
\n	匹配一个换行符。等价于\x0a 和\cJ
\r	匹配一个回车符。等价于\x0d 和\cM
\s	匹配任何空白字符，包括空格、制表符、换页符等，等价于[\f\n\r\t\v]
\S	匹配任何非空白字符。等价于[^ \f\n\r\t\v]
\t	匹配一个制表符。等价于\x09 和\cI

（续表）

符号	简要说明
\v	匹配一个垂直制表符。等价于\x0b 和\cK
\w	匹配包括下划线的任何单词字符。等价于'[A-Za-z0-9_]'
\W	匹配任何非单词字符。等价于'[^A-Za-z0-9_]'
\xn	匹配 n，其中 n 为十六进制转义值。十六进制转义值必须为确定的两个数字长。例如，'\x41' 匹配 "A"。'\x041' 则等价于 '\x04' & "1"。正则表达式中可以使用 ASCII 编码
\num	匹配 num，其中 num 是一个正整数，是对所获取的匹配的引用。例如，'(.)\1' 匹配两个连续的相同字符
\n	标识一个八进制转义值或一个向后引用。如果\n 之前至少有 n 个获取的子表达式，则 n 为向后引用。如果 n 为八进制数字（0~7），则 n 为一个八进制转义值
\nm	标识一个八进制转义值或一个向后引用。如果\nm 之前至少有 nm 个获得子表达式，则 nm 为向后引用。如果\nm 之前至少有 n 个获取，则 n 为一个后跟文字 m 的向后引用。如果前面的条件都不满足，若 n 和 m 均为八进制数字（0~7），则\nm 将匹配八进制转义值 nm
\nml	如果 n 为八进制数字（0~3），且 m 和 1 均为八进制数字（0~7），则匹配八进制转义值 nml
\un	匹配 n，其中 n 是一个用 4 个十六进制数字表示的 Unicode 字符。例如，\u00A9 匹配版权符号 (?)

2.3.3 正则验证输入邮箱

在【范例 2-6】的 22 行后面增加如下代码让用户输入邮箱：

```
邮箱: <input type="text" name="" id="email" /><br /><br />
```

在【范例 2-6】的 78 行"return true;"前增加如下代码来验证邮箱：

```
//邮箱验证
var email =  eg.$("email");
if(!/^[A-Za-z\d]+[A-Za-z\d\-_\.]*@([A-Za-z\d]+[A-Za-z\d\-]*\.)+[A-Za-z]
{2,4}$/.test(email.value)){
   alert('请输入正确的邮箱!');
   eg.err();
   return false;
}
```

上面的 if 判断中用了符号方式来声明 RegExp 正则对象，如果要换成下面这样也是可以的：

```
if(!new RegExp("^[a-z\\d]+[\\w\\-\.]*@([a-z\\d]+[a-z\\d\\-]*\.)+[a-z]{2,4}
$","i").test(email.value)){
```

33

可以看到少了 A~Z 这样的字符，"\\"是转义"\"的意思，同时 RegExp 多传递了一个参数 i，意思是忽略字母的大小写。

简要解释一下这个正则表达的意思：

- ^[A-Za-z\d]+ 和^[a-z\\d]+是以字母或数字开头。
- [A-Za-z\d\-_\.]*和[\\w\\-\.]*是允许字母、数字、下划线、中横线和点出现 0 次以上。
- ([A-Za-z\d]+[A-Za-z\d-]*\.)+和([a-z\d]+[a-z\\d\\-]*\.)+是以字母开头接着只允许字母、数字、中横线和点为一组，可以出现 1 次以上，即匹配域名 163.com 中的 163.这部分。
- [A-Za-z]{2,4}$和[A-Za-z]{2,4}$是以字母结尾长度为 2~4 个字母。

2.4 改善用户体验

相信前面的例子是不会被真正投入使用的，因为第一眼看上去它真的很丑陋，感觉像个未完成品。如果真的有投入使用的项目，那可能是 HTML2.0 时代，在现在这个讲究用户体验的社会里会被视为异类。

2.4.1 什么是用户体验

用户体验（User Experience，UE）是用户使用产品过程中建立起来的纯主观感受。虽然是主观感受，对于特定人群可以通过实验测定。

在计算机领域，对此已有标准，那就是人机设计国际标准 ISO 9241-210:2010，该标准将用户体验定义为："人们对于针对使用或期望使用的产品、系统或者服务的认知印象和回应。"

该定义说明了用户在使用一个产品或系统之前、使用期间和使用之后的全部感受，包括情感、信仰、喜好、认知印象、生理和心理反应、行为和成就等各个方面。

影响用户体验的因素有系统、用户和使用环境，大致分为如下几类：

- 口碑用户体验：让网站深深停留在用户的脑海里，用户对网站有好的评价。
- 交互用户体验：给用户交流互助上的体验，强调互动性。
- 情感用户体验：给用户心理上的体验，强调友好性。
- 浏览用户体验：给用户浏览上的体验，强调吸引性。
- 信任用户体验：给用户信任的体验，强调可靠性、安全性。
- 感观用户体验：呈现给用户视听上的体验，强调舒适性，如色彩、字体、布局等。

用户体验的流行是因为有以人为本的思想因素，更重要的也有商业竞争的因素。不难理解"用户是上帝""顾客至上"等类似的口号，就是用户体验问题。由此可知，用户体验不仅仅存在于 Web 项目中，也存在于社会的方方面面。

下面举一个小小的例子。当年的 eBay，注册一个 eBay 账户时，有第一步、第二步和第三步。第三步原来是这样说的："你只要在你的邮件中确认一下，你就成功了"。这句话很长，但是用户不是一个一个字去读，他只是一眼扫过去，可能就理解为成功了，不会再去确认邮件。eBay 后来改成"快要成功了"5 个大字。用户一看，没有成功，理解为下面要做的是写邮件。所以几个字就让 eBay 提升了 10%~20%的注册率，相当于每天给它带来一百万的最终价值。

图 2-8 用户体验的一些要点

另一个是取舍问题。Google 搜索和百度搜索有一个明显区别是，Google 搜索结果页底部没有搜索框。据分析底部搜索的概率非常低，减少这部分就意味着减少代码，也就标志着减少网络传输的流量，增加展示速度。由此就节省了一笔不小的带宽费用。

目前用户体验是热门概念，各家说法不一，图 2-8 用一些关键字简单描述了用户体验的一些要点。

2.4.2 表单的用户体验改善

在视觉上的美化对于本章的范例是必需的，只是超过了本书讲述的范畴，此处笔者只讲述交互用户体验的改善，比如密码安全涉及隐私问题，一般各大网站都限制了最小的密码长度，要求字母数字组合，甚至加入特殊符号；再如光标应该返回输入错误的地方，以减少用户操作。基于这样的考虑，可在前面代码基础上加入一些交互体验代码，具体请见【范例 2-8】。

【范例 2-8 改善表单的用户体验】

```
1.  <!DOCTYPE html>
2.  <html>
3.   <head>
4.    <title>改善用户体验的表单</title>
5.    <style>
6.   #pwdLvSpan{display:inline-block;width:100px;height:5px;background:
      #c3c3c3;}
7.   #pwdLvSpan i{display:block;background:green;height:5px;width:0;}
8.    </style>
9.   </head>
10.  <body>
11.   <form method="POST" onSubmit="return eg.regCheck();">
12.        <input type="hidden" name="" id="errnum" value="0"/>
13.        账户: <input type="text" name="" id="userid" /><br/><br/>
14.        密码: <input type="password" name="" id="userpwd" /> 密码强度 <span
           id="pwdLvSpan"><i id="pwdLv"></i></span><br/><br/>
15.        确认: <input type="password" name="" id="userpwd2" /><br/><br/>
```

```
16.        性别: <input type="radio" name="sex" value="1" checked="checked"/>
           男 <input type="radio" name="sex" value="0"/>女 <br/><br/>
17.        年龄: <select name="" id="age">
18.            <option value="0" selected="selected">请选择年龄段</option>
19.            <option value="1">18 岁以下</option>
20.            <option value="2">18-24 岁</option>
21.            <option value="3">24-30 岁</option>
22.            <option value="4">30-35 岁</option>
23.            <option value="5">35 岁以上</option>
24.        </select><br/><br/>
25.        爱好: <input type="checkbox" name="like" value="1" class="like"/>
           上网 <input type="checkbox" name="like" value="2" class="like"/>
           逛街<input type="checkbox" name="like" value="3" class="like"/>
           看电影  <input type="checkbox" name="like" value="4"class=
           "like"/>其他 <br /><br />
26.        简介: <textarea name="" rows="4" cols="18" id="about"></textarea>
           <br /><br />
27.        邮箱: <input type="text" name="" id="email" /><br /><br />
28.        <input type="submit" value="注册" id="regBtn" /> <input type=
           "button" value="解锁" onclick="eg.unlock()" style="display:none;"
    id="regUnlock" />
29.    </form>
30.    <script>
31.        var eg = {};
           //声明一个对象，当作命名空间来使用，本书默认的范例都会以此来方便管理
32.        //定义一个公共函数来获取指定 id 元素，减少代码量，提高代码复用率
33.        eg.$ = function(id){
34.            return document.getElementById(id);
35.        };
36.        //定义一个公共函数来获取指定 class 名称的元素集合，能兼容各浏览器
37.        eg.getElementsByClassName = function(className, element) {
38.            if(document.getElementsByClassName){
39.                return (element || document).
                        getElementsByClassName(className)
40.            }
41.            var children = (element || document).
                        getElementsByTagName('*');
42.            var elements = new Array();
43.
44.            for (var i = 0; i < children.length; i++) {
45.                var child = children[i];
46.                var classNames = child.className.split(' ');
47.                for (var j = 0; j < classNames.length; j++) {
48.                    if (classNames[j] == className) {
49.                        elements.push(child);
```

```
50.                               break;
51.                           }
52.                       }
53.                   }
54.                   return elements;
55.           };
56.           //定义一个公共函数来解决事件监听的兼容问题
57.           eg.addListener = function(target,type,handler){
58.                   if(target.addEventListener){
59.                       target.addEventListener(type,handler,false);
60.                   }else if(target.attachEvent){
61.                       target.attachEvent("on"+type,handler);
62.                   }else{
63.                       target["on"+type]=handler;
64.                   }
65.           };
66.           //主要的验证方法
67.           eg.regCheck = function(){
68.                   var uid = eg.$("userid");
69.                   var upwd = eg.$("userpwd");
70.                   var upwd2 = eg.$("userpwd2");
71.                   if(uid.value == ''){
72.                       alert('账户不能为空!');
73.                       uid.focus();
74.                       eg.err();
75.                       return false;
76.                   }
77.                   if(upwd.value == ''){
78.                       alert('密码不能为空!');
79.                       upwd.focus();
80.                       eg.err();
81.                       return false;
82.                   }
83.                   if(upwd.value != upwd2.value){
84.                       alert('两次密码输入不相同!');
85.                       upwd.focus();
86.                       eg.err();
87.                       return false;
88.                   }
89.                   //新增的部分
90.                   var about = eg.$("about");
91.                   if(about.value.length>60){
92.                       alert('简介太长!');
93.                       about.focus();
94.                       eg.err();
```

```
95.                 return false;
96.             }
97.             //第二次新增部分
98.             var age = eg.$("age");
99.             if(age.value == "0"){
100.                    alert('请选择年龄段!');
101.                    age.focus(); //让输入框获得焦点
102.                    eg.err();
103.                    return false;
104.            }
105.
106.            var likes = eg.getElementsByClassName("like");
107.            var likeNum = 0;
108.            for(var n=0;n<likes.length;n++){
109.                    console.log(likes[n].checked)
110.                    if(likes[n].checked){
111.                            likeNum++;
112.                    }
113.            }
114.            if(likeNum==0){
115.                    alert('请至少选择一个爱好!');
116.                    eg.err();
117.                    return false;
118.            }
119.            //邮箱验证
120.            var email = eg.$("email");
121.            //if(!new     RegExp("^[a-z\\d]+[\\w\\-\.]*@([a-z\\d]+[a-z\\
     d\\-]*\.)+[a-z]{2,4}$","i").test(email.value)){
122.            if(!/^[A-Za-z\d]+[A-Za-z\d\-_\.]*@([A-Za-z\d]+[A-Za-z\d\-
     ]*\.)+[A-Za-z]{2,4}$/.test(email.value)){
123.                    alert('请输入正确的邮箱!');
124.                    email.focus();          //让输入框获得焦点
125.                    eg.err();
126.                    return false;
127.            }
128.            return true;
129.        };
130.        //添加一些交互事件
131.        eg.addEvent = function(){
132.            var pwd = eg.$("userpwd");
133.            eg.addListener(pwd,"keyup",function(){
134.                    var lv=0;
135.                    if(/^\d{4,}$/.test(pwd.value)){
136.                            lv = 10;
137.                    }else if(/^\w{4,}$/.test(pwd.value)){
```

```
138.                          lv = 25;
139.                    }else if (/^[\d\w]{4,}$/.test(pwd.value)){
140.                          lv = 50;
141.                    }else if (/^[\d\w~!@#$%\^&*\(\)\-{}\[\]
                              =<>,\.\?\/]{4,}$/.test(pwd.value)){
142.                          lv = 100;
143.                    }else if(pwd.value.length<6 && pwd.
                          value.length>3){
144.                            lv = 60;
145.                    }else if(pwd.value.length<4){
146.                          lv = 0;
147.                    }
148.                          eg.$("pwdLv").style.width = lv+"px";
149.                    });
150.              }
151.        //在用户单击"注册"按钮前就要运行起来,所以定义好就立刻调用
152.        eg.addEvent();
153.        //出错时记录错误次数
154.        eg.err = function(){
155.                var el = eg.$("errnum");
156.                var old = el.value;
157.                el.value = parseInt(old)+1;
                    //把字符串转换为整数+1,并保存起来
158.                eg.lock();//用来检查是否应该锁定
159.          };
160.        //通过次数判断是否要锁定注册
161.        eg.lock = function(){
162.                var err = eg.$("errnum");
163.                if(parseInt(err.value)>2){
164.                      eg.$("regBtn").disabled = true;
                          //根据业务需求,输错 3 次就锁定
165.                      eg.$("regUnlock").style.display="block";
                          //同时显示解锁按钮
166.                }
167.          };
168.                              //解锁
169.        eg.unlock = function(){
170.                eg.$("regBtn").disabled = false;
                    //根据业务需求,解锁就是让用户可以重新注册
171.                eg.$("regUnlock").style.display="none";
172.          }
173.    </script>
174. </body>
175. </html>
```

在【范例 2-8】中会看到 focus()函数，这些事件和方法属于 DHMTL 的内容，更多方法请读者自行查阅相关资料，笔者为较为熟练的读者提供一个快速查阅的方式：通过 Firebug 工具（在 Firefox 下安装后可用 F12 调出来）可以调阅出来，效果如图 2-9 所示。

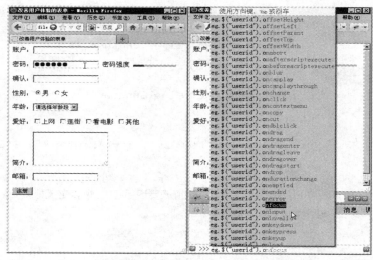

图 2-9 【范例 2-8】运行效果（左）和在 Firebug 工具下查看 DHTML 元素事件（右）

2.5 相关参考

- 超文本标记语言（第一版）——在 1993 年 6 月发布互联网工程工作小组（IETF）工作草案（并非标准），可访问：http://www.w3.org/MarkUp/draft-ietf-iiir-html-01.txt。

- HTML2.0——1995 年 11 月作为 RFC 1866 发布，在 RFC 2854 于 2000 年 6 月发布之后被宣布已经过时，可访问：http://www.ietf.org/rfc/rfc1866.txt。

- HTML3.2——1997 年 1 月 14 日，W3C 推荐标准，可访问：https://www.w3.org/TR/REC-html32。

- HTML4.0——1997 年 12 月 18 日，W3C 推荐标准，可访问：https://www.w3.org/TR/REC-html40/。

- HTML4.01（微小改进）——1999 年 12 月 24 日，W3C 推荐标准，可访问：https://www.w3.org/TR/html401/。

- XHTML1.0——在 2000 年 1 月 26 日成为 W3C 的推荐标准，可访问：https://www.w3.org/TR/xhtml11/。

- HTML5——在 2008 年 1 月 22 日，第一份正式草案发布，可访问：https://www.w3.org/TR/html5/。

第3章 用 JavaScript 实现照片展示

构建软件设计的方法有两种：一种是把软件做得很简单以至于明显找不到缺陷；另一种是把它做得很复杂以至于找不到明显的缺陷。

——*C.A.R.Hoare*，1980 年图灵奖获得者

在这个自拍的时代，照片是要展示的。前面的章节里已经讲解了事件的绑定，本章主要利用前面的知识开发照片展示的功能。

本章主要内容：

- 照片的加载
- 鼠标的响应
- 键盘的响应

3.1 功能设计

功能设计的时候可能需要反复修改，以什么为标准呢？听老板的还是听用户的？虽然这是一个"顾客就是上帝"的时代，但有些设计原则还是要遵循的，因为有时候"上帝"也会犯错误，更多的时候"上帝"是善变的。

（1）避免重复原则（DRY，Don't repeat yourself），编程的最基本原则是避免重复，换句话说就是提高代码复用率。

（2）简单原则（Keep It Simple and Stupid），简单是用户最佳体验之一，像苹果就是用简单打败一切。简单的代码占用时间少、漏洞少，并且易于修改。

（3）低耦合原则（Minimize Coupling），即这部分代码的使用和修改影响到其他部分的代码要尽可能地少，否则牵一发而动全身的悲剧无人愿意看到。

（4）别让我思考（Don't make me think），代码不仅是写给机器的，更多是写给人看的，所以编写的代码一定要易于读易于理解，最终才易于维护。"如果一个维护者不再继续维护你的代码，很可能他是有想杀了你的冲动。"

（5）单一责任原则（Single Responsibility Principle），某个代码的功能，应该保证只有单一的明确的执行任务，否则一旦修改会增加关联测试的烦琐程度。

（6）最大限度凝聚原则（Maximize Cohesion），尽量将功能相似相近的代码放在同一个部分。程序中常听到的"类"这个词就取之于"物以类聚"，类就是为了"类聚"相似相近的代码。

（7）避免过早优化（Avoid Premature Optimization），现在社会到处都有"完美主义者"，如果代码运行没有想象中的慢，就别去"完美"它，否则要花费更多的代价。

3.1.1 HTML、CSS 和 JavaScript 的分层关系

通过第 1 章我们了解到 HTML 是最早出来的，CSS 和 JavaScript 则稍晚出现。它们实质上的关系应该如图 3-1 所示。

图 3-1 UI 分层关系结构

看到这里似乎应该思考一下前面的范例是否有"重构"的空间？答案是肯定的。重构原因之一就是代码是否便于阅读。如果在设计时一开始就考虑进去，会使后期的维护工作变得相对便捷，找 HTML 代码的就直接找 html 文件，找 JavaScript 代码的就直接找 js 文件，找 CSS 代码的就直接找 css 文件。

将 JavaScript 和 HTML 分离是前端必须要做的一件事。JavaScript 的诞生是要让 HTML 更丰富，而不是更杂乱。混合在一起会导致：bug 跟踪工具难以调试。随着分工更细化，编写 HTML 的人不一定要负责编写 JavaScript。

CSS 和 HTML 一般也是分离的，不过这大都是网页设计师或者前端重构工程师的任务。

另外，保持 CSS 和 JavaScript 之间清晰的分离很有挑战性，例如第 2 章的范例有控制 style.width 的，还有控制 style.display 的，是否需要完全分离确实需要视具体情况而定，不过如果完全不注意这一点，任由其发展，一旦出现问题，大家首先去找 CSS，精疲力尽时才会去 JavaScript 中查找样式问题。

3.1.2 照片展示功能设计

网易是国内早期提供相册功能的公司之一，相册用户群体很大，参考其相册会发现，照片展示的基本功能如下：

- 有大图和缩略图。
- 有上一张图和下一张图切换。
- 有键盘控制显示上一张图和下一张图。
- 有显示上一组和下一组功能。

3.2 照片加载与定位

根据功能设计，可以先写好 HTML 结构基础，再配合 CSS 做出大致效果，最后用 JavaScript 加上各种动作。首先请看 HTML 代码结构。

3.2.1 HTML 代码

将 CSS 代码保存到 eg3.css 文件中，JavaScript 代码保存到 eg3.js 文件中，这样让 HTML 代码更加干净，详见【范例 3-1】。

【范例 3-1 照片展示的 HTML 代码】

```
1.  <!DOCTYPE html>
2.  <html>
3.   <head>
4.    <title>照片展示</title>
5.    <link rel="stylesheet" href="eg3.css" type="text/css" />
6.   </head>
7.   <body>
8.   <div id="bigPhoto"><img id="bigPhotoSrc" src="photo01.jpg" width="620"
    height="450" border="0" alt=""></div>
9.   <div id="smallPhotos">
10.    <span id="prve"></span>
11.    <ul id="smallPhotosList">
12.    </ul>
13.    <span id="next"></span>
14.  </div>
15.  <script src="eg3.js"></script>
16.  </body>
17.  </html>
```

比前面章节的范例看上去更加简洁了吧？重构的目的在于得到这样的效果，这可以说是开发人员的用户体验。

3.2.2 CSS 代码

直接预览【范例 3-1】肯定是乱七八糟的，在 eg3.css 中写好布局和定位的代码之后效果就大不一样了，如图 3-2 所示，CSS 代码见【范例 3-2】。

【范例 3-2 照片展示的 CSS 代码】

```
1.    ul,li{
2.        list-style: none;
```

```
3.        }
4.        #smallPhotos{width:620px; margin: 10px 0;}
5.        #smallPhotosList{margin: 0 auto; width:580px; float:left;padding: 0;}
6.        #smallPhotosList li{
7.            float:left;                          /*左浮动*/
8.            margin-left: 10px;                   /*左外边距10 像素*/
9.            _margin-left:8px;                    /*这是专门针对 IE6 间隙太大而设置的*/
10.       }
11.       #smallPhotosList img{
12.           border:2px solid #000;
13.           cursor:pointer;                      /*鼠标样式*/
14.       }
15.       #prve{
16.           background: url(icon_prve.jpg);
17.           height: 40px;
18.           width:20px;
19.           display: inline-block;               /*让 span 标签变成块级元素*/
20.           float: left;
21.           cursor:pointer;
22.       }
23.       #next{
24.           background: url(icon_next.jpg);
25.           height:40px;
26.           width:20px;
27.           display: inline-block;
28.           float: right;
29.           cursor:pointer;
30.       }
```

　　这些 CSS 再加上后面【范例 3-3】的 JavaScript 代码，效果就大不一样了，请看图 3-2 加载 CSS 代码的前后对比。

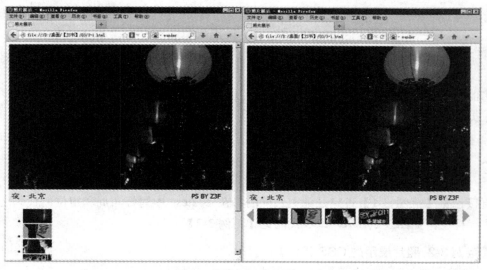

图 3-2　加载 CSS 代码前后

针对不同的浏览器写不同的 CSS code 的过程，就叫 CSS hack。CSS hack 的存在是因为不同的浏览器（比如 IE 6、IE 7 等）对 CSS 的解析认识不一样，会导致页面效果不同，得不到我们所需要的页面效果。这时候需要针对不同的浏览器去写不同的 CSS code，让它能够同时兼容不同的浏览器。

CSS hack 大致有 3 种表现形式，CSS 类内部 hack、选择器 hack 以及 HTML 头部引用（if IE）hack，CSS hack 主要针对 IE 浏览器，有一个比较全的 CSS hack 表，如图 3-3 所示。

	Windows				Mac OS X							Macintosh				Other
	IE	Mz	Ns	Op	iC	IE	Mz	Ns	Om	Op	Sf	IE	Mz	Ns	Op	Ko
	7b1 6 5.5 5 4	1	7 6 4	8 7 6 5	2	5	1	7 6	4	8 7 6 5	2	5 4	1	7 6 4 6 5		3
voice-family:"\"}\""; voice-family:inherit; property:value;																
p\property:value;																
/**/property:value;/* */																
/*/*/property:value;/* */																
div#test																
head:first-child+body div																
body>div																
html[xmlns] div																
@import 'styles.css'																
@import "styles.css"																
@import url(styles.css)																
@import url('styles.css')																
@import url("styles.css")																
@import "null?\"{"; @import "styles.css";																
@media all{/* rules */}																
<link media="all">																
<link media="All">																
* html div																
i{content:"\"/*"} div{property:value}																
/* */ div{property:value} /* */																
html*#test																
_property:value																
	7b1 6 5.5 5 4	1	7 6 4	8 7 6 5	2	5	1	7 6	4	8 7 6 5	2	5 4	1	7 6 4 6 5		3
	IE	Mz	Ns	Op	iC	IE	Mz	Ns	Om	Op	Sf	IE	Mz	Ns	Op	Ko
	Windows				Mac OS X							Macintosh				Other

图 3-3 比较全的 CSS Hack 表

图 3-3 是早期的 hack 大全，而现在很多标准浏览器（如 Firefox、Chrome 等）都更新很快，有些 hack 已经无效。在中国，各版本 IE 还有大量存留，下面是一些 IE 6~IE 9 常用 CSS hack：

45

```
<style>
    div{ display:none; margin:10px;}                      /*隐藏 div 通过不同的 hack 将其显示*/
    .IE{display:block\9;}                                  /*IE6 IE7 IE8 IE9 IE10 识别*/
    .IE6{_display:block;}                                  /*IE6 识别*/
    .IE6{-color:blue;}                                     /*IE6 识别*/
    .IE7{*display:block;}                                  /*IE6 IE7 识别*/
    .IE7{+color:blue;}                                     /*IE6 IE7 识别*/
    .IE7{#color:red;}                                      /*IE6 IE7 识别*/
    .IE8910{display:block\0;}                              /*IE8910 识别*/
    :root .IE910{display:block\9;}                         /*IE9 IE10 识别*/
    .other{[display:block;display:block;]}                 /*safari Chrome 等识别*/
</style>
<div class="IE">所有 IE 识别</div>
<div class="IE8910">IE8910 识别</div>
<div class="IE910">IE910 识别</div>
<div class="IE6">IE6 识别</div>
<div class="IE7">IE7 识别</div>
<div class="IE8">IE8 识别</div>
<div class="other">标准浏览器识别</div>
```

3.2.3 JavaScript 代码

随着 JavaScript 代码越来越长，用 EditPlus 工具就有些不顺手了，于是笔者改用 Sublime Text 3。图 3-4 就是使用 Sublime Text 3 声明 eg 对象及第 2 章里用过的 eg.$、eg.getElementsByClassName 和 eg.addListener 三个公共方法的代码。

图 3-4　用 Sublime Text 3 编写 JavaScript 代码

只要是写过对象、属性、方法，在 Subilime Text 3 里都会有自动完成功能，用起来很方便，除此之外，要定义一些相片数据和默认显示的照片，如【范例 3-3】所示。

【范例 3-3 照片展示的 JavaScript 代码】

```
1.      //定义数据
2.      eg.data = [
3.              ["photo01.jpg","thumb01.jpg"]
4.              ,["photo02.jpg","thumb02.jpg"]
5.              ,["photo03.jpg","thumb03.jpg"]
6.              ,["photo04.jpg","thumb04.jpg"]
7.              ,["photo05.jpg","thumb05.jpg"]
8.              ,["photo06.jpg","thumb06.jpg"]
9.              ,["photo07.jpg","thumb07.jpg"]
10.             ,["photo01.jpg","thumb01.jpg"]
11.             ,["photo02.jpg","thumb02.jpg"]
12.             ,["photo03.jpg","thumb03.jpg"]
13.             ,["photo04.jpg","thumb04.jpg"]
14.             ,["photo05.jpg","thumb05.jpg"]
15.             ,["photo06.jpg","thumb06.jpg"]
16.             ,["photo07.jpg","thumb07.jpg"]
17.     ];
18.     eg.showNumber = 0;                              //默认显示
19.     eg.groupNumber = 1;                             //当前显示的组
20.     eg.groupSize = 6;                               //每组的数量
21.     eg.showThumb = function(group){
22.             var ul = eg.$("smallPhotosList");
23.             ul.innerHTML = '';                      //每次显示时要清空旧的内容
24.             var start = (group-1)*eg.groupSize;     //计算需要的data数据的开始位置
25.             var end = group*eg.groupSize            //计算需要的data数据的结束位置
26.             for(var i=start;(i<end&&i<eg.data.length);i++){
                        //循环数据，并根据数据生成HTML后插入小图列表里
27.                     var li = document.createElement("li");
28.                     li.innerHTML = '<img src="'+eg.data[i][1]+'" id="thumb'+
                        i+'"width="80" height="40"/>';
29.                     ul.appendChild(li);             //追加元素
30.             }
31.     };
32.     eg.init = function(){
33.             eg.showThumb(1);                        //初始化要显示的
34.     };
35.     eg.init();
```

通过 eg.init() 的调用，首先初始化出第一组照片，并能够让鼠标单击小图而显示大图。eg.showThumb 主要的功能就是生成指定某一组的几幅照片。

3.3 响应鼠标动作

图 3-2 的效果已经有了，需要鼠标来操作展示想看的照片，这就需要在相应的地方加上事件。

3.3.1 响应小照片单击动作

前面的【范例 3-3】里提供了显示小图列表的 eg.showThumb()方法，在单击小图片时要显示大图片，这需要调用 eg.showBig()方法，只有在单击小图片的时候响应单击事件才行，所以需要用 eg.addListener()方法来实现，具体代码见【范例 3-4】。

【范例 3-4 响应小照片单击动作】

```
1.    eg.showThumb = function(group){
2.        var ul = eg.$("smallPhotosList");
3.        ul.innerHTML = '';                      //每次显示时要清空旧的内容
4.        var start = (group-1)*eg.groupSize;      //计算需要的 data 数据的开始位置
5.        var end = group*eg.groupSize             //计算需要的 data 数据的结束位置
6.        for(var i=start;(i<end&&i<eg.data.length);i++){
7.            var li = document.createElement("li");
8.            li.innerHTML ='<img src = "'+eg.data[i][1]+'"id="thumb'+i+
              '"width ="80" height="40"/>';
9.            (function(i){
10.               eg.addListener(li,"click",function(){
                      //增加 click 事件监听
11.                   eg.showNumber = i;
                      //记录选中的图标序号，供其他函数调用
12.                   eg.showBig();
13.               });
14.           })(i);                               //将 i 作为值传递进去
15.           ul.appendChild(li);
16.        }
17.    };
18.    eg.showBig = function(){                     //根据某个编号显示大图
19.        eg.$("bigPhotoSrc").src = eg.$("thumb"+eg.showNumber).src.
           replace("thumb","photo");
20.    };
```

【范例 3-4】中第 9 行就是响应小照片单击动作的代码，这里使用了一个闭包，即一个自调用的匿名函数。(function(){})()是最简单的闭包。大括号中的内容会顺序执行。如果去掉第 9 行和第 14 行的代码，会发现始终显示当前组照片中的最后一张，在 for 循环体里一般要用闭包把变量值传到内部的绑定事件里。

3.3.2 响应小照片上一组或下一组单击动作

响应小照片上一组或下一组单击动作的代码如【范例 3-5】所示。

【范例 3-5 响应小照片上一组或下一组单击动作】

```
1.    eg.init = function(){
2.         eg.showThumb(1);                                //初始化要显示的
3.         eg.addListener(eg.$("next"),"click",function(){
4.              eg.nextThumb();
5.         });
6.         eg.addListener(eg.$("prve"),"click",function(){
7.              eg.prveThumb();
8.         });
9.    };
10.   eg.nextThumb = function(){                           //显示下一组小图列表
11.        if((eg.groupNumber*eg.groupSize) +1 <= eg.data.length){
12.             eg.showThumb(eg.groupNumber+1);
13.             eg.showNumber = eg.groupNumber*eg.groupSize;
14.             eg.showBig();
15.             eg.groupNumber++;
16.        }
17.   };
18.   eg.prveThumb = function(){                           //显示上一组小图列表
19.        if(eg.groupNumber - 1>=1){
20.             eg.showThumb(eg.groupNumber-1);
21.             eg.groupNumber--;
22.             eg.showNumber = eg.groupNumber*eg.groupSize-eg.groupSize;
23.             eg.showBig();
24.        }
25.   };
```

eg.prveThumb 和 eg.nextThumb 分别是上一组和下一组的逻辑控制函数。写好这两个函数后，还要将 eg.init 绑定到鼠标事件 onclick 上。

3.4 响应键盘动作

通常我们都有用键盘来查看照片的习惯，下面介绍如何用键盘来一幅一幅地查看照片。

3.4.1 常见键盘按键对应的 ASCII 码值

键盘上每一个键都定义了一个 ASCII 码值，请参考表 3-1。

表 3-1 常见键盘按键对应的 ASCII 码值

键面值	键码	键面值	键码	键面值	键码
a	65	b	66	c	67
d	68	e	69	f	70
g	71	h	72	i	73
j	74	k	75	l	76
m	77	n	78	o	79
p	80	q	81	r	82
s	83	t	84	u	85
v	86	w	87	x	88
y	89	z	90	F11	122
0	48	F1	112	F12	123
1	49	F2	113	Enter	13
2	50	F3	114	空格	32
3	51	F4	115	左方向键←	37
4	52	F5	116	上方向键↑	38
5	53	F6	117	右方向键→	39
6	54	F7	118	下方向键↓	40
7	55	F8	119	Backspace	8
8	56	F9	120	Tab	9
9	57	F10	121	Esc	27

表 3-1 只是列举了常用的按键，更多按键可上网查询。

3.4.2 响应键盘动作

响应键盘动作的代码见【范例 3-6】。

【范例 3-6 响应键盘动作】

```
1.     eg.init = function(){
2.         eg.showThumb(1);                  //初始化要显示的小图列表
3.         eg.addListener(eg.$("next"),"click",function(){
                                             //单击上一组图标时
4.             eg.nextThumb();               //显示下一组小图列表
5.         });
```

```
6.            eg.addListener(eg.$("prve"),"click",function(){
                                               //单击下一组图标时
7.                eg.prveThumb();              //显示上一组小图列表
8.            });
9.            eg.addListener(document,"keyup",function(e){
10.               e = e || event;
11.               if(e.keyCode == 37){          //按左方向键←时
12.                   eg.prvePhoto();           //显示上一张大图
13.               }
14.               if(e.keyCode == 39){          //按右方向键→时
15.                   eg.nextPhoto();           //显示下一张大图
16.               }
17.           });
18.       };
19.       eg.nextPhoto = function(){
20.           if(eg.showNumber%eg.groupSize == (eg.groupSize-1)){
21.               eg.nextThumb()
22.           }else if(eg.showNumber<eg.data.length-1){
23.               eg.showNumber++;
24.               eg.showBig();                 //显示大图
25.           }
26.       };
27.       eg.prvePhoto = function(){
28.           if(eg.showNumber == ((eg.groupNumber-1)*eg.groupSize)){
29.               eg.prveThumb()
30.           }else if(eg.showNumber>0){
31.               eg.showNumber--;
32.               eg.showBig();
33.           }
34.       };
```

　　键盘事件的主要代码是【范例 3-6】中的第 9 行，它监听了 document 的 onkeyup 事件，这时候我们按左箭头键（←）和右箭头键（→）就可以通过上一张、下一张进行照片浏览了。

　　下面是几个主要的键盘事件。

- onkeydown 是在用户按下任何键盘键（包括系统按钮，如箭头键和功能键）时发生。
- onkeypress 是在用户按下并放开任何字母数字键时发生。系统按钮（如箭头键和功能键）无法得到识别。
- onkeyup 是在用户放开任何先前按下的键盘键时发生。

3.5 代码分离带来的红利

在分离结构下，在不改变 HTML 和 JavaScript 代码的情况下就可以得到图 3-5 的效果。该效果的 CSS 代码在【范例 3-2】的基础上做少量修改即可，具体的对比差异见【范例 3-7】。

图 3-5 另一种风格的照片展示

【范例 3-7 另一种风格照片展示的 CSS 代码】

```
ul,li{list-style: none;}
#bigPhoto{width:620px;float:left;}          //指定宽度，向左浮动
#smallPhotos{width:100px; float:left;}      //指定宽度，也让小图列表靠紧大图向左浮动
#smallPhotosList{ margin: 0 auto; width:100px; padding: 0;}
#smallPhotosList li{margin-left: 10px;margin-top: 10px;}
#smallPhotosList img{border:5px solid #000;cursor:pointer;}
#prve{background:url(icon_prve2.jpg);height:20px;width:40px;margin-left:
30px; display: inline-block;cursor:pointer;}
#next{background:url(icon_next2.jpg);height:20px;width:40px;margin-left:
30px; display: inline-block;cursor:pointer;}
```

将对 CSS 和 HTML 分离之后使用起来很方便，扩展也很灵活，随着 JavaScript 代码不断累积，具有某些共性的 JavaScript 代码被分离并重新组织为一些公共库或某些特殊功能的类库，比如 jQuery 就是主要操作 DOM 对象的一个优秀的开源库。

3.6 相关参考

- http://www.dynamicdrive.com——DHTML。
- https://msdn.microsoft.com/en-us/library/hh772687(v=vs.85).aspx——DHTML。

第 4 章 AJAX——无刷新的用户体验

AJAX 的发展完全超出我的预料之外。

——Jesse James Garrett，AJAX 之父

本章将介绍 Web 应用中使用最为广泛的 AJAX 技术，它也是提高用户体验最主要的支撑技术。AJAX 是一项革命性技术，它是在不创造新技术、新编程语言的前提下诞生的一个事实性标准。AJAX 也减轻了后端程序员的工作压力，为前端工业化、职业化奠定了一定基础，很多项目中前端占有比重甚至超过了后端，而 AJAX 的比重又占据前端半壁江山。因此学好 AJAX 对理解项目中的前端业务具有举足轻重的作用。

本章在讲解实例的同时还将介绍一些基础知识，主要知识点：

- AJAX 是技术不是编程语言
- 异步与同步
- JSON 数据交换格式
- XMLHttpRequest 对象

4.1 认识 AJAX

目前绝大多数网站都直接或间接使用了 AJAX 技术，它是一种支持良好的、公开标准的、久经检验的、可放心使用的技术。

4.1.1 AJAX 是技术不是编程语言

AJAX 不是一门和 C 语言类似的编程语言，是聪明的程序员对 JavaScript 的第一次创造性用法。第二次对 JavaScript 的创造性用法则是后面要讲到的 Node.js 技术。

AJAX 这个词最早是 AJAX 之父 Jesse James Garrett 于 2005 年 2 月在 *Ajax: A New Approach to Web Applications* 中提出来的，是 Asynchronous JavaScript And XML（异步 JavaScript 和 XML）的简称。它基于已有的标准，而这些标准已被使用多年，所有现代浏览

器都支持 AJAX 的实现，包括老掉牙的 IE 6，甚至几乎快灭绝的 IE 5。

虽然文章的传播提高了人们使用该项技术的意识，但最早使用这种技术的历史可以追溯到 1998 年，由微软的项目小组率先使用。直到后来 Google 通过其 Google Suggest 等产品使 AJAX 变得流行起来。

Google Suggest 使用 AJAX 创造出了动态性极强的 Web 界面：当在谷歌的搜索框输入关键字时，JavaScript 会把这些字符发送到服务器，然后服务器会返回一个搜索建议的列表，其中之一就是我们最常见到的自动完成。百度类似 Google Suggest 的应用如图 4-1 所示。

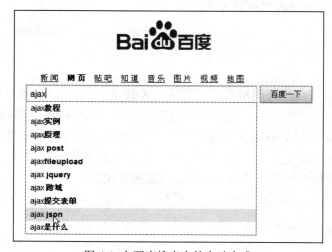

图 4-1 在百度搜索中的自动完成

AJAX 前景非常乐观，可以提高系统性能，优化用户界面，学习简单，开发方便。就目前而言，很多著名 JavaScript 框架都有 AJAX 相关的 API，包括本书讲到的 jQuery。

4.1.2 同步与异步

AJAX 中的 Asynchronous 就是异步的意思，这是相对于传统同步方式而言的。

异步传输基于字符，同步传输基于比特。同步传输的时候要求接收端和发送端保持通信一致，而异步则不要求。理解这个差异最常见的例子是键盘和主机的通信，按一个键就发送按键值，主机不知道用户何时会按键，所以主机必须随时能接收。

在 Web 网页上也体现出一组同步和异步的情况，下面通过【范例 4-1】来说明。

【范例 4-1 js 文件加载时的异步】

```
1.    <html>
2.     <head>
3.     <title>async or sync</title>
4.     </head>
5.     <body>
```

```
6.       <div id="msg"></div>
7.    <script>
8.          var async= document.createElement('script');
9.          //文件内容仅是: document.getElementById("msg").innerHTML+="async<br/>";
10.         async.src='4-1.async.js?r='+Math.random()*99;
11.         document.body.appendChild(sync);
12.    </script>
13.    <!--文件内容仅是 document.getElementById("msg").innerHTML+="sync<br/>";-->
14.    <script src="4-1.sync.js"></script>
15.    </body>
16.    </html>
```

在标准浏览器下运行代码后会发现，可能先会输出"sync"的字符串，然后才是"async"。网页是自上而下执行代码的，为什么明明操作"async"的代码在前面却不能保证一定先执行呢？这里存在网络通信不一致的情况和浏览器缓存问题。

从直观上来看，这就是个先后问题，从技术深层去看，它不是什么线程问题，而是设计思想问题。

异步模式是一个巨大的进步，当打开一个网页时，花费很多时间等待服务器提供给用户的信息可能很多是用户不想要的，在同步时代，这就是很大的浪费。当然异步模式的产生也有其更为复杂的因素。

通过 AJAX 技术，JavaScript 异步操作时无须等待服务器的响应，而是：

● 在等待服务器响应时执行其他脚本或任务。
● 当响应就绪后对响应数据进行处理。

4.1.3 AJAX 与 JSON

AJAX 提供与服务器异步通信的能力，一个最简单的应用是无须刷新整个页面而在网页中更新一部分数据。因此，AJAX 可使 Web 应用程序更小、更快、更友好。

AJAX 包括异步、JavaScript 和 XML，这是最初的外延，目前，JSON 已经成为流行的数据交换格式之一，在实际 Web 应用中，JSON 已逐步代替了 XML 格式，成为 AJAX 实践中最主要的数据交换格式。

可以通过【范例 4-2】和【范例 4-3】简单了解一下 XML 和 JSON 数据格式。

【范例 4-2 最简单的 XML 格式】

```
1.    <?xml version="1.0" encoding="UTF-8"?>
2.    <user>
3.         <name>z3f</name>
4.         <homepage>www.z3f.me</homepage>
5.    </user>
```

【范例 4-3　最简单的 JSON 格式】

```
1.      {"name":"z3f","homepage":"www.z3f.me"}
```

通过范例可以看出，JSON 相对于 XML 而言更小、解析更快，如果在 Internet 中传输会更加节省流量，正由于此，JSON 才成为一种重要的、广泛应用于 Internet 的、JavaScript 语言中的数据交换格式。本书范例也将大量使用 JSON，更为详细的介绍将在后续章节谈到。

JSON 的发明人是前雅虎架构师道格拉斯·克洛克福特（Douglas Crockford）。他的 JSON 让 AJAX 活力倍增，几乎完胜 XML，由于习惯问题，AJAX 中的 X 依然是指 XML，而实际上大多数项目却使用的是 JSON。

JSON 在网络中传输时是字符串形式，在 JavaScript 中解析后就是 Object 对象，即序列化和反序列化。

4.1.4　AJAX 是如何工作的

通过【范例 4-4】这个小型 AJAX 应用程序范例来快速理解 AJAX 的工作原理。布局好 HTML 代码，设置一个按钮，通过按钮的 click 事件触发 AJAX 相关操作代码。在 AJAX 代码中首先创建一个 XMLHttpRequest 对象，通过对象的 open 方法和 send 方法发送 GET 请求，把服务器发回的结果替换为指定内容。在这里把前面的 JavaScript 代码整理成独立的 eg.lib.js 公共方法文件，以便管理。

【范例 4-4　helloajax】

```
1.   <html>
2.    <head>
3.     <title>hello ajax</title>
4.    </head>
5.    <body>
6.     <div id="myajax">hello world!</div>
7.     <button type="button" id="ajaxBtn">通过 AJAX 改变内容</button>
8.     <script src="eg.lib.js"></script>
9.    </body>
10.  </html>
11.  <script>
12.     //定义一个公用的 AJAX 请求函数
13.     eg.AJAX = function(config,callback){      //接受一个回调函数和一个配置参数
14.          var xmlhttp;                         //定义一个变量用于后面存储对象
15.          if(window.XMLHttpRequest){           //如果浏览器支持 XMLHttpRequest 对
                                                  象，通常非 IE 浏览器支持
16.               xmlhttp = new XMLHttpRequest();
17.          }else if(window.ActiveXObject){
                   //如果浏览器支持 ActiveXObject 对象，通常是 IE
18.               try {   //尝试创建一个低版本对象，msxml 组件 2.6 版本以下支持
```

```
19.                         xmlhttp = new ActiveXObject("Microsoft.XMLHTTP");
20.                 }
21.             catch (e){
22.                     try {  //尝试创建一个高版本对象,msxml 组件 3.0 版本以上支持
23.                         xmlhttp=new ActiveXObject("msxml2.XMLHTTP");
24.                     }
25.                 catch (x){
26.                     }
27.                 }
28.         }
29.         if(xmlhttp){  //如果能够创建成功(一般都会成功)
30.             if(config.ISASYN){
31.                 xmlhttp.onreadystatechange = function(){
                         //定义 HTTP 状态发生改变时执行的函数
32.                         if (xmlhttp.readyState==4 && xmlhttp.status
                             ==200){   //当 HTTP 请求成功时
33.                         callback(xmlhttp.responseText,xmlhttp.responseXML);
                             //把服务器响应的数据回传给回调函数 callback
34.                         }
35.                 };
36.                 //将传递的参数给 open 方法调用
                     xmlhttp.open(config.TYPE,config.URL,true);
37.                 xmlhttp.send(config.DATA); //发送异步 AJAX 请求
38.             }else{
39.                 //将传递的参数给 open 方法调用
                     xmlhttp.open(config.TYPE,config.URL,false);
40.                 xmlhttp.send(config.DATA); //发送同步 AJAX 请求
41.                 callback(xmlhttp.responseText,xmlhttp.responseXML);
42.             }
43.         }
44.     };
45.  (function(){     //避免全局污染,将操作放在闭包里
46.     var ajaxBtn = eg.$("ajaxBtn");
         //取得 username 的 DOM 对象,eg.$方法定义在 eg.lib.js,详见第 2 章中的范例
47.     //给 userName 对象绑定一个 onkeyup 事件,eg.addListener 方法定义在 eg.lib.
         js,详见第 2 章中的范例
48.     eg.addListener(ajaxBtn,"click",function(){
49.         eg.AJAX({TYPE:"GET",//AJAX 请求类型
50.         URL:"4-4.txt",  //AJAX 请求的 URL,该文件只有 hello ajax 字符串的纯文本
51.         ISASYN:true        //是否异步
52.         },function(data){    //定义 AJAX 请求成功后的 callback 回调函数
53.                 //在元素 myajax 原本的 hello world!会变成 hello ajax
                     eg.$("myajax").innerHTML = data;
54.         });
55.     });
```

```
56. })();
57. </script>
```

将【范例 4-4】的代码直接另存为 html 文件无法直接运行，需要放在网站下，还需要在同目录下新建一个保存 "hello ajax" 字符串的 txt 文件，可自定义内容和进行名字测试，在火狐浏览器中的运行效果如图 4-2 所示。

图 4-2 在火狐上运行的效果

IE 等浏览器也能够执行【范例 4-4】中的代码，对于公共函数 eg.AJAX，为了便于管理，最好将其移至 eg.lib.js 中，后期直接引用 eg.lib.js 文件即可，而且 HTML 代码非常简洁。

4.2 XMLHttpRequest 对象的常见方法和属性

XMLHttpRequest 对象提供了对 HTTP 协议的完全访问，包括做出 POST 和 HEAD 请求以及普通的 GET 请求的能力。XMLHttpRequest 可以同步或异步返回 Web 服务器的响应。尽管命名中有 XML，但是它并不仅限于和 XML 文档一起使用——它可以接收任何形式的文本文档。它是 AJAX Web 应用程序架构的关键组成部分。

简单地说，AJAX 主要通过 JavaScript 操作 XMLHttpRequest 对象来向服务器发异步请求，获得服务器给的数据后，再由 JavaScript 根据获得的数据来操作 DOM，从而达到更新页面的目的，如图 4-3 所示。

图 4-3 AJAX 流程

其中关键的一步是从服务器请求并获得数据，要清楚这些就必须对 XMLHttpRequest 对象的常见方法和属性有所了解。

4.2.1 XMLHttpRequest 对象方法

表 4-1 列出了 XMLHttpRequest 最常见的几个方法及说明。

表 4-1 XMLHttpRequest 对象的常见方法

方法	说明
open(method,url,sync)	规定请求的类型、URL 以及是否异步处理请求。 ● method：请求的类型，GET 或 POST ● url：文件在服务器上的位置 ● async：true（异步）或 false（同步）
send(string)	将请求发送到服务器。 ● string：仅用于 POST 请求
setRequestHeader(header,value)	向请求添加 HTTP 头。 ● header：规定头的名称 ● value：规定头的值

与 POST 相比，GET 更简单也更快，并且在大部分情况下都能用。然而，在以下情况中，请使用 POST 请求：

● 不能使用缓存文件时（更新服务器上的文件或数据库）。
● 向服务器发送大量数据时（POST 没有数据量限制）。
● 发送包含未知编码字符的用户输入时（POST 比 GET 更稳定、更可靠、更一致）。

【范例 4-4】中的第 50 行代码可能得到的是缓存的结果。为了避免这种情况，可以给 URL 添加一个唯一的标识：

```
URL:"4-4.txt?t="+Math.random() ,
```

其实就是添加了一个 t 参数，这个参数每次都会产生一个随机的、不相同的值，且这个参数会被发送给服务器端并可以被接收，如果要传递更多信息，还可以添加更多的参数：

```
URL:"4-4.txt?t="+Math.random()+"&user=z3f&homepage=www.z3f.me",
```

前面说到，POST 更可靠的原因就在于 GET 通过这样的方式传递信息的时候有最大长度的限制，IE 9 以前的版本最大只能接受 2083 个字符。URL 的长度不仅浏览器会限制，各种 Web 服务器也会限制，为了避免产生未知的问题，不建议在 URL 中传递太多数据，尤其是传递中文信息时，通过 UTF-8 编码的中文会占用 9 个字符，也就是说最多传递 200 个左右的字符。

下面再来看一下 POST 请求，对【范例 4-4】中的代码修改一下即可运行：

```
eg.AJAX({TYPE:"POST",
```

AJAX 模拟表单 POST 提交请求就不用担心数据长度的限制了。但过大的数据，比如超过几吉字节的文件，就会导致浏览器卡死甚至崩溃。

最后一个参数是 async，在我们的例子中总是 true，意思是 JavaScript 无须等待服务器的响应就可以做更多的事情，可通过下面的【范例 4-5】来理解。

【范例 4-5 AJAX 同步请求】

```
1.    <html>
2.     <head>
3.      <title>hello ajax sync</title>
4.     </head>
5.     <body>
6.          <div id="myajax">hello world!</div>
7.          <button type="button" id="ajaxBtn">通过 AJAX 同步改变内容</button>
8.          <script src="eg.lib.js"></script>
9.     </body>
10.   </html>
11.   <script>
12.   (function(){ //避免全局污染,将操作放在闭包里
13.          var ajaxBtn = eg.$("ajaxBtn");
             //取得 username 的 DOM 对象, eg.$方法定义在 eg.lib.js 中, 详见第 2 章范例
14.          //给 userName 对象绑定一个 onkeyup 事件, eg.addListener 方法
             定义在 eg.lib.js 中, 详见第 2 章范例
15.          eg.addListener(ajaxBtn,"click",function(){
16.              eg.AJAX({TYPE:"GET",//AJAX 请求类型
17.                  URL:"4-4.txt",//AJAX 请求的 URL, 该文件只有"hello ajax"
                     字符串的纯文本
18.                  ISASYN:false  //是否异步
19.              },function(data){//定义 AJAX 请求成功后的 callback 回调函数
20.                  //元素 myajax 原本的 hello world!会变成 hello ajax
                         eg.$("myajax").innerHTML = data;
21.              });
22.          });
23.   })();
24.   </script>
```

通过观察【范例 4-4】第 30~42 行的代码可以发现，同步和异步相比，少了 onreadystatechange 回调函数的定义，把主要操作代码直接移植到最后，这似乎更符合思维方式，如果服务端请求要很久才能响应，那么用户的浏览器在此就会卡住——处于假死状态。这就是 AJAX 异步存在的价值，如果读者是从传统编程语言迁移过来的，就要改变一下思维方式，【范例 4-5】这样的同步调用方式不推荐在 AJAX 中使用，一些极端的特殊情况除外。

4.2.2 XMLHttpRequest 对象属性

表 4-2 列出 XMLHttpRequest 比较重要的几个属性及说明，值得注意的是 onreadystatechange 和 responseText。

表 4-2 XMLHttpRequest 对象的常见属性

属性	说明
responseText	获得字符串形式的响应数据
responseXML	获得 XML 形式的响应数据
Onreadystatechange	每当 readyState 属性改变时，就会调用该函数
readyState	存有 XMLHttpRequest 的状态，从 0 到 4 发生变化。 0: 请求未初始化 1: 服务器连接已建立 2: 请求已接收 3: 请求处理中 4: 请求已完成，且响应已就绪
status	200: "OK" 404: 未找到页面

在程序中 onreadystatechange 回调函数一般会被触发 4 次，对应着 readyState 的每个变化，也正因如此开发者才可以根据自己的需要对每一个变化进行处理。在前面的范例中都是使用 responseText 属性，如果来自服务器的响应是 XML，虽然越来越少的 Web 应用程序还在使用 XML 数据交换格式，但如果要用 XML，就要使用 responseXML 属性，可通过【范例 4-6】来理解它的用法。

【范例 4-6 AJAX 获取 XML 内容】

```
1.     <html>
2.      <head>
3.       <title>hello ajax xml</title>
4.      </head>
5.      <body>
6.          <div id="myajax">hello world!</div>
7.          <button type="button" id="ajaxBtn">通过 AJAX 获取 xml 内容</button>
8.          <script src="eg.lib.js"></script>
9.      </body>
10.    </html>
11.    <script>
12.    (function(){                                    //避免全局污染,将操作放在闭包里
13.         var ajaxBtn = eg.$("ajaxBtn");//取得 username 的 DOM 对象,
         eg.$方法定义在 eg.lib.js,详见第 2 章范例
14.         //给 userName 对象绑定一个 onkeyup 事件,eg.addListener 方法定义在
             eg.lib.js,详见第 2 章范例
15.         eg.addListener(ajaxBtn,"click",function(){
16.             eg.AJAX({TYPE:"GET",//AJAX 请求类型
```

61

```
17.                     URL:"4-6.xml",//AJAX 请求的 URL，该文件就是范例 4-2 的代码
18.                     ISASYN:true   //是否异步
19.                 },function(txt,xml){//定义 AJAX 请求成功后的 callback 回调函数
20.                 var root = xml.getElementsByTagName("name");
21.                     eg.$("myajax").innerHTML = root[0].
                        childNodes[0]. nodeValue;
22.                 });
23.             });
24.     })();
25.     </script>
```

变量 url 请求的文件 4-6.xml 内容就是【范例 4-2】的 XML 格式代码，图 4-4 是其运行效果。

图 4-4 AJAX 获取 XML 内容

如果要达到相同效果，使用 JSON 数据交换格式的代码如【范例 4-7】所示。

【范例 4-7 AJAX 获取 JSON 内容】

```
1.      <html>
2.       <head>
3.        <title>hello ajax JSON</title>
4.       </head>
5.       <body>
6.          <div id="myajax">hello world!</div>
7.          <button type="button" id="ajaxBtn">通过 AJAX 获取 JSON 内容</button>
8.          <script src="eg.lib.js"></script>
9.       </body>
10.     </html>
11.     <script>
12.      (function(){                              //避免全局污染,将操作放在闭包里
13.          var ajaxBtn = eg.$("ajaxBtn");
            //取得 username 的 DOM 对象, eg.$方法定义在 eg.lib.js, 详见第 2 章范例
14.          //给 userName 对象绑定一个 onkeyup 事件, eg.addListener 方法定义
                在 eg.lib.js, 详见第 2 章范例
15.          eg.addListener(ajaxBtn,"click",function(){
16.              eg.AJAX({TYPE:"GET",//AJAX 请求类型
17.                  URL:"4-7.txt",
                        //AJAX 请求的 URL，该文件就是范例 4-3 的 JSON 代码
18.                  ISASYN:true   //是否异步
19.              },function(txt,xml){  //定义 AJAX 请求成功后的 callback 回调函数
20.                  var json = new Function("return "+txt)();
```

```
          //简单的 JSON 字符串转换为 JavaScript 对象
21.                    eg.$("myajax").innerHTML = json.name;    //输出用户名
22.                  });
23.              });
24.      })();
25.    </script>
```

运行效果见图 4-4 右半部分。如果面对更复杂的数据结构，使用 JSON 会体现出更高的效率，编写的代码也更加容易和简洁。

4.3 检查待注册的用户名是否存在

在使用 AJAX 提交数据给服务器之前，先看看传统页面的提交方式，即会刷新页面的 form 表单数据提交方式，通过对比来理解 AJAX 诞生的根本原因并体会它所带来的用户体验。

4.3.1 客户端进行检测

在早期程序中，很多都是没有经过 AJAX 验证的，比如在百度中用 "inurl:(UserReg.asp)" 这样的字符串来进行搜索，可以找到很多没有使用无刷新检测设计的网站，如图 4-5 所示为在百度上找到的新用户注册页面。

图 4-5 手动检测用户名的设计方式

通过【范例 4-8】和【范例 4-9】来分析一下这种设计思路，【范例 4-8】是传统网页提交的 HTML 代码，【范例 4-9】是 ASP 服务端代码——用的也是类 JavaScript 的语法。

【范例 4-8 传统网页提交】

```
1.  <html>
2.   <head>
3.   <title>传统网页提交</title>
4.   </head>
5.  <body>
6.    <form method="get" action="4-9.asp" target="_blank">
7.          <input type="text" name="username" />
8.          <input type="submit" value="手动检查用户名" />
9.    </form>
10. </body>
11. </html>
```

【范例 4-8】form 标签中的 target 属性值 "_blank" 意思是 "4-9.asp" 页面将在新窗口打开。第 7 行的 input 是要输入用户名的输入框，name 属性值 username 是后面【范例 4-9】服务端代码获取用户输入的参数名。

4.3.2 服务器端获取数据

数据通过客户端浏览器发送到 Web 服务端之后，需要通过一系列的业务处理，最后才会返回处理结果给客户端浏览器，【范例 4-9】就是 ASP 版本的服务端处理代码，ASP 也支持用 JavaScript 作为服务端编程代码而且使用方便，在 JavaScript 流行之前，ASP 服务端编程语言通常是 VBScript 语言。

【范例 4-9 传统地检测用户名是否注册（ASP 版）】

```
1.  <%@language="javascript"%>
2.  <% //<%是 asp 服务器端运行代码的起始符号
3.  //@language="javascript"表示本页面运行的服务器端默认语言设置为 JavaScript
4.  var names = ["z3f","admin","test","anna","cindy","diana"];    //定义一个数组
    模拟数据表示已经注册过的用户
5.  //获取网址传递过来的参数 username，在 JavaScript 语法中是区分大小写的
6.  var q = Request.QueryString("username");   //通过 ASP 内置对象获取数据
7.  var has = 0                    //定义一个变量用来存储是否有输入的用户名
8.  for (var i=0;i<names.length;i++){   //循环比对，一般项目中是查询数据库操作
9.    if(names[i]==q ){            //如果用户名已存在就标记
10.        has = 1;               //保存起来
11.        break;                 //退出循环
12.   }
13. }
14. if(has == 1){
15. Response.Write(q+"已注册，请换其他用户名！");//如果找到同名用户则不能注册，并通过 ASP
    内置对象输出
16. }else{
```

```
17. Response.Write(q+"还没有注册,恭喜你!");        //如果没有同名用户则可以注册,并通过
    ASP 内置对象输出
18. }
19. %>
```

【范例 4-8】和【范例 4-9】在本地 Web 服务器下运行,单击"手动检查用户名"会弹出新窗口,如图 4-6 所示,部分浏览器会弹出新的标签页,效果相同。

图 4-6 手动检查用户名

这就是一个改进版的传统检查用户名是否注册的程序,相对于 56k 拨号上网的时代而言,这是相当流行的设计,因为它可以手动传输一部分很少的关键数据给服务器检查,检查通过后服务端也返回极其简单的提示,大大减少了整页整页提交的漫长等待时间和流量。

时代的发展,科技的进步,人们生活质量的不断提高,对于各方面的感受要求就越发不满足于以前这种"手动模式""弹窗模式",于是在这种需求下推动了 AJAX 的萌芽。

4.4 用 AJAX 提交数据给服务器

为改善用户体验,本书用实例代码讲述 AJAX 应用程序的基本核心,范例基于前面的思路,但是由于设计思想不同,使用技术不同,还是稍有改变。

4.4.1 客户端部分

考虑到用户一边输入,一边验证,当用户输入完毕也就验证完毕,这是多么令人愉快的事情——大大节省了用户时间。要做到这样,就需要在键盘事件上做一些处理,来看【范例 4-10】的代码。

【范例 4-10 AJAX 检测用户名】

```
1.      <html>
2.       <head>
3.        <title>AJAX 检查用户名</title>
4.       </head>
5.       <body>
6.      用户名：<input type="text"id="username" /><span id="usernameTip"></span>
7.      <script src="eg.lib.js"></script>
8.       </body>
9.      </html>
10.     <script>
11.     //eg 对象已经在 eg.lib.js 中定义
12.     (function(){                                    //避免全局污染,将操作放在闭包里
13.     var userName = eg.$("username");
          //取得 username 的 DOM 对象, eg.$方法定义在 eg.lib.js 中, 详见第 2 章的范例
14.         var delay;//存储延迟执行的函数
15.         var delay2ajax = function(){//AJAX 操作部分
16.             eg.AJAX({TYPE:"GET",//AJAX 请求类型
17.                 URL:"4-11.asp?username="+userName.value,
                    //获取用户输入的值并构建 AJAX 请求的 URL
18.                 ISASYN:true    //是否异步
19.             },function(data){    //定义 AJAX 请求成功后的 callback 回调函数
20.                 var json = new Function("return "+data)();
                    //使用简单的方式把 JSON 格式的字符串文本转换成 JavaScript 对象
21.                 var tip = "";         //存储提示信息
22.                 if(json.success){    //根据服务端定义的成功标志判断
23.                     tip = "√ 该用户名可以注册";
24.                 }else{
25.                     tip = "× 该用户名已存在";
26.                 }
27.                 eg.$("usernameTip").innerHTML = tip;
                    //在输入框旁边的标签输出服务端返回的信息
28.             });
29.         };
30.         eg.addListener(userName,"keyup",function(){
             //给 userName 对象绑定一个 onkeyup 事件, eg.addListener 方法定义在
               eg.lib.js 中, 详见第 2 章的范例
31.             clearTimeout(delay);
                //如果用户在短时间内还输入, 则清除要 AJAX 的操作
32.             delay = setTimeout(delay2ajax,800);
            //重新等待用户输入, 如果延迟了 0.8 秒都还没有输入, 则认为可以自动发起 AJAX 检查
33.         });
34.     })();
35.     </script>
```

【范例 4-10】运行之后如图 4-7 所示，通过 AJAX 改造后，少了一个按钮，有更多的空间显示更多的内容，用户也有更多的时间做更多的事情，用更少的操作达到相同的目的。

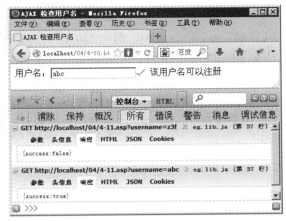

图 4-7 AJAX 自动检查用户名

图 4-7 下方是 Firebug 工具，可以看到有两次输入，请求路径和参数不同，返回结果也是不同的。

4.4.2 服务端部分

【范例 4-10】提交到服务端要做的处理请看代码【范例 4-11】。

【范例 4-11 AJAX 检测用户名是否注册（ASP 版）】

```
1.    <%@language="javascript"%>
2.    <%                                      //<%是 ASP 服务器端运行代码的起始符号
3.    //@language="javascript"表示本页面运行的服务器端默认语言设置为 JavaScript
4.    var names = ["z3f","admin","test","anna","cindy","diana"];
       //定义一个数组模拟数据表示已经注册过的用户
5.    //获取网址传递过来的参数 username，在 JavaScript 语法中是区分大小写的
6.    var q = Request.QueryString("username");//通过 ASP 内置对象获取数据
7.    var has = 0;                      //定义一个变量，用来存储是否有输入的用户名
8.    for (var i=0;i<names.length;i++){ //循环比对，一般项目中是查询数据库操作
9.          if(names[i]==q ){          //如果用户名已存在就标记
10.               has = 1;             //保存起来
11.               break;               //退出循环
12.          }
13.    }
14.    if(has == 1){
15.          Response.Write("{success:false}");
              //如果找到同名用户则不能注册，构造成 JSON 格式字符串并通过 ASP 内置对象输出
16.    }else{
```

```
17.          Response.Write("{success:true}");
             //如果没有同名用户则可以注册，构造成 JSON 格式字符串并通过 ASP 内置对象输出
18.      }
19.  %>
```

对比【范例 4-11】和【范例 4-9】可以发现，服务端的代码其实在非 AJAX 模式和 AJAX 模式下相差不是很大，AJAX 在前端工作中越来越重要的原因就是它改变了前端的方式，但是对后端的改变不是很大。

 本章范例用到的 Web 服务器名叫 Netbox（大小为 620KB），是一款旨在代替 IIS 的国产软件，安装很简单，一直单击 Next 按钮即可使用。

4.5 相关参考

- JSON 中文介绍——http://www.json.org/json-zh.html。
- Internet Explorer 中最大的 URL 长度——https://support.microsoft.com/kb/q208427。
- Netbox 官网下载——http://www.netbox.cn/download/index.htm。

第 5 章 瀑布流布局

日照香炉生紫烟，遥看瀑布挂前川。飞流直下三千尺，疑是银河落九天。

——唐代·诗仙·李白

瀑布是自然界最壮观的美景之一，所谓技术或者艺术都源于生活或者大自然，比如雷达模仿的是蝙蝠、声呐模仿海豚，诸如此类，而在 IT 界，瀑布流布局是一个最为成功和著名的模仿自然的技术。本章就将介绍这个瀑布流布局。

本章主要知识点：

- 浮动瀑布流
- 定位瀑布流

5.1 瀑布流简介

最早采用瀑布流布局的网站是 pinterest.com。pinterest（中文名：品趣志）是全球最大的图片社交分享网站，采用瀑布流的形式展现图片内容，无须用户翻页，新的图片不断自动加载在页面底端，让用户不断发现新的图片，良好的用户体验让它跻身全球社交网站前十，因此瀑布流布局得以被更多网站采用，成为新兴网站的首选。

5.1.1 瀑布流是不是万金油

国人自古就喜欢百宝箱之类的东西，现在这个概念被搬到网络上了，大全、集合、万能等常常现于眼帘，那么瀑布流是不是也是一种万能法宝呢？

在"瀑布流"网站布局被发明出来之后，这一亮瞎用户眼球的设计，在"以快致胜"思想泛滥的年代很快传开来，铺天盖地都是瀑布流，哪里都看得见。无论是新建的还是重构的，都以李白的瀑布挂前川，谁的网站要不挂点瀑布都不好意思见人，更有甚者，不让人滚到手抽筋丝毫没有罢休的意思，真是应了那句话——数据不止，折腾不休。可是，成功不是人人可以复制的。仅凭一个"瀑布流"真的就能让你的网站"永垂"不朽吗？

"瀑布流"布局方式通过 JavaScript 编写的插件密集、美观地展示了大量高度不一的缩略图，从而为用户提供完美的视觉体验。这种不平衡和不对称的布局方式对于那些以新闻聚合以及大量文本为主要设计方向的网站并不适合，比如 Digg（如图 5-1 所示）。

图 5-1　曾一度辉煌的 Digg

作为一个新闻文章网站，通常都是对网站整体布局密度进行优化，从而突出新闻标题以增强可读性。改版后的 Digg 过分强调视觉效果，对新闻内容大打折扣。而且，网站上的配图也谈不上特别美观，反倒显得有些杂乱。Digg 改版后的 Alexa 排名也说明用户对它的新设计并不买账，曾经一度辉煌到 2 亿美元身价的 Digg，如今已跌至千万级别，这不得不令人深思——再炫、再流行的技术都不是重点，重点是如何服务用户。

从别人的成功可以迅速获得灵感，但也很容易忽略自己的设计重点。在打算采用"瀑布流"布局之前不妨问问自己下面几个问题：

- 你的网站内容是以视觉为主吗？
- 如果是，网站上的图片是否大小不一且足够有趣并吸引眼球？
- 你，是另一个 pinterest 吗？
- 盲目跟风的项目会成功吗？

5.1.2　穿过瀑布流看水帘洞

一种东西流行于世，必定有其优点，而任何东西都不可能绝对完美无瑕，必然有其缺点，只是有的多有的少。下面以这种辩证的眼光来看看瀑布流的优点和缺点。

瀑布流有这样几个优点：

- 相对于它出现以前，是一个创意的网页设计配合上独特的数据呈现方式；

- 从本质上来看它优化了翻页和等待翻页这种最常见的用户操作体验；
- 它适应了触屏设备的用手指滑动的操作习惯。

瀑布流的不足之处在于：

- 它仅仅是整个 Web 项目中的一部分，无法代替整个网站；
- 它只是内容的一种组织方式，绝对不是唯一的组织方式；
- 它容易造成"无限拖"和"无底洞"的不良后果，也就是说就像用户面对中国股市一样——很难见底。

从好的方面来看，它所带来的交互便捷性可以使用户将注意力更多地集中在内容而不是操作上，从而让他们更乐于沉浸在探索与浏览内容当中。

从它不足的地方来思考，有些行业或项目应当避免，从头望不见底，无穷无尽地拖曳操作——因为有些时候用户不可能永远看你的瀑布，最多几页就需要点击查看详情。例如，在电商网站当中，用户时常需要在商品列表与详情页面之间切换，这种情况下，传统的、带有页码导航的方式可以帮助用户更稳妥和准确地回到某个特定的列表页面当中。另外需要考虑页脚对于你的网站，特别是用户的重要性。如果页脚中确实有比较重要的内容或链接，比如最常见的"联系我们""关于我们"等信息，那么最好换一种更传统和稳妥的浏览方式。

下面来看看几个对瀑布流应用处理得比较好的案例——Twitter 和 Tumblr。

2006 年，博客技术先驱 blogger.com 创始人埃文·威廉姆斯（Evan Williams）创建的新兴公司 Obvious 推出了 Twitter 服务。Twitter 适合采用无限滚动加载的一个重要原因，就是每个内容单元都短小精炼，其本身就是内容整体，用户不需要在"列表索引"与"内容详情"之间切换就可以获取全部信息，而且当鼠标悬停在某个内容条目范围内的时候，对应的操作（回复、删除、收藏等）就会呈现，所有内容与功能全部集中在当前的上下文环境中，如图 5-2 所示。

图 5-2 Twitter 推文的无限滚动

Tumblr（中文名：汤博乐）成立于 2007 年，是目前全球最大的轻博客网站，也是轻博客网站的始祖。默认情况下，Tumblr 是通过无限滚动的方式加载内容的，但在设置当中为用户提供了禁用无限滚动的选项，这种做法非常体贴，如图 5-3 所示。

图 5-3 Tumblr 首页及是否关闭瀑布流的无限滚动设置

通过瀑布流我们需要挖掘出更大的财富——洞天福地般的水帘洞，如果你的瀑布流背后只是给游客一面光秃秃的墙，游客迟早都会看腻或者因碰壁而离开，而不会成为花果山。

5.2 固定列宽的简单瀑布流实现

虽然瀑布流有好有坏，但是这个极具创意的网页交互设计，其核心技术值得去探索一番，瀑布流经过一段时间的改良出现了不同款式，但基本来说分为固定和不固定的，很简单，固定的尺寸在程序处理和维护方面相对比较容易，而不固定的则要兼容许多东西，先来看看一个简单的固定列宽瀑布流如何实现。

5.2.1 简单的 HTML 结构

相信很多人都会去逛淘宝，淘宝有很多子站都采用过瀑布流。通过图 5-4 来看下"淘宝哇哦"的瀑布流结构。

图 5-4 "淘宝哇哦"的固定列宽瀑布流布局

"哇哦"采用的是固定列宽模式，共分为 4 列，以 result-col 为 class 名，外层套了一个 class 名为 result-box 的 div 控制整个瀑布居中显示，并且限制宽度，不会因为窗口的大小变化而变化。

笔者也以此为思路，构造了【范例 5-1】这样的瀑布流 HTML 结构。

【范例 5-1 简单的 HTML 结构】

```
1.  <!DOCTYPE html>
2.  <html>
3.   <head>
4.   <title>简单固定列宽瀑布流</title>
5.   <link rel="stylesheet" href="eg5.css" />
6.   </head>
7.   <body>
8.    <div class="main">
9.         <div class="col"><img src="1.jpg" alt="" /><p>[1.jpg]</p></div>
10.        <div class="col"><img src="2.jpg" alt="" /><p>[2.jpg]</p></div>
11.        <div class="col"><img src="3.jpg" alt="" /><p>[3.jpg]</p></div>
```

```
12.          <div class="col"><img src="4.jpg" alt="" /><p>[4.jpg]</p></div>
13.    </div>
14.    <script src="base.js"></script>
15.    <script src="eg5.js"></script>
16.  </body>
17. </html>
```

根据实际情况，通常后端会生成第一批默认数据，而不是让 JavaScript 来构造，所以 eg5.css 是一个简要的样式文件，body 里只留了一个 class 名为 main 的 div，第一批数据就是每列先显示第一行数据，base.js 通过前面几章节积累下来的公共代码放置其中，eg5.js 是本章范例必要的代码。

5.2.2 让瀑布流动起来

打好基建之后，就需要编写 JavaScript 代码了。首先如果数据不够显示一屏，就用新数据来补足它，在补充的时候是根据 4 列中最矮的那一个为优先补充，因为高矮尺寸一般只有在客户端才看得到，服务端虽然也可以计算，但是会浪费资源，客户端的内存和 CPU 能用则多用，只要不让客户端变慢就行。

只要图片高度不一致，通过这样的思路很快就可以看到一个"瀑布流"，这仅仅是静态的，一般滚动的时候瀑布流都会添加数据，所以接下来就是添加滚动事件，只要有滚动就计算，然后补充数据。

先看图 5-5 的效果。

图 5-5 固定列宽瀑布流

在网上收集了一些固定宽度不固定高度的图片，简单设置了一下页面的样式，在实际项目中，外观样式设置可能更复杂一些，本书重点研讨 JavaScript，所以还是先看看其实现代码，如【范例 5-2】所示。

【范例 5-2 固定列宽瀑布流实现】

```
1.  eg.getDataList = function(min,max){
        //模拟构造数据，实际上这些数据由后端提供
2.      var lst = [],n=8;    //保存数据
3.      for(var i=0;i<n;i++){                                //每次模拟 n 条
4.          var k = min + parseInt(Math.random()*(max-min));//随机指定范围的数
5.          lst.push(k+".jpg"); //拼接成字符串
6.      }
7.      return lst;//返回数组
8.  };
9.  eg.cols = eg.getElementsByClassName("col");//把目标对象缓存起来
10. eg.colh = [0,0,0,0];                    //存取每列的高度
11. eg.getColMin = function(){              //计算 4 列高度
12.     var min = 0,m = {};
13.     for(var i=0;i<4;i++){
14.         min = parseInt(eg.cols[i].offsetHeight);
15.         eg.colh[i] = min;
16.         m[min] = i;
17.     }
18.     return eg.cols[m[Math.min.apply(Array,eg.colh)]||0]; //返回最小高度的对象
19. }
20. eg.add = function(dl){ //追加数据的方法
21.     for(var i in dl){
22.         var newDiv = document.createElement("div")
23.         var newImg = document.createElement("img");
24.             newImg.src = dl[i];
25.             newDiv.appendChild(newImg);
26.             newDiv.innerHTML += '<p>['+dl[i]+']</p>';
27.             eg.getColMin().appendChild(newDiv);//追加到最小高度列里
28.     }
29. };
30. eg.scroll = function(){//滚动条事件处理
31.     window.onscroll = function(){//onscroll,onload,onresize 只能这样添加
32.         var doc = document;
33.         var top = doc.documentElement.scrollTop || doc.body.scrollTop;
            //滚动条到顶部的高度
34.         var winH=doc.documentElement.clientHeight||doc.body.clientHeight;
            //可视窗口的高度
35.         if(Math.min.apply(Array,eg.colh) < top+winH){
            //如果最小高度小于可视区域，就补充
36.             eg.add(eg.getDataList(1,35)); //随机获取数据，并追加到最后
37.         }
38.     }
39. }
```

上面代码中的 eg.getElementsByClassName()方法是之前定义过的一个方法，存放在 base.js 文件中，通过【范例 5-1】可知，默认数据很少，需要在初始化的时候补充一些，这就要在 HTML 页面增加一个 script 标签，先调用 eg.getColMin()获取已经存在的数据高度并保存到 eg.colh 数组中以便后面判断使用，然后调用 eg.getDataList()方法模拟一批数据，正规项目中会用 AJAX 去服务端请求，然后把数据用 eg.add()方法追加到后面。最后还要调用 eg.scroll()方法绑定滚动条事件的监听，加入代码是这样的：

```
<script>
    eg.getColMin();                    //计算第一批数据的高度
    var dl = eg.getDataList(5,35);     //初始化一些数据
    eg.add(dl);                        //补充剩下的数据
    eg.scroll();                       //启动滚动条监听
</script>
```

 由于真实项目中，window.onscroll 事件可能会绑定多个业务，所以本例中的直接覆盖绑定方式不宜直接拉入项目中去，要确保没有其他业务占用的情况下方可如此，否则可能会出现一些意外情况，比如无法执行、某些事件被覆盖等。

图片和文件放置在同一个目录，否则请修改相应的路径。当用鼠标怎么也滚不到底的时候，恭喜你已实现了经典的固定列宽瀑布流！

5.3 非固定列宽的复杂瀑布流

虽然从直观感觉来说非固定列宽的瀑布流算不上用户习惯意义上的瀑布流，但是也有值得研究和使用的地方。

5.3.1 非固定列宽瀑布流的争议

知乎是一个高品质的真实网络问答社区，上面有一些对瀑布流颇有见解的分析和观点。下面摘录一些有关固定列宽的观点，以供大家了解。

● 知乎用户 zhaosj 说："瀑布流实际上很吃硬件，翻页我曾经翻到过一百页开外，能想象一百多页的内容用瀑布流全都显示在一个页面里是个什么情形么？"
● 知乎用户 Kavin Han 说："页面上的元素会越来越多，导致出现性能问题（也就是说加载多了会卡）。所以，在考虑用户体验的同时怎么控制已经看完的元素和怎么加载新元素是个问题。"

非固定列宽瀑布流当然也是瀑布流，对于固定列宽瀑布流存在的问题同样也是存在的，以下是关于非固定列宽的观点。

- 知乎用户 "地球人" 说："这（指非固定列宽瀑布流）还叫 '瀑布流'？这就是个大杂烩！'瀑布流' 布局必须是宽固定、间隙固定、列数固定的，不满足以上几项，就不叫 '瀑布流'！"
- 知乎用户 Sapjax 说："宽高不定的话，答案是无解，不管怎么排列，都会有无法消除的多块空隙。"
- 知乎用户薛滨说："如果能控制每个碎片的图片高度和文字长度，理论上是有办法解决的，不过这也就不算瀑布流了。瀑布流里的内容如果是静态的，单独写 css 吧！如果是动态的，要么选择上面的方案（指 Masonry，jQuery 的非固定和固定列宽瀑布流插件），要么改设计！"

不固定列宽的效果通常如图 5-6 所示，它有点像 CSS 雪碧图（CSS Sprites），其算法也类似，它的难点在于空白和位置的计算，这当然是相当消耗内存和 CPU 的，在老版本 IE 浏览器下其性能更加不敢恭维。

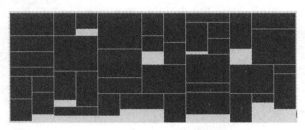

图 5-6　不固定列宽瀑布流效果图

这样的效果可以说没有什么美感，就实战项目而言，恐怕需要在设计上做一些配合或者妥协，否则把这样的东西丢给用户恐怕没有什么意义。

5.3.2　用 Masonry 实现任意非固定列宽瀑布流

对于非固定列宽瀑布流项目，Masonry 是目前业界最完美的解决方案，上手容易且效果精美。下面就用 Masonry 来制作一个复杂的非固定列宽的瀑布流布局页面。

（1）先去官网 https://masonry.desandro.com 下载该插件并在页面引用。

```
<script src="yourpath/masonry.pkgd.js"></script>
```

（2）构建如【范例 5-3】所示的 HTML 结构。

（3）在页面最后加入下面的代码就可以初始化 masonry 了。

```
<script>
var $container = document.getElementById("container");
```

```
var msnry = new Masonry( $container, {
  columnWidth: 250,                //每一列的宽度
  itemSelector: '.box' //子元素的选择器，是 class 的值
});
</script>
```

【范例 5-3　非固定列宽瀑布流的 HTML 代码结构】

```
1.  <!DOCTYPE html>
2.  <html>
3.  <head>
4.  <title>非固定列宽瀑布流</title>
5.  <style>.box{margin:3px;}</style>
6.  </head>
7.  <body>
8.  <div class="w1000">
9.    <div id="container">
10.       <div class="box"><img src="1x1a.jpg" /></div>
11.       <div class="box"><img src="1x1b.jpg" /></div>
12.       <div class="box"><img src="1x3.jpg" /></div>
13.       <div class="box"><img src="2x1b.jpg" /></div>
14.       <div class="box"><img src="1x1c.jpg" /></div>
15.       <div class="box"><img src="1x1d.jpg" /></div>
16.       <div class="box"><img src="2x1c.jpg" /></div>
17.       <div class="box"><img src="1x1e.jpg" /></div>
18.       <div class="box"><img src="1x1f.jpg" /></div>
19.       <div class="box"><img src="2x1d.jpg" /></div>
20.    </div>
21.  </div>
22.  </body>
23.  </html>
```

为了实际效果，【范例 5-3】代码中那些 img 图片尺寸也不是完全任意的，它们是成比例的，聪明的读者可以从命名看得出，图 5-7 的效果更加直观。

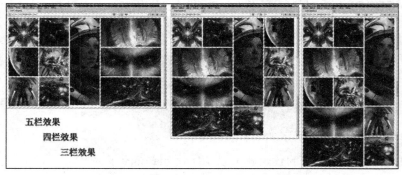

图 5-7　非固定列宽布局自动排列布局效果

图 5-7 只是浏览器窗口变化时 Masonry 自动排列出来的 3 种效果，代码均在同一个页面。对于初始化 Masonry 的方法，官方网站还提供了 HTML 内嵌和 jQuery 插件调用两种方式，具体请参考官网。

笔者在这里要提醒的是，如果要在 IE 6、IE 7 等低版本的浏览器下使用这个开源插件，需要用基于 jQuery 的 Masonry v2.1.08 版本，本书范例使用的是 Masonry v3.0.1 版本，在低版本下调用的代码如下：

```
<script src="http://ajax.googleapis.com/ajax/libs/jquery/1.7.2/ jquery.min.
js"> </script>
<script src="jquery.masonry.min.js"></script>
 <script>
var $container = $('#container');
$container.imagesLoaded(function(){
  $container.masonry({
    itemSelector : '.box',
    columnWidth : 250
  });
});
</script>
```

5.4 延迟加载图片

一般瀑布流都用在图片比较多的网站，而图片多的网站必然会消耗宽带流量。一张图的体积有时候远远超过这个网页本身的代码数据量，所以针对图片的按实际需要延迟加载技术便应运而生。

5.4.1 延迟加载是何方神圣

Web 应用程序的瓶颈往往在于高并发响应速度，从第 21 章起讲到的 Node.js 就是解决高并发响应的，而响应速度则又是所有项目参与者都要考虑的问题，如果系统响应速度过慢，用户就会出现埋怨情绪，系统的价值也会大打折扣。因此，提高系统响应速度是非常重要的。

延迟加载又称懒加载（lazyload），它并不是什么新技术，而是一种优化策略，是前端开发人员对网页性能优化的一种方案。在各类大型网站中都有懒加载的身影，例如谷歌的图片搜索页、迅雷、淘宝网、QQ 空间等。

这种策略早在 2003 年就被著名的对象关系映射框架 Hibernate 所采用，主要就是在真正需要数据的时候才调用数据。后来微软在 C#.NET Framework4.0 中也加入了延迟加载策略，又称为延迟实例化、延迟初始化等，主要表达的思想也是对象的创建将会延迟到使用时创建，而不是在对象实例化时创建对象，即用时才加载。这种方式有助于提高应用程序的性能、避免浪费计算、节省内存的使用等。

一种主要是针对数据做延迟加载优化，一种是针对对象实例延迟创建优化，那么在 JavaScript 主宰的前端，延迟加载主要是针对什么呢？主要针对图片、Flash 资源、iframe 等。因为这些东西个头一般都很大，下载需要的时间长，提高系统速度是第一要务，所以前端延迟加载必不可少。

以图片为例，网页中的 img 标签就是用来加载图片的，当 HTML 代码被浏览器加载时，就会解析各种连接，包括 CSS 的、JS 的，当然也包括 img 标签，然后继续发出请求。这会大大浪费宽带资源，也会阻塞页面的呈现，可能用户会看到一直在加载，也可能第二屏幕的图片显示了，第一屏幕的图片还没下载完。

至此，相信读者已明白延迟加载要完成的任务了。

同样，它的工作原理也是针对这些任务而定的：

- 在 HTML 构造输出的时候，先不要设置图片标签 img 的 src 属性，改用其他属性（如 lazy）；
- 要判断图片（其他资源同理）是否在当前可视屏范围；
- 根据第二条的判断把其他属性（如 lazy）中保存的值设置给 src 属性。这样用户浏览到哪里浏览器就会加载哪里的图片。

5.4.2 延迟加载运用实例

延迟加载图片比较麻烦的地方是如何判断图片位置。要获得元素相对于页面的绝对位置，通常使用 offsetTop，但是这个属性只是取得元素父元素的相对位置，如果元素的父元素或父元素的父元素设置了相对定位或绝对定位，那么这个值显然是不准确的。

所以，首先要用遍历的方式来获取元素的页面绝对距顶值，将这个方法放到 base.js 中。

```
eg.getTop = function(El){
    var top = 0;
    do{//循环处理
        top += El.offsetTop;//计算 Top 值
    }while((El = El.offsetParent).nodeName != 'BODY');//获取到 body 节点为止
    return top;
};
```

然后，根据取得的值来判断是否应该显示。

```
eg.lazy = function(){
    var doc = document;
    var top = doc.documentElement.scrollTop || doc.body.scrollTop;
    //滚动条到顶部的高度
```

```
        var   winH   =   doc.documentElement.clientHeight||doc.body.clientHeight;
        //可视窗口的高度
        var imgs = doc.getElementsByTagName("img");
        //对所有图片进行批量判断是否在浏览器显示区域内
        for(var i=0 ; i < imgs.length; i++){
                var _src = imgs[i].getAttribute('lzay-src');
                if( _src !== imgs[i].src ){//判断图片是否已经显示过
                        var _top = eg.getTop(imgs[i]);//获取图片相对于顶部的位置
                        if( _top >= top && _top <= top+winH){//判断图片是否在显示区域内
                                imgs[i].src = _src;
                        }
                }
        }
};
```

最后，构建一个 HTML 页面，监听滚动条滚动事件，整合的代码如【范例 5-4】所示。

【范例 5-4 延迟加载图片范例】

```
1.   <!DOCTYPE html>
2.   <html>
3.   <head>
4.   <title>懒加载</title>
5.   <style>
6.   div{float:left; min-width:150px; min-height:150px;}
7.   </style>
8.   </head>
9.   <body>
10.  <div><img src="loading.gif" lzay-src="1.jpg" alt=""></div>
11.  <div><img src="loading.gif" lzay-src="2.jpg" alt=""></div>
12.  <div><img src="loading.gif" lzay-src="3.jpg" alt=""></div>
13.  <div><img src="loading.gif" lzay-src="4.jpg" alt=""></div>
14.  <div><img src="loading.gif" lzay-src="5.jpg" alt=""></div>
15.  <div><img src="loading.gif" lzay-src="6.jpg" alt=""></div>
16.  <div><img src="loading.gif" lzay-src="7.jpg" alt=""></div>
17.  <div><img src="loading.gif" lzay-src="8.jpg" alt=""></div>
18.  <div><img src="loading.gif" lzay-src="9.jpg" alt=""></div>
19.  <div><img src="loading.gif" lzay-src="10.jpg" alt=""></div>
20.  <div><img src="loading.gif" lzay-src="11.jpg" alt=""></div>
21.  <div><img src="loading.gif" lzay-src="12.jpg" alt=""></div>
22.  <div><img src="loading.gif" lzay-src="13.jpg" alt=""></div>
23.  <div><img src="loading.gif" lzay-src="14.jpg" alt=""></div>
24.  <div><img src="loading.gif" lzay-src="15.jpg" alt=""></div>
25.  <div><img src="loading.gif" lzay-src="16.jpg" alt=""></div>
26.  <div><img src="loading.gif" lzay-src="17.jpg" alt=""></div>
27.  <div><img src="loading.gif" lzay-src="18.jpg" alt=""></div>
```

```
28.  <div><img src="loading.gif" lzay-src="19.jpg" alt=""></div>
29.  <div><img src="loading.gif" lzay-src="20.jpg" alt=""></div>
30.  <div><img src="loading.gif" lzay-src="21.jpg" alt=""></div>
31.  <div><img src="loading.gif" lzay-src="22.jpg" alt=""></div>
32.  </body>
33.  </html>
34.  <script src="base.js"></script>
35.  <script src="eg5.js"></script>
36.  <script>
37.  eg.lazy();                        //判断页面打开时的第一屏是否有需要加载的图
38.  window.onscroll = function(){     //onscroll,onload,onresize 只能这样添加
39.      eg.lazy();
40.  }
41.  </script>
```

利用后面【范例 22-7】的代码，修改一下配置指向本章节的代码目录，在命令行运行"node22-7.js"搭建成一个 Web 服务器，再用浏览器访问【范例 5-4】保存的文件，就可以看到图 5-8 的效果。

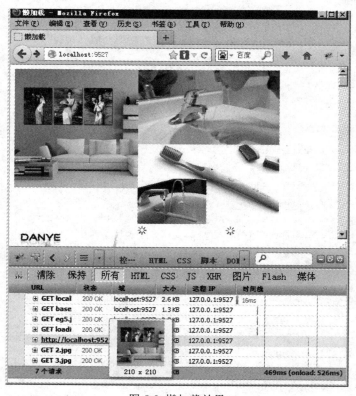

图 5-8 懒加载效果

第一屏只加载了 3 张图，两个正在加载的图是在页面加载完成后把 firebug 窗口调整一下才看到的，主要是让读者能够直观对比。滚动滚动条时，请求数会增加，如图 5-9 所示。

图 5-9 滚动滚动条加载需要的图片

延迟加载就是使用这种方式在页面打开的时候减少请求数量，节省宽带，以提高页面打开的速度，根据用户实际的浏览情况来请求数据，是目前 Web 项目中最有效的优化策略之一，尤其是对于图片量大的网站。

 上面的代码还有可以优化的地方，比如 eg.lazy()方法中需要排除已经加载过的对象，从而减少循环遍历的次数。还可以预加载两屏的数据，让用户感觉不到有延迟。

5.5 相关参考

- Twitter.com——某些网络可能需要 Web 代理才能访问。
- https://baike.baidu.com/view/3037553.htm——可以了解 CSS 流行技术——CSS Sprites 图像合并。
- https://github.com/desandro/masonry/releases——可以找到 masonry 的历史版本。

第6章 用户控件的构造——目录树视图

"Most of you are familiar with the virtues of a programmer. There are three, of course: laziness, impatience, and hubris." （大部分人都熟悉程序员的美德，有三点：懒、不耐烦以及狂妄自大。）

——*Larry Wall*（*Perl* 语言之父）

地球之肺就是森林，森林中最多的就是树，树对于这个世界来说是基础，没有它们，世界或许就不是这个样子。

在计算机世界里，树（如图 6-1 所示）依然扮演着极为重要的角色，如二叉树、Treap 树、伸展树、B 树等。而目录树是更接近日常生活的一种树，是结构展示、内容导航的一种经典组织形式。

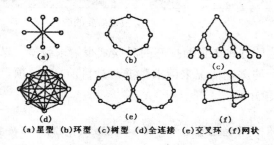

(a)星型 (b)环型 (c)树型 (d)全连接 (e)交叉环 (f)网状

图 6-1 计算机组织形式

本章主要知识点：

- 递归、抽象
- JavaScript 基于对象编程

6.1 功能设计

树的基本结构如图 6-1 中的（c)图那样，只有一个顶点，但可以无限延伸下去。很像现实生活中的一棵树只有一个主干，然后可以生长成无数的枝叶，所以树结构的基本功能就是能够无限分类显示，不过在计算机中它被倒置过来表示。

我们通常所说的"无限分类"这个词就是树应用中的一个基本功能。

在 Web 项目中，树结构通常会用于以下几个场景：

- 城市地区——如省、市、区。
- 产品分类——如大类、小类。
- 栏目分类——如网站地图、栏目导航。
- 文档目录——如 Windows 资源管理器。

根据上面的场景，可以粗略地归纳出，对树常用的操作有展开、收缩、响应节点单击事件等，这些操作在界面上都会有一些标识图标。而在实践中，根据不同项目服务的用户群体的不同，用户体验和具体需求也不尽相同，但大都离不开这些基本操作。

设计控件的第一个要求是没有多余的变量污染，如 jQuery 功能强大，但是入口只有一个；第二个要求是能够复用，只用一次不算是控件，只是一个代码片段；第三个要求是可配置。

6.2 树视图的最简化实现

根据前面的分析，本节就来完成树视图的最简化实现，同时完成树视图最基本的功能需求。

6.2.1 树视图的 HTML 结构和数据结构

在页面上只需要一个<div>标签作为树视图的最外层容器，让生成的树视图都放到里面，外观则另由 CSS 代码控制。本节目标是"最简化实现"，所以下面并没有加入外观控制之类的代码，JavaScript 代码中也暂不考虑外观控制。

```
<!DOCTYPE html>
<html>
<head>
<title>javascript base tree</title>
</head>
<body>
<div id="mytree"></div>
</body>
</html>
<script src="base.js"></script>
```

其中 base.js 文件是之前用过的一些基础代码集合。树视图的每个节点通常都有一个唯一的标识符，这里将其定义为 JavaScript 对象的键名，它对应的父节点定义为 pid，用以关联相互之间的关系，用 cn 表示其中文名称，用 url 来存储可能的链接地址。在上面的代码后追加如下数据：

```
<script>
var dic = {
    "0" : {pid:-1,cn:'本书目录',url:'/'}
    ,"1" : {pid:0,cn:'第 1 章 JavaScript 概述',url:'/01'}
    ,"2" : {pid:0,cn:'第 2 章 用 JavaScript 验证表单',url:'/02'}
    ,"11" : {pid:1,cn:'1.1 认识 JavaScript',url:'#'}
    ,"12" : {pid:1,cn:'1.2 配置 JavaScript 开发环境',url:'#'}
    ,"3" : {pid:0,cn:'第 3 章 JavaScript 实现的照片展示',url:'/03'}
    ,"21" : {pid:2,cn:'2.1  最简单的表单验证 – 禁止空白的必填项目',url:'#'}
    ,"22" : {pid:2,cn:'2.2  处理各种类型的表单元素',url:'#'}
    ,"23" : {pid:2,cn:'2.3  输入的邮箱地址正确吗？用正则来校验复杂的格式要求
                ',url:'#'}
    ,"24" : {pid:2,cn:'2.4  改善用户体验',url:'#'}
    ,"31" : {pid:3,cn:'3.1  功能设计',url:'#'}
    ,"32" : {pid:3,cn:'3.2  照片加载与定位',url:'#'}
    ,"33" : {pid:3,cn:'3.3  响应鼠标动作',url:'#'}
    };
</script>
```

这些数据以"本书目录"结构为基础，利用 JavaScript 内置对象特性构建。由于数据存储可能是乱序的，这里也是乱序设置，所以接下来要对其做序列化处理。另外，在使用这些数据之前，还应该把某个节点下的子类编号先列出来，存放在节点的 child 数组里。

```
for(var i in dic){                          //用来处理所属关系
    if(dic[i].pid !==undefined){            //判断是指定的 pid 才处理
        var pid = dic[i].pid;
        if(dic[pid]){                       //判断父类是否存在
            dic[pid].child || (dic[pid].child = []);
                                            //判断父类有无 child，无则初始化
            dic[pid].child.push(i);         //登记到父类 child 中
        }
    }
}
```

6.2.2 用递归最简化显示树

递归理论起源于哥德尔、邱奇、图灵、克莱尼和 Emil Post 在 20 世纪 30 年代的工作，其中克莱尼还是正则表示法的发明者。

树的显示要做的事情就是从某个节点开始，遍历其所有子节点，然后判断子节点是否还

有子节点，如果有，则继续遍历子节点的子节点，如此反复，直到结束。所以这种情况只有用递归方式才能完成。

在网页中罗列数据最好的标签就是<ul>，所以同在一个父节点下的数据都应该包含在<ul>标签里，请看【范例 6-1】中的最终代码。

【范例 6-1 树视图的最简化实现】

```
1.      <!DOCTYPE html>
2.      <html>
3.      <head>
4.              <title>javascript base tree</title>
5.      </head>
6.      <body>
7.              <div id="mytree"></div>
8.      </body>
9.      </html>
10.             <script src="../base.js"></script>
11.     <script>
12.     var dic = {
13.             "0" : {pid:-1,cn:'本书目录',url:'/'}
14.             ,"1" : {pid:0,cn:'第 1 章 JavaScript 概述',url:'/01'}
15.             ,"2" : {pid:0,cn:'第 2 章 用 JavaScript 验证表单',url:'/02'}
16.             ,"11" : {pid:1,cn:'1.1 认识 JavaScript',url:'#'}
17.             ,"12" : {pid:1,cn:'1.2 配置 JavaScript 开发环境',url:'#'}
18.             ,"3" : {pid:0,cn:'第 3 章 JavaScript 实现的照片展示',url:'/03'}
19.             ,"21" : {pid:2,cn:'2.1  最简单的表单验证 - 禁止空白的必填项目',url:'#'}
20.             ,"22" : {pid:2,cn:'2.2  处理各种类型的表单元素',url:'#'}
21.             ,"23" : {pid:2,cn:'2.3  输入的邮箱地址正确吗？用正则来校验复杂的格式要求
                    ',url:'#'}
22.             ,"24" : {pid:2,cn:'2.4  改善用户体验',url:'#'}
23.             ,"31" : {pid:3,cn:'3.1  功能设计',url:'#'}
24.             ,"32" : {pid:3,cn:'3.2  照片加载与定位',url:'#'}
25.             ,"33" : {pid:3,cn:'3.3  响应鼠标动作',url:'#'}
26.     };//因为无序排列，下面必须做依赖关系处理
27.     //这种依赖也可以由提供数据的后端来处理
28.     for(var i in dic){
                //用来处理所属关系
29.             if(dic[i].pid !==undefined){//判断是指定的 pid 才处理
30.                     var pid = dic[i].pid;
31.                     if(dic[pid]){          //判断父类是否存在
32.                             dic[pid].child || (dic[pid].child = []);
                            //判断父类有无 child，无则初始化
33.                             dic[pid].child.push(i);//登记到父类 child 中
34.                     }
35.             }
```

```
36.        }
37.    var z3fTree = function(el,pid){
38.          var ul = document.createElement("ul");   //创建一个 ul 元素
39.          for(var i in dic){                   //遍历数据
40.              if(dic[i].pid == pid){
                  //判断节点是否都是同一个父节点，即是否是当前需要显示的节点
41.                  var dl = dic[i]        //取得一个节点的信息
42.                  var li=document.createElement("li");//创建一个 li 元素
43.                  li.innerHTML = '<a href="'+dl.url+'">'+dl.cn+'</a>';
                     //拼接 html
44.                  if(dl.child && dl.child.length>0){//判断是否还有子类
45.                      z3fTree(li,i.toString());//递归下去
46.                  }
47.                  ul.appendChild(li); //把拼装好的 li 追加到 ul 中去
48.              }else{
49.                  continue;//继续下一个循环
50.              }
51.          }
52.          el.appendChild(ul); //插入到给定的元素中
53.    };
54.    z3fTree(eg.$("mytree"),-1);
55.    </script>
```

第 37~53 行的函数 z3fTree()接受两个参数，el 是给定的元素，pid 是指定的父节点。第一次调用时，给定元素是页面上 id 为 mytree 的<div>标签，指定父节点从-1 开始。后续的递归传递进去的参数就是程序自动加进去的。把代码保存为 html 文件，然后在浏览器中打开，效果如图 6-2 所示。

图 6-2 最简化的目录树视图

6.3 类和抽象

很多语言都有类和抽象，1967 年挪威计算中心的 Kisten Nygaard 和 Ole-Johan Dahl 开发了 Simula 67 语言，它提供了比子程序更高一级的抽象和封装，引入了数据抽象和类的概念，被认为是第一个面向对象语言。

6.3.1 基于对象（Object-Based）和面向对象（Object-Oriented）

基于对象和面向对象是两个极易混淆的概念。基于对象（Object-Based）通常指的是对数据的封装，以及提供一组方法对封装过的数据操作，比如 C 的 IO 库中的 FILE * 就可以看成是基于对象的。面向对象（Object Oriented，OO），用纯粹的理论去理解就是必须具备封装、继承、多态三大特点，缺一不可。

程序 = 基于对象操作的算法 + 以对象为最小单位的数据结构。对代码的封装使得代码得以复用，减少了代码的体积，同样使问题简化。合理的数据结构使得数据量减少，或者简化数据操作算法。

Java 是面向对象的程序设计语言，JavaScript 很像 Java 但并不支持所有 Java 面向对象的功能，只能支持其中一部分。

在 JavaScript 里，你所知的所有东西几乎都是对象，但是它的语法里并没有 class（类），所以我们只能把它理解为基于对象。VB（非 VB.net）、Flash ActionScript 2.0 和 VBScript 等都和 JavaScript 一样是基于对象的。

面向对象和基于对象之间的界限既清楚又模糊。说它清楚，是因为面向对象语言必须从语法上直接支持继承和动态绑定，而基于对象语言无法从语法上直接做到这一点。说它模糊，是因为基于对象的语言可以在没有语法直接支持的情况下，通过一些技巧达成与面向对象语言相同的效果。

6.3.2 用 JavaScript 创建一个类

JavaScript 虽然不能直接从语法上使用 class，但是能够模拟出"类"的效果。Stoyan Stefanov（Yahoo YSLOW 项目的架构师）编写的 *Object-Oriented JavaScript* 这本书介绍了很多种面向对象的编程方法。在这里介绍一种最容易理解的构造函数法。

这是经典方法，在很多 JavaScript 代码中都可以见到。它用构造函数模拟"类"，在其内部用 this 关键字指代实例对象。

```
function book(){
    this.name = "JavaScript 实例大全"
}
```

生成实例的时候，使用 new 关键字。

```
var mybook = new book();
alert(mybook.name);                        //JavaScript 实例大全
```

如果不想每次都用 new 关键字，还可以这样改造构造函数。

```
function book(){
    if (!(this instanceof book)) { return new book() };
    this.name = "JavaScript 实例大全"
}
```

这时候，就可以省去等号后面的 new 关键字。instanceof 操作符专门用来检测对象是否是某个类的实例，如果不是就自动返回一个 new 过的对象。

6.3.3 静态属性、方法和动态属性、方法

属性和方法是类最基本的组成，动态方法和属性必须要实例化后才能访问，而静态方法和属性无须实例化就可以使用，这是类的基础功能。

对于 6.3.2 小节中的代码，没有实例化 book 时，是无法访问到 book.name 这个属性的，也就是说 this 挂载的都是动态属性和方法。如何才能设置静态属性和方法呢？

```
book.material = "纸质";
book.getSize = function(type){
    switch(type){
        case 16:
                return "16K"
        case 32:
                return "32K"
        default:
                return "16K"
    }
};
```

一般大家看的书都是纸质书，所以 book.material 就是一个静态属性，无须实例化。另外，book.getSize()是一个静态方法，书一般分 16 开或 32 开，通过传递 16 或 32 的值即可返回一个开数值，默认是 16 开。

说了静态成员，再介绍一下动态属性和方法的挂载方法，那就是通过 prototype 属性，这对于不想用 this 或不能用 this 的情况是一个很好的补充。

```
book.prototype.pages = 460;
book.prototype.randomInfo = function(){
    var l = ["JavaScript 基础应用"
            ,"JavaScript 与 HTML5 表单应用"
            ,"JavaScript 与 HTML5 高级应用"
```

```
            ,"JavaScript 与 jQuery 综合应用"
            ,"JavaScript 与 Node.js 综合应用"];
    return l[(Math.random()*l.length)>>0]
};
```

调用时忽略 prototype，直接是实例名.属性和实例名.方法，如 mybook.pages 和
mybook.randomInfo()。书页和书的目录都是不同的，它们应该是动态变化的。

6.3.4 JavaScript 继承

假如笔者写了很多书，但是笔者的基本信息是不变的，所以每本书的作者信息相同。用
prototype 也可以实现继承，【范例 6-2】整合前面的代码后又加入了继承。

【范例 6-2 JavaScript 继承】

```
1.     function z3fBook(){};                    //父类
2.     z3fBook.prototype.author ={
3.         name:'张三封'
4.         ,QQ:'10590986'
5.         ,web:'z3f.me'
6.     }
7.     function book(){
8.         if (!(this instanceof book)) { return new book() };
9.         this.name = "JavaScript 实例大全"
10.    }
11.    book.prototype = new z3fBook();            //继承父类信息
12.    book.material = "纸质";
13.    book.getSize = function(type){
14.        switch(type){
15.            case 16:
16.                return "16K"
17.            case 32:
18.                return "32K"
19.            default:
20.                return "16K"
21.        }
22.    };
23.    book.prototype.pages = 460;
24.    book.prototype.randomInfo = function(){
25.        var l = ["JavaScript 基础应用"
26.            ,"JavaScript 与 HTML5 表单应用"
27.            ,"JavaScript 与 HTML5 高级应用"
28.            ,"JavaScript 与 jQuery 综合应用"
30.            ,"JavaScript 与 Node.js 综合应用"];
31.    return l[(Math.random()*l.length)>>0]
32.    };
33.    var yourBook = book();
34.    alert(yourBook.author.name);          //张三封
```

```
35.    alert(yourBook.author.QQ);          //10590986
36.    alert(yourBook.pages);              //460
```

从以上代码可以看到，z3fBook()作为一个基类，保存了作者的基本信息。作者编写的每一本书 book 都应该继承该信息。在读者拿到每一本具体的书时就相当于 yourBook 实例化后的 book 对象，所以在输出 yourBook.author.name 这些只属于基类提供的信息时也能正确取值，表明继承成功。

6.3.5 私有属性和方法

只要不挂在 this 和 prototype 上的属性和方法都是私有的，把【范例 6-2】中的 book 构造函数改造如下：

```
function book(){
    if (!(this instanceof book)) { return new book() };
    var bookname = "JavaScript 实例大全"
    this.getName = function(){
        return bookname;
    }
    this.setName = function(name){
        bookname = name;
    }
}
```

如果不提供 getName()和 setName()方法，bookname 就只能在内部用。外部要获取和操作只能通过公共的方法：

```
alert(yourBook.getName());          //JavaScript 实例大全
```

6.3.6 抽象

抽象是从众多的事物中抽取出共同的、本质性的特征，而舍弃非本质的特征。例如，苹果、香蕉、梨、葡萄、桃子等，它们共同的特性就是水果，得出水果概念的过程就是一个抽象的过程。

要抽象，就必须进行比较，没有比较就无法找到在本质上共同的部分。共同特征是指那些能把一类事物与他类事物区分开的特征，这些具有区分作用的特征又称本质特征。因此抽取事物的共同特征就是抽取事物的本质特征，舍弃非本质的特征。所以抽象的过程也是一个裁剪的过程。

在抽象时，同与不同，决定于从什么角度来抽象。抽象的角度取决于分析问题的不同目的。

抽象是一种逻辑思维活动过程，正确的和具有实用性的概念应该是简洁和清晰的，否则它不但不能成为我们进行思维的利器，反而会成为思维的包袱。所以在抽象思维的时候应当了解各种基础概念，似是而非只会给程序留下漏洞。

抽象出来的特征通常可以分成 3 类：

- 相同
- 相似，如 move、moveTo
- 相反，如 open 和 close、show 和 hide

6.4 复杂的树视图

制作用户控件的目的是提高代码复用率和移植，也因此方便了代码的维护。

在 6.2 节里实现了一个最简单的树视图，但是这个树视图对于移植和复用都很不方便。如何对它进行控件化呢？

6.4.1 闭包隔离变量污染

众所周知，jQuery 强大但是入口单一，没有变量污染，它是如何做到的呢？

```
(function( window, undefined ) {
    var jQuery=...
    ....内部代码...
    window.jQuery = window.$ = jQuery;
})( window );
```

下面将树控件起名为 T，挂载到 window 对象下，这样才能保证在网页中被自由调用。

```
(function(window){
    window.T = window.T || function(){};
})(window);
```

6.4.2 省去 new 关键字调用控件

想一想 jQuery，似乎大家在调用的时候就没有用 new 关键字。我们也来实现一个，另外还需要让控件接受一些配置参数，那么就需要改造一下构造函数：

```
window.T = window.T || function(cfg){
    if (!(this instanceof T)) { return new T(cfg) };//省略 new 关键字调用
    this.SET = cfg;//存储起来，让内部可以自由使用
    this.ROOT = null;//记录根节点
};
```

6.4.3 丰富控件方法

在编写代码前，应该先打个草稿。由于篇幅限制，我们只完成 window 资源管理器的模拟，即控件可以自由展开、收缩，并且能发出每个节点的单击事件。其效果如图 6-3 所示。

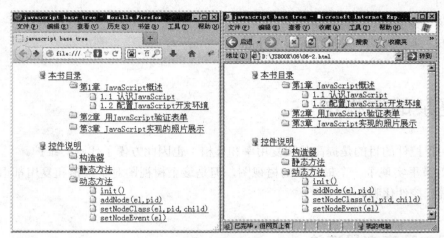

图 6-3 树控件效果图

其中"本书目录"的第二和第三节点是收缩的，"控件说明"的第三节点是展开的。因为代码是复用的，为了便于移植，笔者把前面 base.js 中积累的常用方法挂载到控件里。

```
/*静态方法*/
T.extend = function(){/*合并对象*/
    var len = arguments.length
        ,obj = arguments[0]
        ,tmp
    if(!obj || typeof obj === "number" || obj.constructor !== Object){
        obj = {};
    }
    for (var i = 1; i < len; i++){
        tmp = arguments[i];
        if(tmp){
            for (var o in tmp){
                obj[o] = tmp[o];
            }
        }
    }
    return obj;
};
T.$ = function(id){//取得 DOM 元素
    return document.getElementById(id);
}
T.hasClass = function(el,cls){//判断是否包含某个 class
    return el.className.match(new RegExp('(\\s|^)'+cls+'(\\s|$)'));
```

```
};
T.addClass = function(el,cls){//增加 class
    if (!this.hasClass(el, cls)) el.className += " "+cls;
};
T.removeClass = function(el, cls) {//移除某个 class
    if (this.hasClass(el, cls)) {
        var reg = new RegExp('(\\s|^)' + cls + '(\\s|$)');
        el.className = el.className.replace(reg, ' ');
    }
};
T.find = function(el,target){//根据 ClassName,tagName,ID 查找
    var target = target.replace(/#|\./g,"");
    var cd = el.children;//获取元素子元素集合
    for(var i=0;i<cd.length;i++){
        var p = cd[i];
        if(p.tagName.toLowerCase() === target.toLowerCase() || p.id
            === target || T.hasClass(p,target)) return p;
    }
    return null;
};
T.addListener = function(target,type,handler){      //绑定事件
    if(target.addEventListener){
        target.addEventListener(type,handler,false);
    }else if(target.attachEvent){
        target.attachEvent("on"+type,handler);
    }else{
        target["on"+type]=handler;
    }
};
```

同时把它们作为静态方法，无须实例化就可以调用，也便于其他控件使用。

作为一个控件总会有一些独有的动态方法，也就是实例化后才可使用的，将这样的方法挂载到 prototype 属性下：

```
var P = T.prototype;
```

通过转接，将省略不少字节，代码也便于阅读。

控件常见的一个方法就是 init()初始化方法：

```
P.init = function(cfg){//模板和配置文件的处理
    T.extend(this.SET,cfg||{});
    var set = this.SET,dic = set.data
    for(var i in dic){//用来处理所属关系
        if(dic[i].pid !==undefined){        //判断是指定的 pid 才处理
            var pid = dic[i].pid;
            if(dic[pid]){//判断父类是否存在
                dic[pid].child || (dic[pid].child = []);
                    //判断父类有无 child，无则初始化
```

```
                              dic[pid].child.push(i);//登记到父类 child 中
                    }
            }
      }
    this.addNode(T.$(this.SET.id),-1);
};
```

在 init()里首先用静态方法 extend()合并处理配置信息，并且格式化 JSON 数据，最后调用添加节点函数 addNode()。

```
P.addNode = function(el,pid){ //在某个父节点下增加子节点
    if(this.ROOT === null) this.ROOT = pid; //记录根 id
    var ul = document.createElement("ul");//创建一个 ul 元素
    var dic = this.SET.data;
    for(var i in dic){//遍历数据
            if(dic[i].pid == pid){
            //判断节点是否都是同一个父节点，即是否是当前需要显示的节点
                    var dl = dic[i];//取得一个节点的信息
                    var child = dl.child && dl.child.length>0; //判断是否还有子类
                    var li  = document.createElement("li"); //创建一个 li 元素
                    li.innerHTML = '<span id="s'+i+'"></span><a href="'+
                      dl.url+'">'+dl.cn+'</a>';//拼接 html
                    if(child){
                            this.addNode(li,i);//递归下去
                            this.setParentNodeEvent(li);//设置父节点事件
                    }
                    this.setNodeClass(li,pid,child);//设置节点样式
                    this.setNodeEvent(li);//设置节点事件
                    ul.appendChild(li);//把拼装好的 li 追加到 ul 中去
            }else{
                    continue;//继续下一个循环
            }
    }
    el.appendChild(ul);                              //插入到给定的元素中
};
```

addNode()方法是主要的方法，这里需要增加一些更丰富的操作。比如设置父节点的展开和关闭事件、设置节点样式、设置节点事件等，而且每个节点除<a>标签之外还有<span>标签。

```
P.setNodeClass = function(el,pid,child){
    var cls = "page";//默认子节点样式
    if(this.ROOT === pid){
        cls = "root"; //设置根节点样式
    }else if(child>0){
        cls = "open"; //设置父节点样式
    }
    T.addClass(el,cls);
```

```
};
```

根节点的样式和其他节点样式均不同：

```
P.setParentNodeEvent = function(el){
    var span = el.firstChild;            //找到第一个子元素
    T.addListener(span,"click",function(){
        if(T.hasClass(el,"open")){
            T.removeClass(el,"open");
            T.addClass(el,"close");
        }else{
            T.removeClass(el,"close");
            T.addClass(el,"open");
        }
    });
};
```

父节点的展开和关闭都是靠单击事件触发的：

```
P.setNodeEvent = function(el){
    var a = T.find(el,"a");
    var self = this;//存储 this 对象
    T.addListener(a,"click",function(event){
        if(typeof self.SET.onclick === "function"){
            self.SET.onclick(event.srcElement||this);
                //这里的 this 和上面的 this 指向不同的对象
        }
    });
};
```

对节点单击的处理也是绑定在单击事件上的，只是元素不同。这里还接受配置参数里传递过来的 onclick 回调函数，由于 function 在 JavaScript 里可以作为参数传递，因此配置灵活度会得到极大的提高，不过这些回调函数都需要在内部作为验证并调用，包括回调函数能使用的参数都可以控制。

在网页中如何设置回调函数呢？请看下面的代码。

```
var myTree = T({id:"mytree",data:dic
        ,onclick:function(node){
            alert(node.text);//弹出节点文本
        }
    });
myTree.init();
var myTree2 = T({id:"mytree2",data:dic2});
myTree2.init();
```

回调函数就是一个参数而已。整个 HTML 结构如【范例 6-3】所示。

【范例 6-3 控件的 HTML 结构及其调用】

```
1.      <!DOCTYPE html>
```

```
2.      <html>
3.      <head>
4.      <title>javascript tree</title>
5.      <link rel="stylesheet" href="T.css" type="text/css" />
6.      </head>
7.      <body>
8.      <div id="mytree" class="T"></div>
9.      <div id="mytree2" class="T"></div>
10.     </body>
11.     </html>
12.     <script src="base.js"></script>
13.     <script src="z3fTree.js"></script>
14.     <script>
15.     var dic = {
16.                 "0" : {pid:-1,cn:'本书目录',url:'/'}
17.                 ,"1" : {pid:0,cn:'第 1 章 JavaScript 概述',url:'/01'}
18.                 ,"2" : {pid:0,cn:'第 2 章 用 JavaScript 验证表单',url:'/02'}
19.                 ,"11" : {pid:1,cn:'1.1 认识 JavaScript',url:'javascript:;'}
20.                 ,"12" : {pid:1,cn:'1.2 配置 JavaScript 开发环境',url:
                    'javascript:;'}
21.                 ,"3" : {pid:0,cn:'第 3 章 JavaScript 实现的照片展示',url:'/03'}
22.                 ,"21" : {pid:2,cn:'2.1  最简单的表单验证 - 禁止空白的必填项目',
                    url:'javascript:;'}
23.                 ,"22" : {pid:2,cn:'2.2  处理各种类型的表单元素',url:
                    'javascript:;'}
24.                 ,"23" : {pid:2,cn:'2.3  输入的邮箱地址正确吗？用正则来校验复杂的
                    格式要求',url:'javascript:;'}
25.                 ,"24" : {pid:2,cn:'2.4  改善用户体验',url:'javascript:;'}
26.                 ,"31" : {pid:3,cn:'3.1  功能设计',url:'javascript:;'}
27.                 ,"32" : {pid:3,cn:'3.2  照片加载与定位',url:'javascript:;'}
28.                 ,"33" : {pid:3,cn:'3.3  响应鼠标动作',url:'javascript:;'}
29.             };
30.     var dic2 = {
31.                 "0" : {pid:-1,cn:'控件说明',url:'/'}
32.                 ,"1" : {pid:0,cn:'构造器',url:'/01'}
33.                 ,"11" : {pid:1,cn:'参数: cfg',url:'javascript:;'}
34.                 ,"2" : {pid:0,cn:'静态方法',url:'/02'}
35.                 ,"21" : {pid:2,cn:'extend(obj[,obj]...[,obj])',
                    url:'javascript:;'}
36.                 ,"22" : {pid:2,cn:'$(id)',url:'javascript:;'}
37.                 ,"23" : {pid:2,cn:'hasClass(el,cls)',url:'javascript:;'}
38.                 ,"24" : {pid:2,cn:'addClass(el,cls)',url:'javascript:;'}
39.                 ,"25" : {pid:2,cn:'removeClass(el,cls)',url:'javascript:;'}
40.                 ,"26" : {pid:2,cn:'addListener(target,type,handler)',
                    url:'javascript:;'}
```

```
41.                        ,"3" : {pid:0,cn:'动态方法',url:'/03'}
42.                        ,"31" : {pid:3,cn:'init()',url:'javascript:;'}
43.                        ,"32" : {pid:3,cn:'addNode(el,pid)',url:'javascript:;'}
44.                        ,"33" : {pid:3,cn:'setNodeClass(el,pid,child)',
                                url:'javascript:;'}
45.                        ,"34" : {pid:3,cn:'setNodeEvent(el)',url:'javascript:;'}
46.            };
47.        var myTree = T({id:"mytree",data:dic
48.                    ,onclick:function(node){
49.                            alert(node.innerText||node.text);
                                //输出文字(兼容 IE 和其他浏览器)
50.                        }
51.            });
52.        myTree.init();
53.        var myTree2 = T({id:"mytree2",data:dic2});
54.        myTree2.init();
55.        </script>
```

　　读者可能注意到了，一个漂亮的控件不可能完全没有 CSS，【范例 6-3】中的 T.css 代码
如下：

```
ul,li{ list-style: none;}/*去掉自带的样式*/
.T .root{
    background: url("img/base.gif") no-repeat scroll 0 0 transparent;
    padding-left: 20px;/*把图标用背景的方式显示,不重复,然后内容向右位移*/
}
.T .open{
    background: url("img/folderopen.gif") no-repeat scroll 0 0 transparent;
}
.T .page{
    background: url("img/page.gif")  no-repeat  scroll  0  0  transparent;
    padding-left: 20px;
}
.T .open span{display:inline-block; width:20px;height:20px;}
.T .page span{display:none;}
.T .close{
    background: url("img/folder.gif") no-repeat scroll 0 0 transparent;
}
.T .close span{display:inline-block; width:20px;height:20px;}
.T .close ul{display:none;}/*当父节点切换到关闭状态时,其子节点自动隐藏*/
```

　　到此为止，基本上完成了一个相对 6.2 节更为复杂的树视图，当然应用于实际项目时，
还需要补充一些更为丰富的操作。本例仅仅讲了基本的流程和步骤，以便引导读者入门，相
信读者能够以此举一反三，编写出更多优秀的控件。

　　由于兼容性问题，类似这样甚至更为复杂的用户控件都是基于 jQuery 的，这样做一方面

是因为节省开发成本，另一方面是因为 jQuery 的广泛应用。

6.5 相关参考

- zTree——基于 jQuery 实现的多功能"树插件"，最大优点是优异的性能、灵活的配置、多种功能的组合，网址为 http://www.ztree.me。
- jQuery ligerUI ——基于 jQuery 的一整套 UI 控件，当然也包括"树"，国产免费，网址为 http://www.ligerui.com/。

第二篇

HTML5+CSS3
实战篇

第 7 章 HTML5 概述

"人们总是害怕改变。电被发明出来的时候他们害怕电，是不是？他们害怕煤，害怕蒸汽机车，无知无所不在，并导致恐惧。但随着时间推移，人们终究会接受最新的科技。"

——来自网络

HTML5 很年轻，但是也很强大。HTML5 的第一份正式草案在 2008 年 1 月 22 日才公布，但如今不能用 HTML5 实现的应用越来越少。读者应该好好地认识它，可以说它就是未来。

本章主要知识点：

- HTML5 的新特性
- 与旧 HTML 的对比

7.1 什么是 HTML5

图 7-1 是 HTML5 华丽的 LOGO，虽然官方说它只是一系列技术的图标，没有特殊意义，但是笔者更希望它能够成为互联网发展最坚实的后盾，用时下一个流行的词语解释——可称之为"V5"。

图 7-1 HTML5 的 LOGO

7.1.1 差点夭折的 HTML5

现在大家都知道 ECMA 维护着 JavaScript 的标准，W3C 维护着 Web 中常见的标准，如 CSS、DOM、HTML、XML、XHTML、SVG 等。W3C 目前也负责指定 HTML5 标准，只是鲜为人知的是 W3C 并不是一开始就主导制定 HTML5，也并不是唯一制定 HTML5 标准的组织。

在 Web 发展早期，HTML 标准的制定都是在浏览器厂商们相互协商下产生的，比如 HTML2.0、HTML3.2 到 HTML4.0、HTML4.01。即先有实现后有标准，在这种情况下，这些协商出来的 HTML 标准不是很规范，而浏览器厂商也心知肚明，对于很多含有错误 HTML 代码的页面也相当宽容，其中 IE 就是典型的例子。

W3C 随后意识到了这个问题，为了规范 HTML，W3C 结合 XML 制定了 XHTML1.0 标准，这个标准没有增加任何新的 tag，只是按照 XML 的要求来规范 HTML，同时也带来了不同的 DOCTYPE 模式。

- 严格模式：<!DOCTYPE html PUBLIC "-//W3C//DTD XHTML1.0 Strict//EN" "http://www.w3.org/TR/xhtml1/DTD/xhtml1-strict.dtd">。
- 过渡模式：<!DOCTYPE html PUBLIC "-//W3C//DTD XHTML1.0 Transitional//EN" "http://www.w3.org/TR/xhtml1/DTD/xhtml1-transitional.dtd">。
- 框架模式：<!DOCTYPE html PUBLIC "-//W3C//DTD XHTML1.0 Transitional//EN" "http://www.w3.org/TR/xhtml1/DTD/xhtml1-frameset.dtd">。

笔者也曾被严格模式坑苦过，一直用得好好的 HTML 代码，为什么变得乱七八糟？后来才发现以前没有约束的陋习放到严格模式下就会出现异常。也因为如此，这个规范一度被业界所诟病，只是善良的劳动者们逐步习惯了被约束的日子。

W3C 后来又制定出更为苛刻的 XHTML1.1 以及尚未完成的 XHTML2.0，况且 W3C 在后续版本中并没有打算对早期版本向后兼容，或许因此 XHTML 至今的名声不再依旧。

随着 XHTML1.1 在 2001 年 5 月成为 W3C 推荐标准之后，W3C 便走上了 XHTML 之路。而 HTML5 在当时的 W3C 脑海中是完全没有影子的事情。

7.1.2 HTML5 的前世今生

那么为何 HTML5 现今又如此辉煌呢？答案是利益。W3C 是一个纯粹为了标准化而存在的非营利性组织，可是它也太过于纯粹而忽略了各大浏览器厂商的利益。双方在两年多的时间里交涉未果的情况下，来自苹果、Mozilla 基金会以及 Opera 软件等浏览器厂商于 2004 年成立了 WHATWG（Web Hypertext Application Technology Working Group），意为网页超文本技术工作小组。不难理解，他们意图回到超文本标记语言 HTML 上来。此时的苹果公司刚刚成立 Safari 浏览器团队不久，可见老乔当年的战略眼光。

WHATWG 动作很快，因为他们都是战斗在第一线的浏览器厂商，成立后不久就提出了作为 HTML5 草案前身的 Web Applications 1.0，那时候 HTML5 还没有被正式提出。

WHATWG 致力于 Web 表单和应用程序，而 W3C 专注于 XHTML2.0。看着自己被冷落的 W3C 在 2006 年 10 月决定停止 XHTML 的工作并与 WHATWG 合作，来创建一个新版本的 HTML，并为其建立一些规则：

- 新特性应该基于 HTML、CSS、DOM 以及 JavaScript。
- 减少对外部插件的需求（比如 Flash）。
- 更优秀的错误处理。
- 更多取代脚本的标记。
- HTML 应该独立于设备。
- 开发进程应对公众透明。

2007 年，苹果、Mozilla 基金会以及 Opera 软件建议 W3C 接受 WHATWG 的 HTML5，正式提出将新版 HTML 标准定义为 HTML5。于是 HTML5 正式和大家见面了。

随着浏览器 JavaScript 引擎大幅提速，以及人们对 HTML5 预期逐步提高，JavaScript 的流行度出现了显著的上升。但那时的 HTML5 并没有给人们更多的惊喜。随着每一次 Flashplayer 爆出漏洞、安全、性能之类的负面新闻，人们对 HTML5 的关注度又一次大幅升高。

2007 年到 2010 年，众人在对 HTML5 失落和期待反复交替的日子中度过。

2010 年 1 月，YouTube 开始提供 HTML5 视频播放器。

2010 年 8 月，Google 联合 Arcade Fire 推出了一个 HTML5 互动电影——*The Wilderness Downtown*，此项目由著名作家兼导演 Chris Milk 创作。之所以叫作互动电影，是因为在开始时电影会问你小时候家住在哪里，而随后的电影剧情将在这里展开。电影使用 Arcade Fire 刚刚推出的新专辑 *The Suburbs* 中的 *We Used to Wait* 作为主题音乐。一年后，该电影在戛纳广告大奖赛中获得了网络组别的奖项。

2010 年 4 月，乔布斯发表公开信"Flash 之我见"。引发 Flash 和 HTML5 阵营之间的空前口水仗，也刺激了浏览器厂商。

2012 年 1 月 10 日在拉斯维加斯正在举行的 CES 大会上，微软 CEO 鲍尔默宣布了基于 IE 9 和 HTML5 版的割绳子游戏，它由微软及游戏开发商 ZeptoLab 共同推出，用于促进 IE 9 的使用及网页的美化。

虽然 HTML5 也在卖力地表现，但是面对 Flash 的诸多漏洞，而 HTML5 又迟迟难产，急性子的 WHATWG 和 W3C 最终还是割席分家了。

2012 年 7 月，WHATWG 工作人员在公告中写道："近来，WHATWG 和 W3C 在 HTML5 标准上的分歧越来越大。WHATWG 专注于发展标准的 HTML5 格式及相关技术，并不断地修正标准中的错误。而 W3C 则想根据自己的开发进程制作出'标准版'HTML5 标准，颁布之后不容许更改，错误也无法修正，所以我们决定各自研发。"

这样的巨变就像王老吉和加多宝一样，从此意味着将会有两个版本的 HTML5——即"标准版"和"living 版（如图 7-2 所示）"。

HTML
Living Standard — Last Updated 20 July 2012

图 7-2 WHATWG 维护的 living 版 HTML5

2014 年 10 月 29 日，万维网联盟宣布，经过接近 8 年的艰苦努力，HTML5 标准规范终于制定完成。

差点夭折的 HTML5 又经历如此多的坎坷，未来到底如何，只有拭目以待。

7.1.3 HTML5 理念

HTML5 的设计理念如下：

- 兼容性
- 实用性
- 互通性
- 访问性

存在即合理，历史上还是有相当多的老版 HTML 文档不能抛弃。化繁为简是 HTML5 最实用的改良，无插件设计让互通性大为增强，支持所有语种让地球村访问变得如串门一般简单。

7.2 HTML5 的新特性

HTML5 发展至今相比 HTML4 或 XHTML 也增加了相当多的新特性，而支持这些新特性的浏览器也越来越多。本节只列举一些有代表性的特性，更多特性可参考相关资料。

7.2.1 语义化

HTML 在刚开始设计出来的时候就是带有一定的"语义"的，包括段落、表格、图片、标题等。随着 Web 的发展和搜索引擎的出现，机器要理解越来越复杂的网页显得力不从心。图 7-3 就是 HTML5 提倡的语义化标签布局。

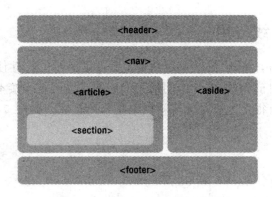

图 7-3 HTML5 提倡的语义化标签

语义化不仅是 HTML 标签，在 URL 领域也提倡，CSS 的命名也提倡，甚至 JavaScript 文件名、变量名等领域都提倡。

其中，<header>标签和<footer>标签应该是最常用的，用法和<div>标记并无不同，例如：

```
<header>......</header>
......
<footer>......</footer>
```

7.2.2 CSS3

CSS3 新增了几大块非常实用的特性。

- CSS 选择器，用过 jQuery 的读者会更加容易体会；
- RGBA 和透明度，要进行图像处理的读者会清楚它的重要性；
- 多栏布局，排版一直以来是网页重构的重点，无数的切图仔花费大量时间和精力在上面，它的出现意味着兄弟们延年益寿；
- 多背景图，还在为背景图定位问题伤脑筋吗？这是让你解脱的灵丹妙药；
- 文字阴影，以前需要滤镜，现在无须开外挂啦，都内置；
- 网络字体，@font-face 属性让开发者不再局限于几个有限的系统安装字体；
- 圆角，似乎世界上最美的东西都和圆有关；
- 边框图片，就像相框一样，纯色的时代早已过时；
- 盒阴影，阴影就是为了证明阳光的存在；
- 媒体查询，所谓响应式，多少都和它有点亲戚关系。

还有杂七杂八的新特性在不断添加中，未来是美好而便捷的。

107

7.2.3 本地存储/离线应用

相对于传统桌面软件，Web 应用无须安装，所占空间小的特性使其具备传统软件应用所不具备的优势，然而，目前制约 Web 应用最大的问题在于网络连接不能够无时不在，如飞机上、汽车上、火车上，有很多地方都无法被网络信号所覆盖（如图 7-4 所示），因此 Web 应用也就无法使用。

图 7-4 Web 无法使用的某些场所

如果网络开发人员要存储用户的相关内容，他们马上就会想到将内容上传到服务器。HTML5 改变了这一点，因为现在有多种技术可让应用在客户端设备上保存数据。这些数据既可以同步回服务器，也可以只留在客户端上，具体取决于开发人员自己，manifest file 文件清单会告诉浏览器哪些文件需要缓存在本地，工作流程如图 7-5 所示。

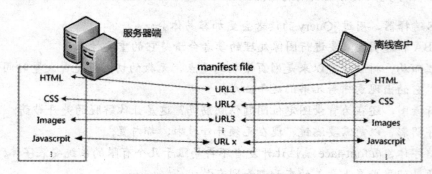

图 7-5 HTML5 离线存储思维导图

使用客户端存储的理由如下。

- 用户可以在离线状态下使用你的应用，并可以在重新连接网络后再同步回数据；
- 客户端存储可以提升性能；用户可以在通过单击访问你的网站后立即看到所有数据，而无须等待数据重新下载；
- 这一编程模型更为简单，无须任何服务器基础架构；
- 代替 cookie，减少网络数据传输。当然，数据的安全性会降低，所以必须确保让用户知道自己在干什么。

本书在第 12 章专门列举实例，详细讲解与此相关的内容。

7.2.4 音频/视频多媒体

从本质上来说，HTML4 是一个"静态"版本，要显示一些音频和视频都需要响应的插件，比如著名的 Flash 和 FlashPlayer 对互联网的视频播放几乎一统江山，还有微软貌似天折的 Silverlight。HTML5 视频 video 和音频 audio 元素标志着 Web 视听时代的到来。

本书稍后在第 9 章将会用整章来介绍这样一个实用的特性。

7.2.5 画布 Canvas

曾一度被誉为 Flash 杀手，Flash 内部的一些操作也是用 ActionScript 这样一个类似 JavaScript 的脚本语言操作的，只是最终会编译成 swf 可执行文件来减少体积。HTML5 Canvas 为 JavaScript 提供了一个操作图形的舞台。

Canvas 拥有多种绘制路径、矩形、圆形、字符以及添加图像的方法。本书也会在第三篇讲解这个重要的革新。

7.2.6 本地文件访问

还记得以前上传一个图片都要弄到服务器上去校验大小、压缩体积、裁剪尺寸吗？而今有 HTML5 的 File System API，读者不再需要下载并且安装其他多余的软件就可以管理和操作电脑里的文件。还在郁闷安装 Window 7 要用 10GB 的硬盘吗？或许 Web OS 时代的来临真的不远了！

7.2.7 开放字体格式 WOFF

WOFF 的全称是 Web 开放字体格式（Web Open Font Format），是网页所采用的一种字体格式标准。此字体格式发展于 2009 年，现在正由万维网联盟的 Web 字体工作小组标准化，以求成为推荐标准。此字体格式不但能够有效利用压缩来减少文件大小，并且不包含加密也不受 DRM（数字著作权管理）限制，文件一般比 TTF 小 40%，非常适合网络传播，是一种单一、可交互的字体。

WOFF 的出现可以使精装字体排版在网络上得以实现，这意味着设计团队可以更加专注于文字和文本的建设，不但看起来不错，而且能够优化搜索引擎。

7.2.8 地理位置

地理定位是 HTML5 提供的最令人激动的特性之一，时下到处都是 LBS，即基于位置的服务（Location Based Service）。

用相对简单的 JavaScript 代码，可以创建出能确定用户地理位置详细信息的 Web 应用，包括经纬度以及海拔等，还能设计出一些甚至通过监控用户位置随时间的移动来提供导航功能的 Web 应用。

Geolocation API 用于将用户当前地理位置信息共享给信任的站点，这涉及用户的隐私安全问题，所以当一个站点需要获取用户的当前地理位置时，浏览器会提示用户是"允许"或"拒绝"。

最简单的获取地理位置的代码如下：

```
navigator.geolocation.getCurrentPosition(function(){
    // 获取成功要做的事情...
}, function(){
    // 获取失败要做的事情...
},{
    // 指示浏览器获取高精度的位置，默认为 false
    enableHighAcuracy: true,
    // 指定获取地理位置的超时时间，默认不限时，单位为毫秒
    timeout: 5000,
    // 最长有效期，在重复获取地理位置时，此参数指定多久再次获取位置
    maximumAge: 3000
});
```

7.2.9 微数据

HTML5 微数据规范是标记内容的一种方式，用于描述特定的信息类型，如评论、人物信息或活动。每种信息都描述特定类型的项，如人物、活动或评论，活动可以包含 venue、starting time、name 和 category 属性。

上面是 Google 中的解释，通俗地说，微数据是在类似 span、div 的标签内添加属性，让机器（如搜索引擎）识别其意义，一些特定类型的信息，例如评论、人物信息或事件都有相应的属性，用来描述其意义。

以下是用微数据标记的 HTML 内容：

```
<div itemscope itemtype="http://data-vocabulary.org/Person">
    我的名字是 <span itemprop="name">张三封</span>
    但大家叫我 <span itemprop="nickname">三封</span>。
    我的主页是:
    <a href="http://z3f.me" itemprop="url">z3f.me</a>
```

```
我住在东莞市。我是<span itemprop="title">前端工程师</span>。
</div>
```

7.2.10 XMLHttpRequest Level 2

作为 XMLHttpRequest 的改进版，XMLHttpRequest Level 2 在功能上有了很大的增强。它能够通过跨域在客户端自行整合不同源的内容，如果目标服务器允许，还可以使用用户证书访问受保护的内容。

新版 XMLHttpRequest 最重要的一项改进是增加了对进度的响应事件 progress，顾名思义，通过这个进度事件可以更友好地完成复杂的业务操作。

还增加了 timeout 属性，可以设置 HTTP 请求的时限。

```
var xhr = new XMLHttpRequest();                      //创建对象
xhr.timeout = 3000;                                  //3000 毫秒
```

上面的语句将最长等待时间设为 3 秒。过了这个时限，就自动停止 HTTP 请求。与之配套的还有一个 timeout 事件，用来指定回调函数。

```
xhr.ontimeout = function(event){
   alert('请求超时！');
}
```

7.2.11 新的 HTML Forms

XForms 是 W3C 工作组研究的一个以 XML 为核心、功能强大却略显复杂的标准，它用于规范客户端表单的行为，已有近十年的历史。XForms 需要利用 XML Schema，遗憾的是，在没有安装插件的情况下很多主流浏览器均不支持 XForms。或许是对 XML 的过于执着，WHATWG 才和 W3C 闹别扭。WHATWG 一心想兼容一些旧的 HTML 标签，包括 Forms 相关的标签，所以在此基础上扩展出一些向下兼容的新的 HTML Forms 标签。HTML5 Forms 不是 XForms。

接下来在第 8 章将要讨论到的 input 标签新增了好几种类型。老版浏览器无法识别这些新类型也没有关系，可以降级显示。更多细节可参考第 8 章的内容。

7.2.12 其他特性及未来发展

还有一些 HTML5 的新特性，比如：

- 拖曳——鼠标拖放一些文件到 HTML5 网页等事件处理机制。
- MathML——用来在互联网上书写数学符号和公式的置标语言。
- Server-Sent Events——用来从服务器向客户端浏览器推送消息。

- WebSocket——服务器和客户端可以彼此相互推送信息且允许跨域。
- Web Workers——为 Web 前端网页上的脚本提供了一种能在后台进程中运行的方法。
- Selectors API——类似 jQuery 的查询页面元素的接口。
- JSON——HTML5 应用内置数据交换格式。

未来 HTML5 可能会有什么东西呢？

- WebGL——大名鼎鼎的 OpenGL 可能有网页版，让 3D HTML 不再复杂。
- Device——电脑硬件设备的访问，如摄像头、麦克风、存储器等。
- 触摸事件——随着移动应用的兴起，这些需求会更大。
- P2P——多人游戏和多方通信，P2P 是不二选择。

请对 HTML5 未来充满信心，它是一个包罗万象的技术大集合，其丰富的设计，总有一款适合你。

7.3 有哪些浏览器支持 HTML5

随着时间的推移，支持 HTML5 的浏览器越来越多，但目前来看还没有完全支持 HTML5 的浏览器。

2012 年年底时，国产浏览器开始过一个 HTML5 跑分大战，各大知名浏览器相继投入战斗，最终诞生了一个高分王——傲游浏览器 4，它至今都还是超过 Chrome 而排行第一的国产浏览器，如图 7-6 所示。

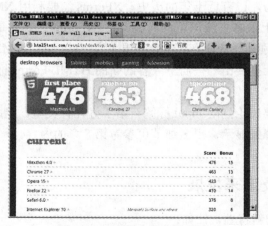

图 7-6 HTML5 支持率排行榜

最新版本的 Safari、Chrome、Firefox 以及 Opera 支持某些 HTML5 特性。IE 11 支持小部分 HTML5 特性，具体如图 7-7 所示。

	IE 11	Firefox 60	Chrome 66	Safari 11	Opera 50
accept attribute for file input	Yes	Yes	Yes	Partial	Yes
classList (DOMTokenList)	Partial	Yes	Yes	Yes	Yes
disabled attribute of the fieldset element	Partial	Yes	Yes	Yes	Yes
Link type "noreferrer"	Partial	Yes	Yes	Yes	Yes
Drag and Drop	Partial	Yes	Yes	Yes	Yes
New semantic elements	Partial	Yes	Yes	Yes	Yes
Ruby annotation	Partial	Yes	Partial	Partial	Partial
HTML5 form features	Partial	Partial	Yes	Partial	Partial

图 7-7 各种主流浏览器对 HTML5 的支持率

图 7-7 是 caniuse.com 提供的针对 HTML5 和 CSS3 支持率的全球浏览器综合对比统计表。读者可自己去查看最新情况。

7.4 如何书写 HTML5

HTML5 是能够兼容以前常用的 div 等早期版本的标签的，所以 HTML5 的书写没有特别的不同，相对而言还简化了不少东西，只是它支持以前版本没有的标签。

7.4.1 HTML5 和 XHTML 的对比

1．文档声明简化

XHTML 中这样写：

```
<!DOCTYPE html PUBLIC "-//W3C//DTD XHTML1.0 Transitional//EN"
"http://www.w3.org/TR/xhtml1/DTD/xhtml1-transitional.dtd">
```

HTML5 中这样写：

```
<!DOCTYPE html>
```

2．html 标签上不需要声明命名空间

XHTML 中这样写：

```
<html xmlns="http://www.w3.org/1999/xhtml" lang="zh-CN">
```

HTML5 中这样写：

```
<html  lang="zh-CN">
```

3. 字符集编码声明简化

XHTML 中这样写：

```
<meta http-equiv="Content-Type" content="text/html; charset=UTF-8" />
```

HTML5 中这样写：

```
<meta charset="UTF-8" />
```

4. style 和 script 标签 type 属性简化

XHTML 中这样写：

```
<script type="text/javascript"></script>
<style type="text/css"></style>
```

HTML5 中这样写：

```
<script></script>
<style></style>
```

5. link 标签连接 ICON 图片时可指定尺寸

XHTML 中这样写：

```
<link rel="shortcut icon" href="http://z3f.me/favicon.ico" type="image/
x-icon" />
```

HTML5 中这样写：

```
<link rel="icon" href="http://z3f.me/favicon.gif" type="image/gif"
sizes="16x16" />
```

除此之外，HTML5 没有像 XHTML 那样严格要求标签闭合问题。对 XHTML 不建议使用的 b 和 i 等标签进行重定义，使其拥有语义特征。

- b 元素现在描述为在普通文章中仅从文体上突出的不包含任何额外的主要性的一段文本。
- i 元素现在描述为在普通文章中突出不同意见或语气或其他的一段文本。
- u 元素现在描述为在普通文章中仅从文体上突出有语法问题或是中文专用名称的一段文本。

7.4.2　HTML5 书写的误区

不要使用<section>作为<div>的替代。简单来说，<section>是内容容器，<div>是样式容器。需要布局或提供内容额外样式的话，还是要用<div>。

<header>滥用时，一个网页中可出现多个<header>标签。语义类标签都是内容容器，而非

样式容器。很多网页把<header>拿来做布局使用，虽然语法可以接受，但是和设计初衷不符。

不是所有页面上的链接都需要放在<nav>标签中，这个标签本意是用作主要的导航区块。一个网页会有很多链接，不是都需要放在<nav>标签里。

<figure>标签不仅用于图片的图解、说明、补充，也用于其他具有文档类型的文件。

由于 HTML5 标准非常庞大，这里只是简单地抛砖引玉，需要读者根据实际项目需求去抉择。

7.5 相关参考

- https://www.swordair.com/docs/html5-differences-from-html4/ —— HTML5 相对于 HTML4 的差异。
- https://zh.wikipedia.org/wiki/HTML_5——维基百科关于 HTML5 的介绍。
- https://www.w3.org/html/logo/——W3C 提供的 HTML5 华丽 LOGO。
- http://www.thewildernessdowntown.com/——Google 联合 Arcade Fire 推出的 HTML5 互动电影。
- https://support.google.com/webmasters/answer/176035——Google 关于微数据的介绍。
- https://www.w3.org/TR/HTML5/——W3C 提供的 HTML5 标准最新版。

第 8 章 焕然一新的表单

"我有个朋友，每次见到我都说要建个网站。三年过去，什么动静都没有。以后他再和我说同样的话题，我就毫不客气，立刻打断他。"

——马云，阿里巴巴

要建一个网站，光说不练是不行的。要是没有表单，也几乎不可能。在第 7 章初步认识 HTML5 后，根据表单在前端工作中的重要性，下面介绍一下 HTML5 Forms 中新增的几个比较重要的控件。

本章主要知识点：

- 浏览器内核与域名
- 数值输入和日期选择器
- 自动提示

8.1 E-mail 和 URL 类型的输入元素

E-mail 和 URL 类型是浏览器在 HTML5 之路上最早支持的几个特性之一，因为它们确实有广泛的用途，现实来讲，必然要优先支持多数群体的需求。在讲解之前要先了解一下浏览器内核的市场情况，然后介绍域名的一些小知识。

8.1.1 各浏览器内核一览

浏览器内核主要有 3 种，分别是微软 IE 用的 Trident；由网景公司开发，现在 Firefox 使用并维护的 Gecko 内核；还有苹果公司开发的 Webkit 内核。表 8-1 列举了一些主流浏览器采用的内核。

表 8-1 常见浏览器内核

浏览器	Trident 内核	Gecko 内核	Webkit 内核	其他说明
Firefox		√		
Chrome			√	

（续表）

浏览器	Trident 内核	Gecko 内核	Webkit 内核	其他说明
Safari			√	
Opera			√	在 12.16 版后开始使用 Webkit 内核
UC			√	基于 Webkit 打造出 U3 内核，手机浏览器

Trident（又称为 MSHTML），是微软的 Windows 系统搭载的网页浏览器——Internet Explorer 的排版引擎的名称，它的第一个版本随着 1997 年 10 月 Internet Explorer 4 释出，之后不断加入新的技术并随着新版本的 Internet Explorer 释出。在 Internet Explorer 7 中，微软对 Trident 排版引擎做了重大改动，除加入新的技术之外，还增加了对网页标准的支持。

Gecko 是一套开放源代码、C++编写的网页排版引擎。目前为 Mozilla 家族网页浏览器以及 Netscape 6 以后版本浏览器所使用。该引擎原本是由网景通信公司开发的，现则由 Mozilla 基金会维护。国外还有很多基于 Gecko 内核的浏览器，比如 Firefox Aurora、Pale Moon 浏览器、Waterfox 水狐浏览器、Comodo IceDragon 冰狐浏览器等。

Webkit 内核原本由 Safari 开发，后来 Google 采用并研发出 Chromium 开源版，通常说的 Chrome 是基于 Chromium 项目的，国内很多极速、高速、双核浏览器都是使用 Chromium 开源项目版本，只是习惯上称之为 Webkit 内核。

还有一款叫 Presto 的浏览器内核，它是一款商业浏览器内核，仅 Opera 在使用，现在 Opera 已经停止了它的开发，所以未将其列入。

浏览迷（liulanmi.com）——一个浏览器主题网站，有各种浏览器资料、测评和下载。读者若有兴趣可去访问，可从中了解最新的浏览器市场占有率信息。

8.1.2 各浏览器对 E-mail 和 URL 类型的支持情况

由于各家浏览器开发进度不同，对 HTML5 的支持也各不相同，所以并不是所有浏览器都支持 E-mail 和 URL 类型。

如何查看浏览器对 HTML5 的支持呢？很简单，只要用浏览器访问 HTML5test.com 就能看到相应的结果。如图 8-1 所示是火狐和谷歌浏览器的支持情况。

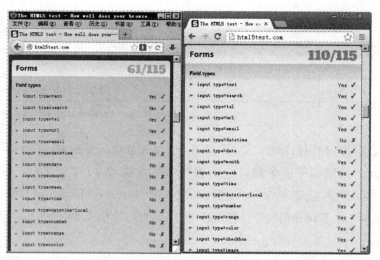

图 8-1 火狐和谷歌浏览器对 HTML5 Forms 的支持

8.1.3 全球顶级域名

电子邮件地址的格式由 3 部分组成：第一部分"USER"代表用户信箱的账号，对于同一个邮件接收服务器来说，这个账号必须是唯一的；第二部分"@"是分隔符；第三部分是用户信箱的邮件接收服务器域名，用以标志其所在的位置。

邮件服务器域名是电子邮件必不可少的组成部分。世界上国家数量不算少，每个国家都有一个顶级国家域名，有一些知名地区也被分配了顶级域名，如香港为.hk、台湾为.tw、澳门为.mo，还有其他性质的域名，如亚洲.asia。笔者收集了一些顶级域名，参见表 8-2。

表 8-2 全球顶级域名简表

国际通用顶级域名					
.com	.net	.org	.info	.biz	.name
.mobi	.travel	.aero	.jobs	.tel	.xxx
亚洲					
日本.jp	中国.cn	韩国.kr	朝鲜.kp	中国台湾地区.tw	中国香港地区.hk
澳门地区.mo	蒙古.mn	泰国.th	马来西亚.my	新加坡.sg	柬埔寨.kh
老挝.la	越南.vn	菲律宾.ph	印度尼西亚.id	东帝汶.tl	缅甸.mm
孟加拉国.bd	印度.in	巴基斯坦.pk	阿富汗.af	伊朗.ir	伊拉克.iq
沙特阿拉伯.sa	阿曼.om	阿拉伯联合酋长国.ae	叙利亚.sy	黎巴嫩.lb	巴勒斯坦.ps
以色列.il	塞浦路斯.cy	土耳其.tr	乌兹别克斯坦.uz	哈萨克斯坦.kz	科威特.kw

（续表）

国际通用顶级域名					
亚洲					
塔吉克斯坦.tj	土库曼斯坦.tm	亚美尼亚.am	英属印度洋.io	约旦.jo	
科科斯群岛.cc	阿塞拜疆.az	吉尔吉斯斯坦.kg	文莱.bn	卡塔尔.qa	
大洋洲					
澳大利亚.au	新西兰.nz	萨摩亚.ws	瓦努阿图.vu	基里巴斯.ki	所罗门群岛.sb
图瓦卢.tv	托克劳.tk	汤加.to	诺福克岛.nf	圣诞岛.cx	密克罗尼西亚.fm
帕劳共和国.pw	萨摩亚群岛.as				
欧洲.eu					
俄罗斯.ru	摩尔多瓦.md	乌克兰.ua	白俄罗斯.by	立陶宛.lt	拉脱维亚.lv
爱沙尼亚.ee	斯洛文尼亚.si	塞尔维亚.rs	黑山.me	罗马尼亚.ro	希腊.gr
意大利.it	西班牙.es	葡萄牙.pt	英国.uk	爱尔兰.ie	荷兰.nl
比利时.be	卢森堡.lu	法国.fr	摩纳哥.mc	丹麦.dk	挪威.no
瑞典.se	芬兰.fi	波兰.pl	捷克.cz	斯洛伐克.sk	匈牙利.hu
德国.de	奥地利.at	瑞士.ch	列支敦士登.li	马恩岛.im	
泽西岛.je	直布罗陀.gi	根西岛.gg	阿尔巴尼亚.al	格陵兰岛.gl	圣马力诺.sm
北美洲					
美国.us	巴哈马.bs	巴拿马.pa	伯利兹.bz	加拿大.ca	古巴.cu
格林纳达.gd	洪都拉斯.hn	海地.ht	圣卢西亚.lc	墨西哥.mx	多米尼克.dm
圣文森特和格林纳丁斯.vc	安提瓜和巴布达.ag	圣马丁岛.sx	特立尼达和多巴哥.tt		
南美洲					
厄瓜多尔.ec	哥伦比亚.co	委内瑞拉.ve	阿根廷.ar	智利.cl	巴西.br
安圭拉岛.ai	秘鲁.pe	玻利维亚.bo	圭亚那.gy	巴拉圭.py	
非洲					
阿尔及利亚.dz	埃及.eg	安哥拉.ao	刚果.cd	加纳.gh	喀麦隆.cm
肯尼亚.ke	利比亚.ly	马达加斯加.mg	毛里求斯.mu	摩洛哥.ma	南非.za
尼日利亚.ng	塞内加尔.sn	塞舌尔.sc	圣多美和普林西比.st	乌干达.ug	
留尼汪岛.re	圣赫勒拿岛.sh	吉布提.dj	科特迪瓦.ci	布隆迪.bi	阿森松岛.ac
索马里.so	中非.cf	马里.ml			

邮件服务器域名通常也是 Web 服务器的域名，比如通过邮箱 xx@qq.com 中的 "qq.com" 也是能直接访问腾讯官网的。

曾经火极一时的 51.la 统计是使用老挝的国家顶级域名，笔者的个人主页 z3f.me 使用的是黑山（南斯拉夫解体后的独立出来的）的国家顶级域名。不过很多国家顶级域名年费都不便宜。价值最高的顶级域名当属 com，因为它的普及和认可度非常高。

8.1.4 E-mail 类型的使用

用下面的代码就可以创建一个 E-mail 类型的<input>标签。

```
<input type="email"/>
```

这样使用时，只是在输入的时候验证是否符合最简单的 E-mail 格式，在设置默认值的时候依然用 value 属性。

```
<input type="email" value="xx@qq.com"/>
```

当 value 为空或没有这个属性时，placeholder 设置的内容才会被显示。

```
<input type="email" value="" placeholder="请输入 E-mail，如：xx@qq.com"/>
```

图 8-2 是 placeholder 显示的效果，灰灰的字体颜色。这里需要注意，placeholder 默认不是灰色，而是<input>标签的 color 样式设置的颜色 60%透明度的效果，所以如果 color 不是默认的黑色而是红色，那么 placeholder 显示的则是淡红色。

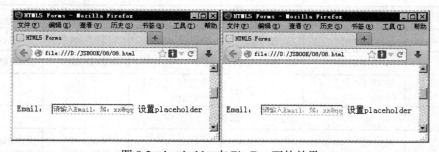

图 8-2 placeholder 在 FireFox 下的效果

这是一个很有用的属性，另外，还有一个设置光标的属性也非常有用，它是 autofocus。

```
<input type="email" autofocus="autofocus"/>
```

当同时设置了 placeholder 和 autofocus 时，placeholder 会被显示，光标也会在输入框中闪烁，即获得了焦点。如果设置了 value 值，光标会在第一个字符前面而不是在最后面。如果一个页面中有多个<input>标签设置了 autofocus，在不同浏览器下光标的位置是不同的，比如 Firefox 会将光标定位在第一个设置元素上，而 Chrome 则定位在最后一个设置元素上。

E-mail 通常是必填项目，这时候 required 属性就派上用场了，它会告诉表单在提交时检查元素是否填写。

```
<input type="email" required="required"/>
```

除必填项之外，有时候还需要更加复杂的验证，比如 E-mail 的格式和长度，甚至仅限某个域名等，这时候就要用 pattern 属性才能完成任务。

```
<input type="email" pattern=".+z3f\.me$"/>
```

上面代码用 pattern 属性限制只能用 z3f.me 结尾的 E-mail 地址。pattern 实际上就是执行正则表达式。

8.1.5 URL 类型的使用

使用 URL 类型的<input>标签和使用 E-mail 类型差不多。

```
<input type="url"/>
```

同样支持 E-mail 类型的属性。只是 URL 类型的基本验证需要有 protocol 协议头，比如 http:、file:和 ftp:等。

不同的浏览器对验证的执行效果和提示效果都不一样，如图 8-3 所示，Firefox 会在失去焦点时描红边框提示，而 Chrome 则没有类似行为，它需要在提交时才提示。

图 8-3 浏览器在提示时的不同策略

每种浏览器的提示风格也不相同，如图 8-4 所示是不同浏览器中的提示效果图。

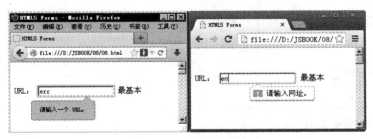

图 8-4 浏览器不同的提示效果

121

8.2 数值输入

数值输入是很常见的一个控件，在没有 HTML5 之前，大家都使用各种标签加上不同的脚本来模拟，日子过得苦不堪言，现在终结者来了，它就是 number 类型的<input>标签。

8.2.1 各浏览器对 number 类型的支持情况

各浏览器对 number 类型的支持情况如表 8-3 所示。

表 8-3 各浏览器对 number 类型的支持情况

特性	IE 10 以上	Firefox	Opera	Chrome
input type=number	√	√	√	√
max	√	√	√	√
min	√	√	√	√
step	√	√	√	√

8.2.2 number 类型的属性与使用

Chrome 支持的效果如图 8-5 所示。

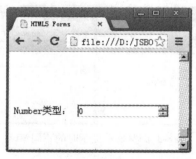

图 8-5 number 类型的 input

Number 类型有几个专有的属性，如表 8-4 所示。

表 8-4 number 类型特有属性及其描述

属性	描述
max	规定允许的最大值
min	规定允许的最小值
step	规定合法的数字间隔（如果 step="3"，则合法的数是-3、0、3、6 等）

同其他<input>标签一样，使用 number 类型也非常简单。

```
<input type="number" value="50" min="10" step="5" max="100"/>
```

上面的代码设置了一个初始值 50，每次增减 5，最大不超过 100，最小不低于 10。

8.3　日期选择器

日期选择器算得上是一个复杂的控件，在 HTML4 时代，my97datepicker 是做得最好的国产日期选择器控件之一。现在 HTML5 准备内置，可能是使用频率太高且较为复杂的缘故。

8.3.1　各浏览器对日期选择器的支持情况

日期选择器包括只有年月日的 date 类型、包含年月日和时分的 datetime 类型、仅有时间的 time 类型和选择周的 week 类型。在笔者写稿时，各浏览器的支持情况如表 8-5 所示。

表 8-5　各浏览器对日期选择器的支持情况

特性	IE	Firefox	Opera	Chrome
input type=date	×	×	√	√
input type=datetime	×	×	×	×
input type=datetime-local	×	×	√	√
input type=time	×	×	√	√
input type=week	×	×	√	√
input type=month	×	×	√	√

其中 datetime 表示 UTC 时间，datetime-local 表示本地时间。表 8-6 中列出的是 PC 端浏览器，在移动端也有很多不支持，不过主流的 UC 浏览器是支持的。

8.3.2　日期选择器类型与使用

日期选择器的使用同样非常简单，只要按照前面的方法，修改<input>标签的 type 属性即可。复杂的功能可以简单实现，所以笔者直接截图说明。

```
<input type="date"  />            <!--定义日期字段，请看图 8-6 和图 8-7-->
 <input type="datetime"  />       <!--定义日期和时间字段，傲游浏览器支持，
                                      效果和 datetime-local 类型相似-->
 <input type="datetime-local"  /> <!--定义日期和时间字段，请看图 8-8-->
 <input type="month"  />          <!--定义日期字段的月，请看图 8-9-->
```

```
<input type="time"  />           <!--定义日期字段的时、分，请看图 8-10-->
<input type="week"  />           <!--定义日期字段的周，请看图 8-11-->
```

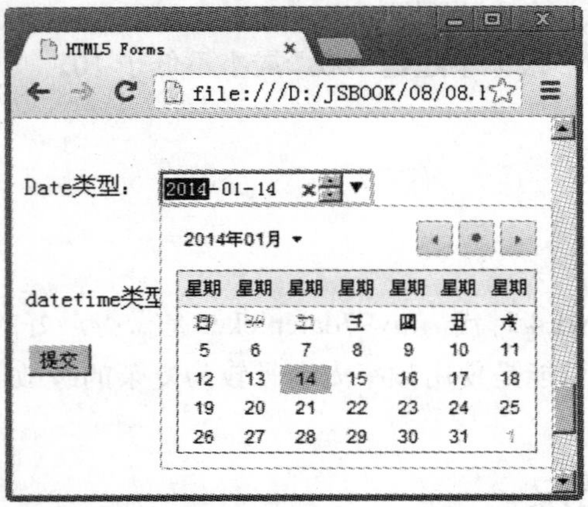

图 8-6 Chrome 的 data 日期选择器

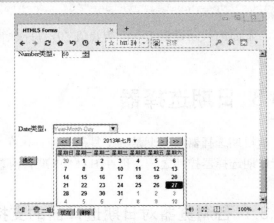

图 8-7 傲游浏览器的 data 日期选择器

图 8-8 Chrome 的 datetime-local 日期选择器

图 8-9 Chrome 的 month 日期选择器

图 8-10 Chrome 的 time 日期选择器

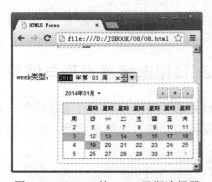

图 8-11 Chrome 的 week 日期选择器

8.4 用 datalist 来实现自动提示

自动提示有时候也叫自动完成，主要是在填写表单的时候用来联想输入，比如百度首页的搜索框，输入时下面会给出智能联想提示。到目前为止，很多 Web 网站都是自己编写 JavaScript 控件来模拟，一般都要写上上百行或者更多的代码。HTML5 提供的 datalist 控件能够省去很多开发成本，是较为好用的改进之一。

8.4.1 各浏览器对 datalist 的支持情况

表 8-6 中的 list 是<input>标签的属性，也就是说，<datalist>一般要和<input>的 list 属性一起使用。在 8.4.3 小节会对此进行具体讲解。

表 8-6 各浏览器对 datalist 标签的支持情况

特性	IE 10 以上	Firefox	Opera	Chrome
<datalist>	√	√	√	√
list	√	√	√	√

8.4.2 各浏览器 datalist 的效果对比

datalist 在浏览器下的显示效果大致相似，仅有部分体验上的差别。图 8-12 所示是 Firefox 和 Chrome 的对比。

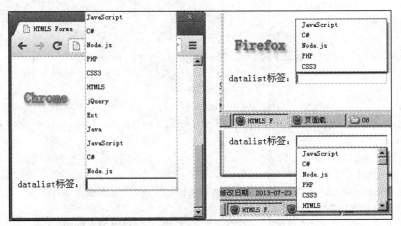

图 8-12 datalist 在不同浏览器中的效果

Chrome 在处理上似乎要稍逊色一些，所以在设计程序的时候，要避免出现这样的情况，即返回的数据项不能太多。另外，这些 datalist 都可能会超出浏览器边界，而不是增加滚动条的高度。能够受文档宽度的约束越界，一般表示由浏览器控件提供这种功能，所以在 datalist

弹出的界面上，通过鼠标右键无法显示出常用的网页右键菜单，并且无法通过 CSS 控制其显示的部分。

8.4.3 datalist 让 input 自动提示更智能

对浏览器而言，很早就实现了表单自动完成功能，只是那时的提示是用户曾输入的信息。对于需要加工的提示则无法满足，如输入电子邮件地址。因为邮件地址有固定格式且能够列举一些常用的，通过用户输入前面的一部分而组装出完整的地址来，这时自动完成就无法再加工处理，这里我们来看看 datalist 是如何进行补足的。

首先创建一个 HTML5 的网页基本结构，放入一个普通的<input>标签，type 是 text 类型，再加入一个<datalist>标签，设置 id 为 lst，再把<input>标签的 list 属性设置为<datalist>标签的 id，以此关联起来。

接下来需要加入一些 JavaScript 代码，监听<input>的输入事件，在输入的时候通过已定义好的数据构造出提示信息<option>，最后赋值给<datalist>标签。详细过程请看【范例 8-1】的代码。

【范例 8-1 datalist 让 input 自动提示更智能】

```
1.   <!DOCTYPE html>
2.   <html>
3.   <head>
4.   <title>HTML5 Forms</title>
5.   <script src="../base.js"></script>
6.   </head>
7.   <body>
8.   <form>
9.   你的邮箱: <input id="umail" list="lst" autocomplete="off"/><br/><br/><br />
10.  <datalist id="lst"></datalist>
11.  </form>
12.  <script>
13.  var datalist = ["qq.com","163.com","gmail.com","sina.com","126.com","z3f.
     me"];
14.  var umail = eg.$("umail");
15.  var lst = eg.$("lst");
16.  eg.addListener(umail,"input",function(){    //绑定在输入事件上
17.      lst.innerHTML="";                        //清空，即不提示
18.      var k = umail.value;                     //获取输入的值
19.      if(k.indexOf("@")>-1) return;    //如果已经有输入就不再动态构造，否则陷入死循环
20.      if(k == "") return;              //清空之后也不提示
21.      var newStr = "";
22.      for(var i=0;i<datalist.length;i++){
23.          newStr+='<option value="'+k+"@"+datalist[i]+'" />';    //构造
```

```
24.     }
25.     lst.innerHTML=newStr;                        //赋值
26. });
27. </script>
28. </body>
29. </html>
```

　　<datalist>标签的 HTML 用代码第 25 行这样的方式改变后，会触发提示列表的显示，反之，用第 17 行这样的方式清空后会隐藏。细心的读者可能会发现<input>标签中的 **autocomplete** 属性，因为它的提示框会显示在<datalist>标签的上面，挡住<datalist>，所以禁用了<input>标签历史输入信息的提示。最后看看运行后的效果，如图 8-13 所示。

图 8-13　Firefox 和 Chrome 中显示 datalist 的效果

8.5　相关参考

- 浏览器大全——http://liulanmi.com/browser。
- HTML5 支持检测——http://html5test.com。

第 9 章 在 Web 页面中轻松
控制多媒体视频和音乐

没有音乐，生命是没有价值的。

——弗里德里希·威廉·尼采

生活中不能没有音乐，在互联网时代的生活中更加不能没有音乐。从某种意义上讲，HTML5 提供的音频和视频元素是人类生活的一种基本需要，所以它是很重要的。

本章主要知识点：

- 容器和编解码器
- 播放控制
- 播放事件

9.1 在页面中插入视频和音频

在使用 video 元素和 audio 元素之前，需要简单介绍与之相关的几个概念：容器、编码和解码。编解码的工具习惯上理解就是编解码器。

9.1.1 容器和编解码器

简单地说容器就像是压缩包文件，可以包括一个或多个不同的轨道，如音频轨道、视频轨道、元数据、字幕等信息，放在一个文件中，是为了便于同时回放。

容器是用来区分不同文件的数据类型的，一般所说的文件格式或者后缀名指的就是文件的容器。 对于一种容器，可以包含不同编码格式的视频和音频，比如 txt 格式可以有 GBK 编码，也可以有 UTF8 编码。

编码其实就是用一组特定的算法把原始数据进行处理。一般而言，原始数据体积都非常大，如果不对其编码，那么在网络传输所浪费的时间就无法让人接受，所以解码就是把编码过的数据还原为原始数据，否则接收者就无法看到原始数据。解码器通常还要对同一种格式文件、不同编码的内容进行判断。

　　一般来说，一种编码可以对应不同的文件格式。常见的音频/视频文件格式（容器）和编码器如表 9-1 和表 9-2 所示。

表 9-1　常见的音频/视频文件格式

容器名称	文件格式	说明
OGG	*.oga/*.ogv	一个自由且开放标准的容器格式，由 Xiph.Org 基金会所维护。Ogg 格式并不受软件专利的限制，并设计用于有效率地处理流媒体和高质量的数字多媒体。可以纳入各式各样自由和开放源代码的编解码器，包含音效、视频、文字（像字幕）与元数据的处理，是 HTML5 视频常用的一种格式
AVI	*.avi	Audio Video Interactive，就是把视频和音频编码混合在一起储存，是最常见的音频视频容器。支持的视频音频编码也是最多的。AVI 也是最长寿的格式，已存在 10 余年了，虽然发布过改版（V2.0 于 1996 年发布），但已显老态
MPG	*.mpg/*.mpeg/*.dat	MPEG 编码采用的音频视频容器具有流的特性，里面又分为 PS、TS 等，PS 主要用于 DVD 存储，TS 主要用于 HDTV
VOB	*.vob	DVD 采用的音频视频容器格式（视频 MPEG-2，音频用 AC3 或者 DTS），支持多视频、多音轨、多字幕章节等
MP4	*.mp4	MPEG-4 编码采用的音频视频容器基于 QuickTime MOV 开发，具有许多先进特性，也是 HTML5 视频常用的一种
3GP	*.3gp	3GPP 视频采用的格式，主要用于流媒体传送。体积小，多用于移动端
ASF	*.wmv/*.asf	Advanced Systems Format，Windows Media 采用的音频视频容器，能够用于流传送，还能包容脚本等。ASF 封装的 WMV 视频具有"数位版权保护"功能
RM	*.rm/*.rmvb	RealMedia 采用的音频视频容器，用于流传送。由 RealNetworks 开发的一种容器，它通常只能容纳 Real Video 和 Real Audio 编码的媒体。可变比特率的 rmvb 格式，体积很小
MOV	*.mov	QuickTime 的音频视频容器，有较高的压缩比率和较完美的视频清晰度，且跨平台
MKV	*.mkv	Matroska，它能把 Windows Media Video、RealVideo、MPEG-4 等视频音频融为一个文件，而且支持多音轨、支持章节字幕等。开放标准、开源
WAV	*.wav	一种音频容器，常说的 WAV 就是没有压缩的 PCM 编码，其实 WAV 里面还可以包括 MP3 等其他 ACM 压缩编码
TS	*.ts	MPEG-2 transport stream，用于数字广播等非可靠传输领域。在远程教学视频中很常用
WebM	*.webm	Google 基于 MKV 容器开发的一个免费、开源的媒体容器格式，Google 说 WebM 的格式相当有效率，应该可以在 netbook、tablet、手持式装置等上面顺畅地使用

表 9-2 常见的音频视频编码器

编码器	说明
MPEG 系列	由 ISO（国际标准组织机构）下属的 MPEG（运动图像专家组）开发，视频编码方面主要是 Mpeg1（VCD 用的就是它）、Mpeg2（DVD 使用）、Mpeg4（现在的 DVDRip 使用的都是它的变种，如 DivX、Xvi 等）、Mpeg4 AVC；音频编码方面主要是 MPEG Audio Layer 1/2、MPEG Audio Layer 3（大名鼎鼎的 MP3）、MPEG-2 AAC、MPEG-4 AAC 等。注意：DVD 音频没有采用 Mpeg 的
H.26X 系列	由 ITU（国际电传视讯联盟）主导，包括 H261、H262、H263、H263+、H263++、H264（就是 MPEG4 AVC-合作的结晶）
Windows Media 系列	微软视频编码有 MPEG-4 v1/v2/v3（基于 MPEG4，DivX3）、Windows Media Video 7/8/9/10；音频编码有 Windows Media audeo v1/v2/7/8/9
Real Media 系列	视频编码有 RealVideo G2（早期）、RealVideo 8/9/10；音频编码有 RealAudio cook/sipro（早期）、RealAudio AAC/AACPlus 等
QuickTime 系列	视频编码有 Sorenson Video 3（用于 QT5，已成标准化）、Apple MPEG-4、Apple H.264；音频编码有 QDesign Music 2、Apple MPEG-4 AAC
Ogg Theora	因为开源，是 HTML5 曾建议支持的编码器。它是有损压缩技术

音频编码、视频编码有时候也叫音频压缩、视频压缩。与之对应的解码器还分为软件解码器和硬件解码器。通常各种播放器软件会集成多种解码器，而有些解码器可以解码多种格式。

众所周知，有些编解码器受专利保护，有些则是免费的，所以网络上充斥着各种文件格式，这是非常不利于互联互通的，但是目前来说，现状不会立刻得到改变，但是像 OGG、MKV 等一些开源或不受限使用技术的出现，也让大家看到对互联网发展有利的一面。

9.1.2 使用 HTML5 Video 和 Audio API 的好处

在以前和现在，网页中播放视频或音频的主要方式是 Object 调用 Flash 插件、QuickTime 插件或者 Windows Media 插件向 HTML 中嵌入视频，相对于这种传统方式，使用 HTML5 的媒体标签有两大好处，可以极大地方便用户和开发者。

第一，作为浏览器原生支持的功能，新的 audio 元素和 video 元素无须安装任何东西。尽管有的插件安装率很高，比如 Flash player，但是在控制比较严格的公司环境下往往被屏蔽。其次，某些插件体积庞大，安装烦琐。另外，插件也会带来安全问题。除此之外，对于设计人员来说，有些插件很难和页面其他内容集成，往往在设计好的页面中导致裁剪、透明度等问题。由于插件一般使用独立渲染模型，与基本的网页元素不同，在开发时，那些弹出式菜单或其他需要跨越插件便捷显示重叠元素的时候，开发人员就会面临很大的困惑。

第二，媒体元素向网页提供了通用、集成和可脚本化控制的 API。对于开发人员来说，使用新的媒体元素之后，可以轻易地使用脚本来控制和播放内容。

9.1.3 浏览器支持性检测

通过 html5test.com 或一些其他工具可以测试出浏览器是否支持<video>和<audio>标签。在表 9-3 中可以看到微软在 IE 9 就已支持<video>和<audio>标签，这真是件令人高兴的事情。

表 9-3 各浏览器对 video 和 audio 主要特性的支持情况

特性 　　　　浏览器	IE 9 及以上	Firefox	Opera	Chrome
video	√	√	√	√
audio	√	√	√	√
autoplay	√	√	√	√
loop	√	√	√	√
controls	√	√	√	√
preload	√	√	√	√

浏览器品种多样，且依赖第三方检测也不是妥善之策，所以检测浏览器是否支持<video>和<audio>标签最简单的方式是使用脚本创建它，然后检测特定的属性是否存在：

```
var canPlayVideo = !!(document.createElement('video').canPlayType);
```

这会在内存里动态创建一个 video 元素，不显示在页面上，然后检查独有的 canPlayType()方法是否存在，其他独有的方法属性也可以测出来，通过"!!"运算符将结果转换为布尔值，这样就可以知道视频对象是否创建成功，也就是说明浏览器是否支持视频。音频同理。

9.1.4 使用 video/audio 元素

如果检测结果不支持，而项目又需要兼容，可以触发另一部分代码向页面插入传统的媒体播放代码。除此之外，还可以在 video 和 audio 元素中放入备选内容，不支持的话就可以显示这些备选内容，比如把 Flash 插件播放同样视频音频的代码作为备选内容。

如果无须兼容，就给用户一个简单的文本提示来代替，用下面的代码即可。

```
<video src="iceage4.mp4" controls>
    你的浏览器不支持 HTML5 video!
</video>
```

在<video>标签中设置一个 src 文件路径，然后添加一个带有默认播放控制器的面板。如果要播放音频则用同样的方法，只是 src 的源可能就是 MP3 等音频文件格式。

如果要兼容插件方式播放，就要用下面的代码：

```
<video src="iceage4.mp4" controls>
    <object classid="clsid:D27CDB6E-AE6D-11cf-96B8-444553540000">
            <param name="movie" value="iceage4.swf" />
            <embed type="application/x-shockwave-flash" src="iceage4.swf"></embed>
    </object>
</video>
```

浏览器执行这段代码时，如果支持 HTML5，那么<object>标签内的代码就会被忽略，反之就用<object>设置的 classid 插件编号去调用系统里的插件，这里是 Flash Player 的 ID，然后播放 iceage4.swf 文件。这里的<embed>标签是在非 IE 或非 Window 环境下使用，这种 object-embed 混合写法是 Macromedia 公司所提倡的兼容写法。

9.1.5 使用 source 元素来兼容

一般来说，只需要设置一个 src 指向媒体文件就可以了，但是对于不同浏览器来说，支持的文件格式目前仍然是各不相同，请看表 9-4。

表 9-4 浏览器支持的媒体文件格式

文件格式或编码	IE	Firefox	Opera	Chrome
.oga/.ogv	×	√	√	√
*.mp4	√	×	√	√
*.webm	×	√	√	√
H.264 编码的文件	√	×	√	√

Opera 从 13 版开始采用 Chrome 的内核后其特性基本和 Chrome 一致，对于浏览器最真实的对文件格式支持情况可以用下面的代码来检测。

```
document.createElement('video').canPlayType("video/ogg");
document.createElement('video').canPlayType("video/mp4");
document.createElement('video').canPlayType("video/webm");
document.createElement('video').canPlayType("video/webm; codecs=
'vp8.0,vorbis'");
```

如果返回 probably，表示最有可能支持，如果返回 maybe，表示也许支持，如果返回空字符串，表示不支持，如果包含了编解码器"codecs='vp8.0,vorbis'"这样的内容，只会返回 probably 或者空字符串。

用脚本兼容不同格式是其中一种方式，而<source>标签是一种较为大众接受的方式。

```
<video controls>
    <source src="iceage4.mp4"/>
    <source src="iceage4.ogv"/>
```

```
    <source src="iceage4.webm"/>
</video>
```

这样浏览器会自行去检测支持的格式，并读取播放，不支持的则自动忽略。

9.2 video/audio 元素的属性

video 和 audio 元素的属性已经能做很多事情，默认播放控制面板、自动播放等都可以直接用属性设置，无须其他代码。

9.2.1 通过 HTML 设置的属性

video/audio 元素默认就支持通过 HTML 语法设置一些参数对媒体的控制。有些属性两者通用，如表 9-5 所示。

表 9-5 video/audio 元素 HTML5 属性

属性	值	元素	说明
src	*url*	video/audio	URL 字符串，要播放的音频、视频的 URL
controls	controls	video/audio	如果出现该属性，则向用户显示控件，比如播放按钮
loop	loop	video/audio	如果出现该属性，则每当音频、视频结束时重新开始播放
preload	preload	video/audio	如果出现该属性，则音频、视频在页面加载时进行加载，并预备播放 如果使用"autoplay"，则忽略该属性
autoplay	autoplay	video/audio	如果出现该属性，则音频、视频在就绪后马上播放。一般不建议如此
height	*px*	video	设置视频播放器的高度
width	*px*	video	设置视频播放器的宽度
poster	*url*	video	视频封面，没有播放时显示的图片
muted	*Boolean*	video	是否输出视频的声音

这些属性是写在 HTML 代码标签中的，表 9-5 中像 controls 这样的同名值属性是可以省略值的。

```
<video controls />
<video controls="controls" />
```

这样的代码是等价的，对于有代码洁癖的同学采用上面那行也是没错的。图 9-1 是 Firefox 浏览器添加 controls 属性后默认的效果图。

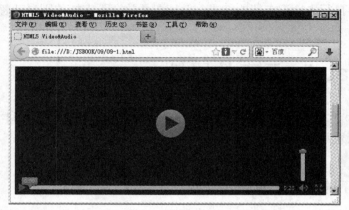

图 9-1 Firefox 视频播放器默认效果

Firefox 浏览器中，controls 属性提供了播放暂停键、进度条、当前播放时间、媒体总时长、音量控制器、全屏控制。其他浏览器也差不多，只是设计风格各不相同。

没有控制器也不用 JavaScript，如何能够让媒体正常播放？答案是肯定的，那就是在元素中设置一个 autoplay 属性。由于它可能导致大量网络数据请求，因此使用时需要慎重。比如一个视频网站，有很多视频，如果一开始设置自动播放，那么必然导致灾难般的后果。

很多个性化的网页都爱插入一条背景音乐，而背景音乐通常是自动播放且不停循环，不关闭网页，就会一直听到。如何办到的呢？答案是在元素中同时设置 loop 和 autoplay 两个属性即可。

9.2.2 通过 JavaScript 设置的属性

一些通用的 HTML 元素属性就没有列举在表 9-5 中，比如 id、class 等，还有一些较为有用的属性只能在 JavaScript 中通过获取 DOM 对象后去设置，如表 9-6 所示。

表 9-6 通过 JavaScript 设置的常用属性

属性	值	元素	说明
volume	0.0~1.0	video/audio	音量值
duration	Number	video/audio	返回播放总时长，单位秒
ended	Boolean	video/audio	返回当前播放是否结束
paused	Boolean	video/audio	设置或返回当前播放是否暂停
currentTime	Number	video/audio	设置或返回当前播放位置（以秒计）
mediaGroup	string	video/audio	设置或返回音频/视频所属的组合（允许两个或更多音频/视频元素保持同步），未来可能支持

通过 getElementById()函数可以获取到媒体的 DOM 对象。

```
var dom=document.getElementById("myvideoid");
//假设已存在一个 id 为 myvideoid 的媒体元素
dom.volume=0.5;
```

得到 dom 对象后，将其音量大小设置为 50%。图 9-2 可以和图 9-1 对比出音量条的位置
不同。

图 9-2　设置音量大小

9.3　video/audio 元素的事件

播放是一个过程，这个过程中会有很多事件被触发，用户在这个过程中也会发生很多交
互事件。本节就讨论媒体播放相关的主要事件。

9.3.1　video/audio 元素的主要事件

当音频/视频处于加载过程中时，会依次发生以下事件：

- onloadstart
- ondurationchange
- onloadedmetadata
- onloadeddata
- onprogress
- oncanplay
- oncanplaythrough

有关这些事件的详细说明请参考表 9-7。

表 9-7 媒体事件

事件	说明
onloadstart	当浏览器开始查找音频/视频时
ondurationchange	当音频/视频的时长已更改时
onloadedmetadata	当浏览器已加载音频/视频的元数据时
onloadeddata	当浏览器已加载音频/视频的当前帧时
onprogress	当浏览器正在下载音频/视频时
oncanplay	当浏览器可以播放音频/视频时
oncanplaythrough	当浏览器可在不因缓冲而停顿的情况下进行播放时
onabort	当音频/视频的加载已放弃时
onerror	当在音频/视频加载期间发生错误时
onpause	当音频/视频已暂停时
onplay	当音频/视频已开始或不再暂停时
onratechange	当音频/视频的播放速度已更改时
ontimeupdate	当目前的播放位置已更改时
onvolumechange	当音量已更改时

常用的几个事件是 onloadedmetadata、onerror、onpause、ontimeupdate 等。这些事件可以通过设置属性来使用，也可以以 JavaScript 的方式来使用。

```
<video id="myvideoid" controls onloadstart="console.log('onloadstart');">
source 省略...</video>
```

当把控制台（通常按 F12 键可见）打开的时候，刷新网页时，控制台会输出 "onloadstart" 字符串。用 JavaScript 实现同样的操作则是这样的：

```
dom.onloadstart= function(){
    console.log("onloadstart");
}
```

9.3.2 设置当前播放位置

播放时间的控制也是常用的操作（比如记录用户上次播放位置后，接着上回看过的地方看），一般通过 currentTime 属性来控制。currentTime 和 volume 属性不同的是 currentTime 需要在 onloadedmetadata 事件发生之后才生效，因为媒体文件通常不在用户端，需要通过网络请求，只有浏览器请求到基本数据（元数据）之后，才能获取包括时长、尺寸（仅视频）以及文本轨道等信息，浏览器才能确定 currentTime 设置的位置。

```
dom.onloadedmetadata = function(){
    dom.currentTime = 15;
}
```

上面的代码就是设置媒体的当前播放时间点为 15 秒处，效果参见图 9-2。

9.4 video/audio 元素的方法

对于媒体播放，最基本的操作就是播放和暂停，HTML5 为 video/audio 元素提供了便捷的方法，使之能够允许 JavaScript 调用这些方法来进行控制。

9.4.1 通过 JavaScript 控制的方法

通过 JavaScript 控制的方法如表 9-8 所示。

表 9-8 video/audio 元素的方法

方法	说明
play()	开始播放音频/视频
pause()	暂停当前播放的音频/视频
load()	重新加载音频/视频元素
canPlayType()	检测浏览器是否能播放指定的音频/视频类型
addTextTrack()	向音频/视频添加新的文本轨道

下面简单演示一下 play 方法和 pause 方法的用法。

```
<!DOCTYPE html>
<html>
<body>
<video id="video1" >
        <source src="iceage4.mp4"/>
        <source src="iceage4.ogv"/>
</video>
<br/>
<button onclick="myVideo.play()" type="button">播放视频</button>
<button onclick="myVideo.pause()" type="button">暂停视频</button>
<script>
var myVideo=document.getElementById("video1");
```

```
</script>
</body>
</html>
```

　　HTML 代码中没有让<video>元素启用自带的播放器控制，这就必须使用我们自己编写的代码来控制视频的播放。JavaScript 首先获取元素 DOM 对象存储在全局变量 myVideo 中，方便 onclick 事件调用。两个不同的按钮分别执行播放和暂停视频。

9.4.2 鼠标悬停播放，移开暂停

　　一些国外的视频网站，在列表时就采用了鼠标悬停播放视频的预览短片，让用户可以快速取舍是否需要进一步观看。预览短片的体积肯定很小，先不说它是如何提取的，单从 JavaScript 的实现上去分析，这是如何做到的呢？

　　其实很简单，就是在通用事件 onmouseover 和 onmouseout 中控制视频的播放和暂停。

```
<video id="video1"  onmouseover="this.play()" onmouseout="this.pause()">
    <source src="iceage4.mp4"/>
    <source src="iceage4.ogv"/>
</video>
```

　　在 onmouseover 和 onmouseout 事件中其实也是调用的 JavaScript 代码，this 指向元素本身，相当于 document.getElementById("video1")。

9.5 综合应用——打造属于自己的视频播放器

9.5.1 界面设计

　　抛弃系统的播放器而重新设计有几个好处：

- 风格可以控制，使之在不同的浏览器下效果一致；
- 可以移除播放器的某些功能；
- 可以丰富播放器，根据项目需要扩展一些功能，比如会员功能、设置版权/清晰度切换等。

　　本节也列举一个实例来讲解如何打造个性化的播放器，请先看图 9-3。

　　这个播放器提供播放、暂停、音量调节功能，还包括进度条、当前播放时间、影片总时长、全屏播放，外加一个可以放广告或动态字幕的区域，中间的大播放按钮用 CSS3 无图绘制。下面我们就来实现这个播放器。

图 9-3 打造自主的播放器

9.5.2 CSS3+HTML 布局

首先要用到一个基本的视频播放元素，外面用<div>包裹起来作为主容器，用于统一操作，定义 ID 和 class，另外设置一张预览图 movie.jpg，用 source 兼容不同的浏览器格式。

```html
<div id="myVideo" class="zPlayer">
    <video poster="movie.jpg">
          <source src="movie5.mp4">
          <source src="movie5.ogv">
    </video>
</div>
```

下面就是构造大播放按钮的代码，将其放在上面 id 为 myVideo 的 div 里。

```html
<div class="ui-play"><span></span></div>
```

利用边框属性和 CSS3 圆角、投影绘制三角箭头和按钮，具体的 CSS3 技术在接下来的第 10 章中会讲到，先看一下代码。

```css
.zPlayer .ui-play{
    background: none repeat scroll 0 0 #333;
    border: 3px solid #333;
    border-radius: 5px 5px 5px 5px;          /*圆角*/
    box-shadow: 3px 3px 3px #111;            /*设置投影*/
    height: 100px;
    padding: 10px 20px 10px 10px;
    width: 100px;
    position:absolute;                        /*设置定位*/
```

```
    cursor:pointer;
}
.zPlayer .ui-play span{ border-bottom: 50px solid transparent; border-left:
60px solid #FFFFFF;border-top: 50px solid transparent;display: inline-block;
 height: 0; width: 0;margin-left: 41px;
}
```

<span>标签主要用来绘制三角箭头，<div>主要是主体播放按钮，因为要居中，所以要定位，而且主容器需要将 position 属性设置为 relative。接下来需要加上进度条和时间。

```
<div class="proLines">
    <div class="arial currentTime">00:00:00</div>
    <div class="line">
        <div class="isPlayLine">
            <div class="currentCircle"></div>
        </div>
    </div>
    <div class="arial allTime"></div>
</div>
```

其中 class 为 line 的<div>是进度条的容器，是最外层的长形条，class 为 isPlayLine 的<div>是已经播放的蓝色进度条容器，而它里面的<div>是进度条的白色移动块。最后要放置播放控制、音量控制等主要按钮。

```
<div class="playBars">
    <div class="startBar"><img src="Images/stop.jpg" border="0"></div>
    <div class="voiceContent">
        <div class="voice">
            <img src="Images/voice.jpg" id="voiceImg" border="0">
        </div>
        <div class="voiceline">
            <div class="voicekuai"></div>
        </div>
    </div>
        <div class="playTxt">我的播放器，我做主</div>
        <div class="fullBtn"><img src="Images/full.png" width="17"
        height="15" border="0"></div>
</div>
```

playBars 里的<div>都需要用 float 让它们从左到右排列起来。下面是除居中播放按钮样式外的其他 CSS 代码。

```
.zPlayer{background:#000;position:relative;}
.zPlayer .playTxt{
    background: none repeat scroll 0 0 #CCC;border-radius:2px;float: left;
    height: 30px;line-height: 30px;margin-top: 8px;width: 70%;
```

```
          text-shadow: 0 0 4px #fff, 0 0 5px #fff;text-align:center;
}
.zPlayer .line {height:12px;border: 1px solid #303030;border-radius:2px;
float:left; margin:4px 2px auto 2px;cursor:pointer;}
.zPlayer .proLines{ color:#D0D0D0; padding-left:1px;padding-right:1px;
height:18px;}
.zPlayer .arial{font-size: 12px; font-weight: 500; font-family: arial;line-
height:18px; float:left;}
.zPlayer .isPlayLine{width:0px;height:12px;background-color:#399CCF;}
.zPlayer .currentCircle{width:12px;height:12px;background-color:#fff;
position:absolute;z-index: 99;margin-left: 1px;}
.zPlayer .playBars{ height:46px;background:url('images/bars.jpg') repeat-x;
margin-top: -2px; clear:both;}
.zPlayer .startBar{ width:34px; height: 33px; padding-top:5px; margin-left:
6px;float:left; cursor: pointer;}
.zPlayer .fullBtn{float: right;height: 20px;width: 20px;margin-top: 14px;
margin-right: 10px;}
.zPlayer .fullBtn:hover img{cursor: pointer; height:17px; width:19px;
margin-top:-1px; margin-left:-1px;}
.zPlayer .voiceContent{ width:80px;height:15px;padding-top:15px; margin-
left: 28px;float:left ;color:#fff}
.zPlayer .voice{ float:left;}
.zPlayer .voiceline{float:left;width:45px;height:13px;margin-top: -1px;
margin-left:3px;background: url("images/voiceline.jpg") no-repeat;}
.zPlayer .voicekuai{width:6px;height:12px;border-radius:2px;background-
color: #fff;position:absolute; margin-top: 3px;}
```

这些控制按钮也可以用 CSS3 绘制，限于篇幅，这里用图片代替，希望读者自行根据大播放按钮的 CSS 代码去发挥。接下来将介绍如何用 JavaScript 来控制这个播放器。

9.5.3 用 JavaScript 控制播放器

为了使代码更加简洁以提高开发效率，在本例中引入 jQuery 来做一些基本的 DOM 元素查找和事件的绑定操作。

```
<script src="jquery-1.7.2.min.js"></script>
<script src="zPlayer.js"></script>
```

将主要的代码独立存放在 zPlayer.js 中。首先定义一个对象，将播放器的操作对象化。

```
var zPlayer=function(palyerwidth,selector){
//.......代码
};
```

zPlayer 构造函数接受两个参数，即 palyerwidth 播放器的宽度和 selector 选择器。

第一步先把各种需要用到的 DOM 元素用变量存储起来，这样做不仅能够提高内存利用率，还可减少代码字节。

```
var vBox= $(selector);                          //自定义播放器的 jQuery 对象
var vDom = vBox.find("video");                  //系统播放元素的 jQuery 对象
 var dom = vDom[0];                             //系统播放元素的 DOM 对象
 var voiceDom = vBox.find(".voicekuai");        //声音滑动块 jQuery 对象
 var voicekuaiDom = vBox.find(".voicekuai");
 var currentDom =vBox.find(".currentTime");//当前事件 jQuery 对象
 var allTimeDom = vBox.find(".allTime");        //总时长 jQuery 对象
 var startDom = vBox.find(".startBar");         //播放按钮 jQuery 对象
 var lineDom = vBox.find(".line");              //进度条 jQuery 对象
 var voicelineDom = vBox.find(".voiceline");        //声音背景 jQuery 对象
 var currentCircleDom=vBox.find(".currentCircle");//进度条移动块 jQuery 对象
 var isPlayLineDom = vBox.find(".isPlayLine");      //已播放进度条 jQuery 对象
 var fullBtnDom = vBox.find(".fullBtn");            //全屏窗口 jQuery 对象
 var uiplayDom = vBox.find(".ui-play");             //大播放按钮 jQuery 对象
```

由于进度条长度不是固定的，因此需要先计算进度条的长度。

```
var lineLength= palyerwidth-(vBox.find(".currentTime").width()*2)-10;
```

接着设置一些播放器的基本属性，如宽度、音量大小、播放按钮居中等。

```
vBox.width(palyerwidth);                    //设置播放器宽度
vDom.width(palyerwidth);
lineDom.width(lineLength);                  //初始化进度条的长度
dom.volume=0.5;                             //设定音量值
//初始化播放按钮居中
uiplayDom.css({'left': (palyerwidth - uiplayDom.width())/2,'top':
(vDom.height() - uiplayDom.height())/2 })
voiceDom.css('left',voiceDom.position().left+40);
```

上面的代码将播放器设置为传递进来的宽度值，音量设置为 50%，通过计算播放器的高宽减去播放按钮的高宽除以 2 来设置播放按钮相对播放器的位置居中，最后将标示音量大小的图标移动到相应位置。

接下来需要添加一系列用户触发操作的事件。

```
//绑定加载总时长事件
    vDom.on("loadedmetadata",function(){
        allTimeDom.html(Convert(parseInt(dom.duration)));
    });
    //点击屏幕事件
    vDom.on("click",function(){
        PlaybackControl();
    });
```

```
    //播放停止单击事件
    startDom.click(function(){
        PlaybackControl();
    });
    //播放停止单击事件
uiplayDom.click(function(){
    PlaybackControl();
});
//拖动时长事件
lineDom.click(function(e){
    ChangeProcess(e);
});
//全屏点击事件
fullBtnDom.click(function(){
    fullScreen(dom);
});
//声音点击事件
voicelineDom.click(function(e){
    var old = voicelineDom.position().left;
    var currentX = e.pageX-old;
    dom.volume = Math.round((100/45)*currentX)/100>1?1:Math.
     round((100/45)*currentX)/100;
    voiceDom.css('left',e.pageX+"px");
});
```

除这些事件对应执行的函数之外，还定义了一个时间转换函数 Convert()，主要是将秒数转换为时分秒的格式，以便适应阅读习惯，播放器内部的总时长和当前播放时间点都是以秒为单位的。

【范例 9-1】是全部的 JS 控制结构及其代码。

【范例 9-1 JavaScript 控制播放器】

```
1.     var zPlayer=function(palyerwidth,selector){
2.          //获取视频节点
3.             var vBox = $(selector);              //自定义播放器的jQuery对象
4.             var vDom = vBox.find("video");        //系统播放元素的jQuery对象
5.          //......此处省略10个变量对象
6.             var fullBtnDom = vBox.find(".fullBtn"); //全屏窗口jQuery对象
7.             var uiplayDom = vBox.find(".ui-play");  //大播放按钮jQuery对象
8.          //计算进度条长度
9.       var lineLength=palyerwidth-(vBox.find(".currentTime").width()*2)-10;
10.      var timeInterval= null;
11.       (function(){
12.               //设置播放器宽度
13.               vBox.width(palyerwidth);
14.               vDom.width(palyerwidth);
```

```
15.            //初始化进度条的长度
16.            lineDom.width(lineLength);
17.            //设定音量值
18.            dom.volume=0.5;
19.            //初始化播放按钮居中
20.            uiplayDom.css({'left':(palyerwidth-uiplayDom.width())/2,
        'top':(vDom.height() - 30   uiplayDom.height())/2 })
21.            voiceDom.css('left',voiceDom.position().left+40);
22.        //绑定加载总时长事件
23.            vDom.on("loadedmetadata",function(){
24.                allTimeDom.html(Convert(parseInt(dom.duration)));
25.            });
26.            //此处省略 5 个事件
27.            //声音点击事件
28.            voicelineDom.click(function(e){
29.                var old= voicelineDom.position().left;
30.                var currentX = e.pageX-old;          //通过鼠标的位置计算
31.                dom.volume= Math.round((100/45)*currentX)/
                 100>1?1:Math.round((100/45)*currentX)/100;
32.                voiceDom.css('left',e.pageX+"px");
33.            });
34.        //进度条拖放程序
35.            (function(){
36.                var isDraging= false;
37.                var _minX= currentCircleDom.position().left;
38.                var _maxX= allTimeDom.position().left
39.                var Start= function(){
40.                    $(document).bind("mousemove",function(e){
                        //鼠标移动
41.                        if(isDraging){
42.                            clearInterval(timeInterval);
43.            if(e.pageX<_minX||e.pageX>_maxX){return false;}
44.            currentCircleDom.css({"left":e.pageX+"px"});
45.            isPlayLineDom.width((e.pageX - isPlayLineDom.
             position().left)+"px");
46.                        }
47.                    });
48.                    $(document).bind("mouseup",function(e){
                        //鼠标松开
49.                        if(isDraging){
50.                            $(document).unbind("mousemove");
51.                            isDraging=false;
52.                            ChangeProcess(e);
53.                        }
54.                    });
55.                    isDraging     = true;   //鼠标按下时，标示可以拖动
56.                };
```

```
57.                    currentCircleDom.on("mousedown",Start);        //鼠标按下
58.                })();
59.            //声音拖放
60.            (function(){
61.                var _minXX = voicekuaiDom.position().left-24;
62.                var _maxXX= _minXX+45;
63.                var isVoiceDraging    = false;
64.                var Start = function(){
65.                    $(document).bind("mousemove",function(e){     //鼠标移动
66.                        if(isVoiceDraging){
67.                            if(e.pageX<_minXX||e.pageX>_maxXX){return false;}
68.                            var currentX = e.pageX-_minXX;
69.                            voicekuaiDom.css({"left":e.pageX+"px"});
70.                            dom.volume = (100/45)*currentX/100;
71.                        }
72.                    });
73.                    $(document).bind("mouseup",function(e){        //鼠标松开
74.                        if(isVoiceDraging){
75.                            $(document).unbind("mousemove");       //解除绑定
76.                            isVoiceDraging=false;
77.                        }
78.                    });
79.                    isVoiceDraging = true;            //鼠标按下时，标示可拖动
80.                };
81.                voicekuaiDom.on("mousedown",Start);
82.            })();
83.        })();
84.        //全屏操作
85.        var fullScreen = function(el){
86.            var pfix= ['webkit','moz','o','ms','khtml'];
                        //循环判断不同浏览器是否支持全屏
87.            var fix = '';
88.            for(var i=0;i<pfix.length;i++){
89.                if(typeof document[pfix[i] + 'CancelFullScreen' ] !=
                        'undefined'){
90.                    fix = pfix[i];
91.                    break;
92.                }
93.            }
94.            if(fix === ''){ alert('浏览器不支持!'); }
95.            el[fix + 'RequestFullScreen']();
96.        };
97.    //播放视频
98.    var startVideo=function(){
99.        dom.play();
100.        timeInterval = setInterval(function(){
101.            //根据时间计算进度条位置
```

```
102.         var currentLine = parseInt(dom.currentTime)*((lineLength-12)/
                  parseInt(dom.duration));
103.              //显示当前播放时间
104.         currentDom.html(Convert(dom.currentTime));
105.              //移动进度条位置
106.         isPlayLineDom.width(currentLine+4);
107.         currentCircleDom.css("left",currentLine+isPlayLineDom.
                  position().left+"px");
108.              //如果播放完毕则重置
109.         if(dom.ended) EndVideo();
110.       },500);
111.     };
112.     //播放结束后的方法
113.     var EndVideo=function(){
114.         changeStatus(true);
115.         currentDom.html("00:00:00");
116.         isPlayLineDom.width(0);
117.         currentCircleDom.css("left",lineDom.position().left+2);
118.         clearInterval(timeInterval);
119.     };
120.     //暂停视频
121.     var stopVideo=function(){
122.         dom.pause();
123.         clearInterval(timeInterval);
124.     };
125.     //改变播放器的状态
126.     var changeStatus=function(bool){
127.         if(dom.paused&&!bool){
128.         startDom.find("img").attr("src","Images/start.jpg");
129.             uiplayDom.hide()
130.             }else{
131.         startDom.find("img").attr("src","Images/stop.jpg");
132.             uiplayDom.show();
133.             }
134.     };
135.     //播放暂停按钮
136.     var PlaybackControl=function(){
137.         changeStatus(false);
138.         if(dom.paused)
139.             startVideo();
140.         else
141.             stopVideo();
142.     };
143.     //Change 进度条
144.     var ChangeProcess=function(e){
145.         stopVideo();
146.       var positionRelative=parseInt(e.pageX - lineDom.position().left);
```

146

```
147.          dom.currentTime=(positionRelative/(lineLength))*dom.duration;
148.          changeStatus();
149.          startVideo();
150.      };
151.      //将秒转换为时分秒的格式
152.      var Convert=function(seconds){
153.          var hh,mm,ss;
154.          //传入的时间为空或小于 0
155.          if(seconds==null||seconds<0) return;
156.          //得到小时
157.          hh        = seconds/3600|0;
158.          seconds   = parseInt(seconds)-hh*3600;
159.          if(parseInt(hh)<10) hh="0"+hh;
160.          //得到分
161.          mm        = seconds/60|0;
162.          //得到秒
163.          ss        = parseInt(seconds)-mm*60;
164.          if(parseInt(mm)<10) mm="0"+mm;
165.          if(ss<10) ss="0"+ss;
166.          return hh+":"+mm+":"+ss;
167.      };
168.  };
```

将代码保存为 js 文件,在 html 页面中引入后,需要用下面的代码实例化才能让播放器正常跑动起来。

```
<script>
    $(function(){
            new  zPlayer(700,".zPlayer");
    });
</script>
```

其中$()方法接受一个回调函数,意思是在文档准备好之后才执行这个方法,这是一个由 jQuery 库提供的核心功能,是网络及本书中最常见的代码。到这里,自定义的个性化播放器基本上就完成了,能够在 Firefox、Chrome 甚至傲游浏览器最新版中运行起来。

这个范例仅仅提供了一些基本思路,读者还可以扩展出一些根据时间变化的字幕信息,网络上有些视频网站提供的开关灯功能等。

Mozilla 官网还提供了更多关于视频和音频 API 的最新参考,读者可前去查阅。

9.6 相关参考

- https://developer.mozilla.org/zh-CN/docs/HTML/Element/video。
- https://developer.mozilla.org/en-US/docs/Web/HTML/Element/audio。

第 10 章 用 CSS3 画一个哆啦 A 梦

这世上没有什么是别人做得到但是你做不到的事情！

——哆啦 A 梦对大雄如此说

CSS3 在第 9 章就已经初步介绍，它让网页元素在背景和边框、文本效果和动画等方面拥有更为丰富的表现力，使我们能够用代码自如地编织一个美丽的梦——哆啦 A 梦。

本章主要知识点：

- 圆角边框
- 阴影
- 定位
- 渐变

10.1 CSS3 简介

当人类祖先第一次将狩猎得到的动物羽毛插在头上，将拾到的漂亮石头串在一起挂在身前，用自然界得来的染料描画自己的身体开始，对美的追求就是人类最永恒的事。互联网时代依然不会落下这样重要的东西，CSS3 可以说是为互联网的美而生的。

10.1.1 CSS3 历史情况

CSS 是 Cascading Style Sheet 的缩写，译作"层叠样式表单"，是用于（增强）控制网页样式并允许将样式信息与网页内容分离的一种标记性语言。

在前面第 3 章中介绍过 CSS 和 HTML、JavaScript 之间的关系，从图 3-1 可以知道 CSS 占据相当大的份额，可以说历来就很重要。那么 CSS3 的前世今生究竟又是怎样呢？

很多人都知道大名鼎鼎的 W3C，接触过网络技术的人也听说过 CSS，很少有人知道 CSS 其实比 W3C 还更为古老。

1994 年，W3C 还未成立，一个叫伯特·波斯（Bert Bos）的程序员正在设计一个叫作

Argo 的浏览器，而另一个叫哈坤·利的人提出了 CSS 的最初建议。由于志趣相投，两人一拍即合决定一起设计 CSS。

在 CSS 中，一个文件的样式可以从其他样式表中继承下来。读者在有些地方可以使用自己更喜欢的样式，在其他地方则继承或"层叠"原来的样式。这种层叠的方式使作者和读者都可以灵活地加入自己的设计，混合个人的爱好。

他们觉得非常有前景，哈坤于 1994 年在芝加哥的一次会议上第一次展示了 CSS 的设计构想，1995 年他与波斯一起再次展示了这个构想。这个时候 W3C 才刚刚建立，但是 W3C 对 CSS 的发展很感兴趣，它为此组织了一次讨论会。哈坤、波斯和其他一些人（比如微软的托马斯·雷尔登）成为这个项目的主要技术负责人。

1996 年底，CSS 已经完成，1996 年 12 月，CSS 的第一版本被出版。

1997 年初，W3C 组织了专门管 CSS 的工作组，其负责人是克里斯·里雷。这个工作组开始讨论第一版中没有涉及的问题，其结果是 1998 年 5 月出版 CSS 的第二版。

- 1996 年 W3C 正式推出 CSS 1。
- 1998 年 W3C 正式推出 CSS 2。
- 1999 年 W3C 重新修订 CSS 1。
- 2001 年 W3C 提出 CSS3 草案。
- 2007 年 W3C 提出 CSS 2.1 草案。

至今而言，兼容性最好和使用范围最广泛的是 CSS 2.1 版，CSS3 版本还在开发完善之中，在触屏设备中 CSS3 的使用率还是非常高的。

10.1.2　CSS3 的支持情况

主流浏览器 Chrome、Safari、Firefox、Opera 对 CSS3 都有很好的支持，IE 9 对 CSS3 有所支持，IE 8 及之前的版本则基本不支持 CSS3。

下面用一组数字来说明（来源于 http://caniuse.com）各浏览器对 CSS3 的支持情况。Firefox 自第 4 版起就支持 65%以上，目前版本已接近 95%；Chrome 自第 10 版起就支持超过 65%，目前版本也已接近 95%；Safari 自第 4 版起支持达 64%，目前版本达到 80%；Opera 第 12 版起支持超过 65%，目前版本接近 90%；而 IE 第 9 版（习惯称为 IE 9）才支持 55%，目前版本 IE 11 才支持到 80%左右。

10.2　阴影和文本阴影

在第 7 章介绍 HTML5 的新特性时也介绍过 CSS3 的一些重要变化，其中笔者认为最有意思的就是阴影。它曾经在 CSS 2 中出现过，或许因为太超前，在 CSS 2.1 中又被去掉，如今这个"胡汉三"又回来了，到底是什么魅力让 CSS3 再也阻挡不住它回归的脚步呢？本节就专门来学习阴影。

10.2.1 阴影（box-shadow）

做过设计的朋友可能最清楚，2000 年问世的 Photoshop 6.0（如图 10-1 所示）提供了一个功能叫作"图层样式"→"投影"，它专门做和 shadow 类似的事情。这里是 shadow 而不是 box-shadow，为什么呢？因为它也能处理字体。这个为前端立下汗马功劳的巨匠，早在十几年前就默默为 box-shadow 和 text-shadow 积攒人气。

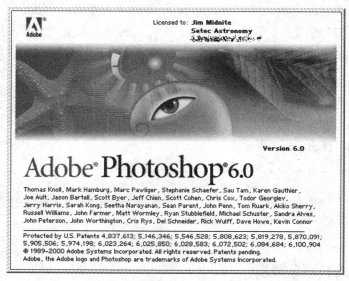

图 10-1 前端功臣 Photoshop 6.0

box-shadow 属性的作用是向框添加一个或多个阴影或者投影。它和 Photoshop 一样可以给任意有边框的对象加阴影，如图片等。从表 10-1 可以看出当今市面上很多浏览器都支持。

表 10-1 各浏览器对 box-shadow 属性最早开始支持的版本

浏览器 特性	IE	Safari	Firefox	Opera	Chrome	Android Browser
box-shadow	9	5.1	4	10.5	10	4.0

box-shadow 属性值是由逗号分隔的阴影列表，每个阴影有 2~4 个参数，参数由数值、可选的颜色值以及可选的 inset 关键词来规定。省略数值的话默认值是 0，请看表 10-2 中的详细说明。

表 10-2 box-shadow 属性语法

值	说明
h-shadow	必需，水平阴影的位置，允许负值
v-shadow	必需，垂直阴影的位置，允许负值
blur	可选，模糊距离
spread	可选，阴影的尺寸
color	可选，阴影的颜色
inset	可选，将外部阴影（outset）改为内部阴影

box-shadow 属性设置边框阴影的语法如下：

```
box-shadow : h-shadow v-shadow blur spread color inset;
```

下面通过实例让大家直观感受一下 box-shadow 的用途。图 10-2 是在 Firefox 的 Firebug 插件中通过"所见即所得"的方式调试 box-shadow 属性，第一组"1px 1px 3px green"表示阴影在右边和下边，颜色是绿色，而第二组"-1px -1px 3px blue"则表示阴影在左边和上边，颜色是蓝色。使用 box-shadow 这种设置多重阴影的能力可以创造出五彩斑斓的投影。

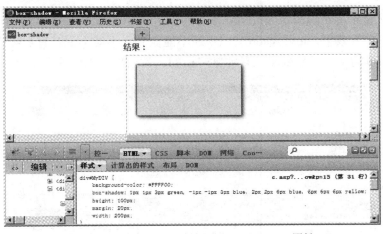

图 10-2 在 Firebug 中动态调试 box-shadow 属性

只设置不同方向的阴影，如右边和底边，就能够真实地模拟出自然光线照射产生的阴影，类似 Photoshop 提供的投影的图层样式，只不过 Photoshop 中多了角度的调整。

10.2.2 文本阴影（text-shadow）

text-shadow 和 box-shadow 功能大致相同，只是使用的对象不同而已，前者用于文字，后者用于除文字以外的其他对象，另外，在表 10-3 可以发现很多标准浏览器在更早的时候就支持文本阴影，而 IE 则较晚支持，真是有违常理，正因如此，文本阴影在 IE 下一度使用 IE 独有的滤镜（如 filter:glow）勉强可以兼容。

表 10-3 各浏览器对 text-shadow 属性最早开始支持的版本

特性 \ 浏览器	IE	Safari	Firefox	Opera	Chrome	Android Browser
text-shadow	10	4	3.5	9.5	4	2.1

text-shadow 的使用语法（说明见表 10-4）和 box-shadow 大致相同：

```
text-shadow : h-shadow v-shadow blur color;
```

表 10-4 box-shadow 属性语法

值	说明
h-shadow	必需，水平阴影的位置，允许负值
v-shadow	必需，垂直阴影的位置，允许负值
blur	可选，模糊距离
color	可选，阴影的颜色

因为文字一般显示面积都不大，所以不会有内外阴影的选项，而 Photoshop 能够做到的那些浮雕、凹陷字等效果，text-shadow 似乎还不能做到，不能不说是有点美中不足。不管怎样，做一个最简单的文本阴影效果还是非常轻松的，效果如图 10-3 所示。

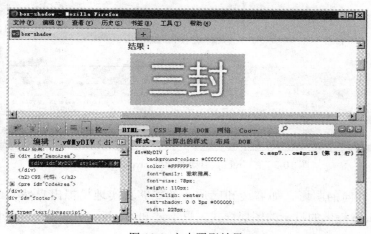

图 10-3 文本阴影效果

此处设置大的字号是为了演示方便，常规大小的文本也是有阴影效果的，其中代码"text-shadow:0 0 5px #000000"的意思是阴影不位移，四周都有，产生的效果就是 Photoshop 中的描边，阴影长度为 5px，颜色为黑色。

10.3 圆角

很多人都知道苹果手机中的矩形圆角图标，只是很少有人知道苹果公司为"便携式显示设备"的矩形圆角外观设计申请了专利。由此可见，圆角对于重视设计的苹果公司来说是多么重要，它在现代设计中起着重要的审美作用。

10.3.1 圆角（border-radius）属性

圆角属性是一个简写属性，用于设置 4 个 border-*-radius 属性，一般支持 border-radius 属性就会支持 border-*-radius 属性。表 10-5 是各大浏览器最早开始支持 border-radius 的版本列表，这个表中的数据预示着可以在更大的范围内使用 border-radius。

表 10-5 各浏览器对 border-radius 属性最早开始支持的版本

特性 　　 浏览器	IE	Safari	Firefox	Opera	Chrome	Android Browser
border-radius	9	5	4	10.5	5	2.2

border-radius 接受 1~4 个带单位的数值，单位接受 px、em 和%，4 个值书写顺序分别控制左上角（border-top-left-radius）、右上角（border-top-right-radius）、右下角（border-bottom-right-radius）和左下角（border-bottom-left-radius）。

如果只设置 3 个值，即省略左下角，左下角则与右上角相同。如果设置 2 个值，则对角是相同的。如果只设置 1 个值，则 4 角相同。直观效果如图 10-4 所示。

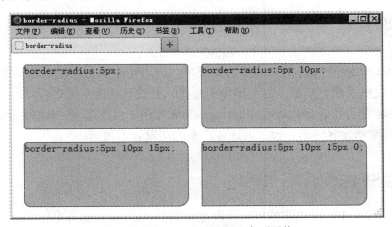

图 10-4 border-radius 设置 4 个不同值

可以分别控制 4 个角，只是由于名称太长，会导致 CSS 文件体积增大，建议使用简写方式，当然特殊需求例外。

10.3.2 圆角变圆与半圆

有了 border-radius，要实现半圆和圆的效果就相对容易了，图 10-5 中从左到右，分别是正圆和半圆。

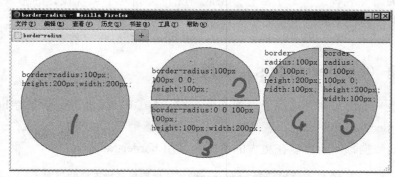

图 10-5 border-radius 实现圆和半圆

实现圆的要点是控制高度、宽度和圆半径，比如图 10-5 中左边第 1 个是正圆，也就是高宽和圆角尺寸一致；第 2 个是上半圆，也就是左上角和右上角尺寸和高度一致，宽度是 2 倍；第 3 个是下半圆，也就是右下角和左下角尺寸与高度一致，宽度是 2 倍；第 4 个是左半圆，也就是左上角和左下角尺寸与宽度一致，高度是 2 倍；第 5 个是右半圆，右上角和右下角尺寸与宽度一致，高度是 2 倍。

可能有读者会问，能做任意角度的半圆吗？答案是肯定的，利用 transform:rotate($x$deg)可以旋转成指定角度，将 x 设置成 0~360 的正负值即可。

10.4 渐变

渐变在 Photoshop 中使用的时间比阴影更早，使用范围也更广泛，包括最常用的办公软件 Word 都很早提供了渐变功能，浏览器中的渐变只能说是姗姗来迟。

CSS3 中的渐变函数是 gradient，linear-gradient 专用于线性渐变，radial-gradient 专用于放射渐变，由于浏览器发展各不一致，因此各厂家的实现各不相同。

10.4.1 线性渐变

先来看看表 10-6 中各个浏览器对线性渐变函数 linear-gradient 的支持情况。

表 10-6 各浏览器对 linear-gradient 属性最早开始支持的版本

特性＼浏览器	IE	Safari	Firefox	Opera	Chrome	Android Browser
linear-gradient	10	7	16	12.1	26	2.1 -webkit-

Firefox 和 Chrome 浏览器在很早的版本中就支持带前缀的 linear-gradient，而移动设备中的 Android Browser 截至 2016 年底还未支持，只能用加前缀的-webkit-linear-gradient。

- Firefox 的前缀是-moz-，即-moz-linear-gradient。
- Chrome 的前缀是-webkit-，即-webkit-linear-gradient。
- Opera 的前缀是-o-，即-o-linear-gradient。
- IE 的前缀是-ms-，即-ms-linear-gradient。

通过几个不同的实例（如图 10-6 所示）看一下如何使用线性渐变 linear-gradient，这些实例分别控制不同方向、渐变色彩、起始距离等。

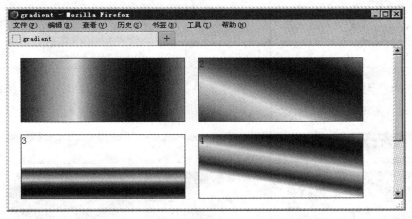

图 10-6 使用线性渐变 linear-gradient

其主要的 CSS 代码如下：

```
.linear1{background: linear-gradient(to right,#ff0000,orange,yellow, green,
blue,indigo,violet);}
.linear2{background: linear-gradient(to right top,red,orange,yellow, green,
blue,indigo,violet);}
.linear3{background: linear-gradient(to bottom,transparent 50%,red,orange,
yellow, green, blue,indigo,violet);}
.linear4{background: linear-gradient(10deg,transparent 30%,red,orange,
yellow, green, blue,indigo,violet);}
```

- linear1 表示从左到右线性渐变，用 "to right" 表示，相当于 "90deg"，后面是一组颜色值。

- linear2 表示左下角到右上角渐变，用"to right top"表示，相当于沿对角线渐变，这里不相当于"45deg"，因为对角线与底边的夹角在矩形下不一定是45°。
- linear3 表示从上向下渐变，相当于"180deg"，这是这里的起始颜色，用"transparent 50%"控制为透明，范围是一半，所以渐变真正的起始是从 50%的位置开始。
- linear4 表示沿角度 10 的方向渐变，除去透明区域，渐变是从 30%的位置真正开始。其中渐变宽度可以接受百分比或 em、px、pt 等 CSS 允许的带单位的值。

10.4.2 放射渐变

各个浏览器对放射渐变函数 radial-gradient 的支持和对线性渐变函数的支持情况相差不多，如表 10-7 所示。

表 10-7 各浏览器对 radial-gradient 属性最早开始支持的版本

特性 ＼ 浏览器	IE	Safari	Firefox	Opera	Chrome	Android Browser
radial-gradient	10	7	16	12.1	26	2.1 -webkit-

放射渐变的使用和线性渐变类似，只是各个浏览器在支持上有些差异，下面通过几个实例来说明其用法，如图 10-7 所示。

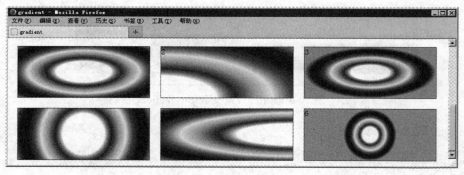

图 10-7 使用放射渐变 radial-gradient

图 10-7 实例的 CSS 代码如下：

```css
.radial1{background: radial-gradient(transparent 30%,red,orange,yellow,
green, blue,indigo,violet);}
.radial2{
  background: -moz-radial-gradient(bottom left,transparent 30%,red, orange,
  yellow, green, blue,indigo,violet);
  background: -webkit-radial-gradient(bottom left,transparent 30%,red,
  orange,yellow, green, blue,indigo,violet);
```

```
}
.radial3{
   background: -moz-radial-gradient(contain,transparent 30%,red,orange,
   yellow, green, blue,indigo,violet);
   background: -webkit-radial-gradient(contain,transparent 30%,red,orange,
   yellow, green, blue,indigo,violet);
}
   .radial4{background: radial-gradient(circle,transparent 30%,red,
   orange,yellow, green, blue,indigo,violet);}
   .radial5{
   background: -moz-radial-gradient(right,transparent 30%,red,orange,yellow,
   green, blue,indigo,violet);
   background: -webkit-radial-gradient(right,transparent 30%,red,orange,
   yellow, green, blue,indigo,violet);
}
.radial6{
   background: -moz-radial-gradient(circle closest-side,transparent
   30%,red,orange,yellow, green, blue,indigo,violet);
   background: -webkit-radial-gradient(circle closest-side,transparent 30%,
   red,orange,yellow, green, blue,indigo,violet);
}
```

- radial1 表示居中填充一个放射渐变，这个功能各大浏览器均支持，无须使用私有前缀实现。
- radial2 表示从左下角开始填充一个放射渐变，由于浏览器未支持标准函数 radial-gradient，所以需要用私有前缀来实现，笔者仅列举了 Firefox 和 Chrome，其他浏览器同理。
- radial3 和.radial1 类似，只是容器完全包容填充的放射渐变。
- radial4 表示填充方式是圆形而非椭圆。
- radial5 表示从某个方向开始填充，这里是从 right 开始。
- radial6 表示用圆形填充，且容器完全包含填充的放射渐变。

通过代码可以发现，部分浏览器目前仍然不支持 radial-gradient 的一些特殊用法，所以读者在实际生产过程中可能还需要用私有前缀来兼容不同浏览器。

10.5 综合应用——画一个哆啦 A 梦

前面几小节是对阴影、圆角和渐变的学习，本章节就运用这些功能来完成一个综合实例——用 CSS3 画一个哆啦 A 梦（如图 10-8 所示），为了让它在 IE 6 下也能看到大致效果，后面的代码中做了一些兼容。

157

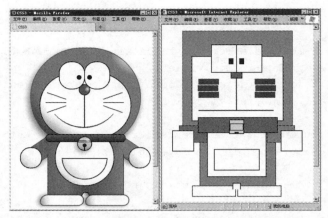

图 10-8　在 Firefox 和 IE 6 下用 CSS3 绘制的哆啦 A 梦

10.5.1　头部和脸部

首先来制作头部和脸部。先放置一个 div，class 起名为 doraemon 以便进行整体控制，然后在 doraemon 中添加一个 class 名为 head 的 div，head 包含 eyes 和 face 两大块 div，分别用于绘制眼睛和脸，更多细节请看【范例 10-1】。

【范例 10-1　头和脸的 HTML 代码】

```
1.<div class="head">
2.    <div class="eyes">
3.         <div class="eye left"><div class="black bleft"></div></div>
4.         <div class="eye right"><div class="black bright"></div></div>
5.    </div>
6.    <div class="face">
7.         <div class="white"></div>
8.         <div class="nose"><div class="light"></div></div>
9.         <div class="nose_line"></div>
10.        <div class="mouth"></div>
11.        <div class="whiskers">
12.        <div class="whisker rTop r160"></div>
13.            <div class="whisker rt"></div>
14.            <div class="whisker rBottom r20"></div>
15.            <div class="whisker lTop r20"></div>
16.            <div class="whisker lt"></div>
17.            <div class="whisker lBottom r160"></div>
18.        </div>
19.    </div>
20.</div>
```

哆啦 A 梦的头不是正圆，将其设置为宽 320px、高 300px 的一个椭圆，这里会用到

158

border-radius 属性让它变成椭圆形的头，用 radial-gradient 填充一个从右上角开始的放射性渐变，脸的左下角用 box-shadow 设置一个阴影模拟自然光线使之有立体感，除胡子需要用 transform 做角度变形之外，其他都是一些线条和圆块，详细设置请看【范例 10-2】。

【范例 10-2　头部和脸的 CSS3 代码】

```
1.      /*让元素可自由定位*/
2.      .doraemon{position:relative;}
3.      .doraemon .head{
4.          width:320px;height:300px;           /*扁扁的头，非正圆*/
5.          border-radius:150px;                /*圆脸，让方形角变成圆角*/
6.          background:#07bbee;              /*脸的颜色，兼容所有的浏览器*/
7.          /*这个放射渐变使头右上角有白色高光，头的左下角有黑色阴影*/
8.          background:-webkit-radial-gradient(right top,#fff 10%,#07bbee 20%,
            #10a6ce 75%,#000);
9.          background:-moz-radial-gradient(right top,#fff 10%,#07bbee 20%,
            #10a6ce 75%,#000);
10.         background:-ms-radial-gradient(right top,#fff 10%,#07bbee 20%,
            #10a6ce 75%,#000);
11.         border:#555 2px solid;
12.         box-shadow:-5px 10px 15px rgba(0,0,0,0.45);
13.         position:relative;
14.     }
15.     /*让所有脸部元素可自由定位*/
16.     .doraemon .face{ position:relative;z-index:2;}
17.     /*白色脸底*/
18.     .doraemon .face .white{
19.         border:#000 2px solid;
20.         width:265px;height:195px;
21.         border-radius: 150px 150px;
22.         position:absolute;
23.         top:75px;left:25px;
24.         background:#fff;
25.         /*此放射渐变也是使脸的左下角暗一些，看上去更真实*/
26.         background: -webkit-radial-gradient(right top,#fff 75%,#eee 80%,
            #999 90%,#444);
27.         background: -moz-radial-gradient(right top,#fff 75%,#eee 80%,#999
            90%,#444);
28.         background: -ms-radial-gradient(right top,#fff 75%,#eee 80%,#999
            90%,#444);
29.     }
30.     /*鼻子*/
31.     .doraemon .face .nose{
32.         background:#C93300;
33.         width:30px;height:30px;
34.         border:2px solid #000;
```

```
35.          border-radius:30px;
36.          position:absolute;/*绝对定位*/
37.          top:110px;left:140px;
38.          z-index:3;
39.      }
40.   /*鼻子上的高光*/
41.   .doraemon .face .nose .light{
42.          border-radius: 5px;box-shadow: 19px 8px 5px #FFF;
43.          height:10px;width:10px;
44.      }
45.   /*鼻子下的线*/
46.   .doraemon .face .nose_line{
47.          background:#333;
48.          width:3px;height:100px;
49.          top:143px;left:155px;
50.          position:absolute;
51.          z-index:3;
52.      }
53.   /*嘴巴*/
54.   .doraemon .face .mouth{
55.          width:220px;height:400px;
56.          border-bottom:3px solid #333;
57.          border-radius:120px;
58.          position:absolute;
59.          top:-160px;left:45px;
60.      }
61.   /*眼睛*/
62.   .doraemon .eyes{position:relative; z-index:3;}
63.   .doraemon .eyes .eye{
64.          position:absolute;top:40px;
65.          width:72px;height:82px;
66.          background:#fff;
67.          border:2px solid #000;
68.          border-radius: 35px 35px;
69.      }
70.   .doraemon .eyes .eye .black {
71.       width:14px;height:14px;
72.       background: #000;
73.       border-radius: 14px;
74.       position:relative;top:40px;
75.      }
76.   .doraemon .eyes .left{left: 82px;}
77.   .doraemon .eyes .right{left: 156px;}
78.   .doraemon .eyes .eye .bleft{left: 50px;}
79.   .doraemon .eyes .eye .bright{left: 7px;}
```

```
80.     /*胡须背景，主要用于挡住嘴巴的一部分，不要显得太长*/
81.     .doraemon .whiskers{
82.             background:#fff;
83.             width:220px;height:80px;
84.             position:relative;
85.             top:120px;left:45px;
86.             border-radius:15px;
87.             z-index:2;
88.     }
89.     /*所有胡子的公用样式*/
90.     .doraemon .whiskers .whisker{
91.             background:#333;
92.         height: 2px;width: 60px;
93.         position: absolute;z-index:2;
94.     }
95.     /*右上部分的胡子*/
96.     .doraemon .whiskers .rTop{
97.             left:165px;top:25px;
98.     }
99.     .doraemon .whiskers .rt{
100.            left: 167px;top:45px;
101.    }
102.    .doraemon .whiskers .rBottom{
103.            left:165px;top:65px;
104.    }
105.    /*左上部分的胡子*/
106.    .doraemon .whiskers .lTop{
107.            left:0;top:25px;
108.    }
109.    .doraemon .whiskers .lt{
110.            left:-2px;top:45px;
111.    }
112.    .doraemon .whiskers .lBottom{
113.            left:0;top:65px;
114.    }
115.    /*胡子旋转角度*/
116.    .doraemon .whiskers .r160{
117.            transform:rotate(160deg);-webkit-transform:rotate(160deg);
118.    }
119.    .doraemon .whiskers .r20{
120.            transform: rotate(20deg);-webkit-transform:rotate(20deg);
121.    }
```

10.5.2　脖子和铃铛

脖子的围巾需要注意的是层次级别，应该放置在最高层，另外需要用线性渐变。铃铛是圆形，用 border-radius 可以完成，HTML 代码请看【范例 10-3】。

【范例 10-3　脖子和铃铛的 HTML 代码】

```
1. <div class="choker">
2.    <div class="bell">
3.          <div class="bell_line"></div>
4.          <div class="bell_circle"></div>
5.          <div class="bell_under"></div>
6.          <div class="bell_light"></div>
7.    </div>
8. </div>
```

这个 choker 放置在 doraemon 中的 head 之后，对应的 CSS3 代码请看【范例 10-4】。

【范例 10-4　脖子和铃铛的 CSS3 代码】

```
1.     /*围脖*/
2.     .doraemon .choker{
3.         position: relative;z-index:4;
4.         top: -40px;left: 45px;
5.         background:#C40;
6.         /*线性渐变 让围巾看上去更自然*/
7.         background: -webkit-gradient(linear,left top,left bottom,
           from(#C40),to(#800400));
8.         background: -moz-linear-gradient(center top,#C40,#800400);
9.         background: -ms-linear-gradient(center top,#C40,#800400);
10.        border: 2px solid #000000;
11.        border-radius: 10px 10px 10px 10px;
12.        height: 20px;width: 230px;
13.     }
14.     /*铃铛*/
15.     .doraemon .choker .bell{
16.         width:40px;height:40px; _overflow:hidden;/*IE6 hack*/
17.         border-radius:50px;
18.         border:2px solid #000;
19.         background:#f9f12a;
20.         /*线性渐变 让铃铛看上去更自然*/
21.         background: -webkit-gradient(linear, left top, left bottom,
           from(#f9f12a),color-stop(0.5, #e9e11a), to(#a9a100));
22.         background:-moz-linear-gradient(top,#f9f12a,#e9e11a 75%,#a9a100);
23.         background:-ms-linear-gradient(top,#f9f12a, #e9e11a 75%,#a9a100);
24.         box-shadow:-5px 5px 10px rgba(0,0,0,0.25);
```

```
25.          position:relative;
26.          top:5px;left:90px;
27.     }
28.     /*双横线*/
29.     .doraemon .choker .bell_line{
30.          background:#F9F12A;
31.          border-radius: 3px 3px 0px 0px;
32.          border: 2px solid #333333;
33.          height: 2px;width: 36px;
34.          position: relative; top: 10px;
35.     }
36.     /*铃铛上的孔*/
37.     .doraemon .choker .bell_circle {
38.          background:#000;
39.          border-radius: 5px;
40.          height: 10px;
41.          width: 12px;
42.          position: relative;
43.          top: 14px; left: 14px;
44.     }
45.     /*铃铛上孔下的缝隙*/
46.     .doraemon .choker .bell_under {
47.          background:#000;
48.          height: 15px;width: 3px;
49.          left: 18px;top: 10px;
50.          position: relative;
51.     }
52.     /*铃铛上的高光*/
53.     .doraemon .choker .bell_light {
54.          border-radius: 10px;
55.          box-shadow: 19px 8px 5px #FFF;
56.          height:12px;width:12px;
57.          left: 5px;top: -35px;
58.          position: relative;
59.          opacity: 0.7;
60.     }
```

通过实践，可以发现阴影和渐变能够更加逼真地模拟事物，使之看起来更加自然、更加富有立体感。

10.5.3　身体和四肢

身体部分主要有四肢和白色肚兜，外加肚兜上的魔法口袋，这是哆啦 A 梦最经典的识别标志之一。实现思路很简单，用矩形绘制身体，用圆绘制肚兜，用半圆绘制口袋即可，四肢也可以分解为矩形和圆，只是要变换一下角度。具体代码请看【范例 10-5】。

【范例 10-5 身体和四肢的 HTML 代码】

```
1.  <div class="bodys">
2.      <div class="body"></div>
3.      <div class="wraps"></div>
4.      <div class="pocket"></div>
5.      <div class="pocket_mask"></div>
6.  </div>
7.  <div class="hand_right">
8.      <div class="arm"></div>
9.      <div class="circle"></div>
10.     <div class="arm_rewrite"></div>
11. </div>
12. <div class="hand_left">
13.     <div class="arm"></div>
14.     <div class="circle"></div>
15.     <div class="arm_rewrite"></div>
16. </div>
17. <div class="foot">
18.     <div class="left"></div>
19.     <div class="right"></div>
20.     <div class="foot_rewrite"></div>
21. </div>
```

身体和四肢的 HTML 代码结构不复杂，在 CSS 代码中也仅需要注意两腿之间颜色要深一些才有立体感，否则就像一张纸皮，胳膊连接处用 div 遮挡一下身体矩形的连接线使之看上去更符合服装设计的常理。

接下来看看【范例 10-6】的 CSS 代码。

【范例 10-6 身体和四肢的 CSS 代码】

```
1.      .doraemon .bodys{position: relative;top:-310px;}
2.      /*肚子*/
3.      .doraemon .bodys .body{
4.          background:#07BEEA;                    /*不支持 CSS3 的 IE 会显示色块*/
5.          background:-webkit-gradient(linear,right top,left top,from(#07beea),
            color-stop(0.5, #0073b3),color-stop(0.75,#00b0e0), to(#0096be));
6.          background: -moz-linear-gradient(right center,#07beea,#0073b3
            50%,#00b0e0 75%,#0096be 100%);
7.          background: -ms-linear-gradient(right center,#07beea,#0073b3 50%,
            #00b0e0 75%,#0096be 100%);
8.          border: 2px solid #333;
9.          height: 165px;width: 220px;position: absolute;left: 50px;top:265px;
10.     }
```

```
11.      /*白色肚兜*/
12.      .doraemon .bodys .wraps{
13.          background:#FFF;                        /*不支持 CSS3 的 IE 会显示色块*/
14.          background: -webkit-gradient(linear, right top, left bottom,
             from(#fff),color-stop(0.75,#fff),color-stop(0.83,#eee),color-
             stop(0.90,#999),color-stop(0.95,#444), to(#000));
15.    background: -moz-linear-gradient(right top,#FFF,#FFF 75%,#EEE 83%,#999
       90%,#444 95%,#000);
16.          background: -ms-linear-gradient(right top,#FFF,#FFF 75%,#EEE
             83%,#999 90%,#444 95%,#000);
17.      border: 2px solid #000;
18.      border-radius: 85px;                       /*肚兜实际是一个大圆*/
19.      position: absolute; height:170px;width:170px;left:72px;top:230px;
20.      }
21.      /*口袋*/
22.      .doraemon .bodys .pocket{
23.          position:relative;width:130px;height:130px;
24.          border-radius:65px;
25.          background:#fff;                        /*不支持 CSS3 的 IE 会显示色块*/
26.          background: -webkit-gradient(linear, right top, left bottom,
             from(#fff),color-stop(0.70,#fff),color-stop(0.75,#f8f8f8),color-
             stop(0.80,#eee),color-stop(0.88,#ddd), to(#fff));
27.          background: -moz-linear-gradient(right top, #fff, #fff 70%,
             #f8f8f8 75%,#eee 80%,#ddd 88% , #fff);
28.          background: -ms-linear-gradient(right top, #fff, #fff 70%,#f8f8f8
             75%,#eee 80%,#ddd 88% , #fff);
29.          border:2px solid #000;top:250px;left:92px;
30.      }
31.      /*挡住口袋一半*/
32.      .doraemon .bodys .pocket_mask{
33.          position:relative;width:134px;height:60px;
34.          background:#fff;                        /*不支持 CSS3 的 IE 会显示色块*/
35.          border-bottom:2px solid #000;top:125px;left:92px;
36.      }
37.      /*右手*/
38.      .doraemon .hand_right{
39.          height: 100px;width: 100px;position: absolute;
40.          top: 272px;left: 248px;
41.      }
42.      /*左手*/
43.      .doraemon .hand_left{
44.          height: 100px;width: 100px;
45.          position: absolute; top: 272px;left:-10px;
46.      }
47.      /*手臂公共部分*/
```

```
48.    .doraemon .arm {
49.        background:#07BEEA;                    /*不支持 CSS3 的 IE 会显示色块*/
50.        background: -webkit-gradient(linear, left top, left bottom,
           from(#07beea),color-stop(0.85,#07beea), to(#555));
51.        background: -moz-linear-gradient(center top , #07BEEA, #07BEEA
           85%, #555);
52.        background: -ms-linear-gradient(center top , #07BEEA, #07BEEA 85%,
           #555);
53.      border: 1px solid #000000;
54.      box-shadow: -10px 7px 10px rgba(0, 0, 0, 0.35);
55.      height: 50px;width: 80px;z-index:-1;position: relative;
56.    }
57.  /*右手手臂*/
58.  .doraemon .hand_right .arm {
59.      top: 17px;transform: rotate(35deg);-webkit-transform:rotate(35deg);
60.  }
61.  /*左手手臂*/
62.  .doraemon .hand_left .arm {
63.    top:17px;background:#0096BE;box-shadow:5px-7px 10px rgba(0,0,0,0.25);
64.      transform: rotate(145deg);-webkit-transform:rotate(145deg);
65.  }
66.  /*圆形手掌公共部分*/
67.  .doraemon .circle{
68.        position:absolute;
69.        width:60px;height:60px;
70.        border-radius:30px;
71.        border:2px solid #000;
72.        background:#fff;                    /*不支持 CSS3 的 IE 会显示色块*/
73.        background: -webkit-gradient(linear, right top, left bottom,
           from(#fff),color-stop(0.5,#fff),color-stop(0.70,#eee),color-stop
           (0.8,#ddd), to(#999));
74.        background: -moz-linear-gradient(right top, #fff, #fff 50%, #eee
           70%, #ddd 80%,#999);
75.    }
76.  /*右手手掌*/
77.  .doraemon .hand_right .circle{
78.    left:40px;top:32px;
79.  }
80.  /*左手手掌*/
81.    .doraemon .hand_left .circle{
82.        left:-20px;top:32px;
83.    }
84.    /*手臂和身体结合处*/
85.    .doraemon .arm_rewrite{
86.        background:#07BEEA;
```

```
87.        height: 45px;width:5px;position: relative;
88.    }
89.    /*右手结合处*/
90.    .doraemon .hand_right .arm_rewrite{
91.        top: -45px;left:22px;
92.    }
93.    /*左手结合处*/
94.    .doraemon .hand_left .arm_rewrite{
95.        top: -45px;left:60px;background:#0096be
96.    }
97.    /*脚*/
98.    .doraemon .foot {
99.        height: 40px;left: 20px;
100.       position: relative; top: -141px;width: 280px;
101.   }
102.   /*左脚*/
103.   .doraemon .foot .left {
104.      background:#fff;
105.      background: -webkit-gradient(linear, right top, left bottom,from
           (#fff),color-stop(0.75,#fff),color-stop(0.85,#eee),to(#999));
106.      background: -moz-linear-gradient(right top , #fff, #fff 75%, #EEE
           85%, #999);
107.      background: -ms-linear-gradient(right top, #fff, #fff 75%, #EEE 85%,
           #999);
108.      border: 2px solid #333;
109.      border-radius: 80px 60px 60px 40px;
110.      box-shadow: -6px 0 10px rgba(0, 0, 0, 0.35);
111.      height: 30px;left: 8px;position: relative;top:65px; width: 125px;
112.   }
113.   /*右脚*/
114.   .doraemon .foot .right {
115.       background:#fff;
116.       background: -webkit-gradient(linear, right top, left bottom, from
           (#fff),color-stop(0.75,#fff),color-stop(0.85,#eee),    to(#999));
117.      background: -moz-linear-gradient(right top , #fff, #fff 75%, #EEE
           85%, #999);
118.     background: -ms-linear-gradient(right top , #fff, #fff 75%, #EEE 85%,
           #999);
119.      border: 2px solid #333;
120.      border-radius: 80px 60px 60px 40px;
121.      box-shadow:-6px 0px 10px rgba(0,0,0,0.35);
122.      height: 30px;width: 125px;top:31px;left:141px;position: relative;
123.   }
124.   .doraemon .foot .foot_rewrite{
125.        position:relative;top:-11px;left:130px;_left:127px;
```

167

```
126.          width:20px;height:10px;background:#fff;
                /*用一个半圆来模拟双脚之间的缝隙*/
127.          background: -webkit-gradient(linear, right top, left bottom,
              from(#666),color-stop(0.83,#fff), to(#fff));
128.          background: -moz-linear-gradient(right top, #666, #fff 83%, #fff);
129.          background: -ms-linear-gradient(right top, #666, #fff 83%, #fff);
130.          border-top:2px solid #000;
131.          border-right:2px solid #000;
132.          border-left:2px solid #000;
133.          border-top-right-radius:40px;
134.          border-top-left-radius:40px;
135.     }
```

到这里，基本大功告成，对于不支持 CSS3 的 IE 6 也能看到大概的样子，只是 IE 6 下的机器猫像一个"苦瓜脸"。

10.5.4 让眼睛动起来

眼睛是心灵的窗户，那么眼睛应该更加有活力一些才是，就让眼睛动起来吧！利用 keyframes 设置一个定时动画，让 black 眼睛移动位置即可。动画的详细用法将在第 11 章介绍，这里先让读者预览一下。

```
/*让眼睛动起来，自定义一个定时动画函数*/
@-webkit-keyframes eyemove{
    80%{margin:0;}
    85%{margin:-20px 0 0 0;}
    90%{margin:0 0 0 0;}
    93%{margin:0 0 0 7px;}
    96%{margin:0 0 0 0;}
}
@-moz-keyframes eyemove{
    80%{margin:0;}
    85%{margin:-20px 0 0 0;}
    90%{margin:0 0 0 0;}
    93%{margin:0 0 0 7px;}
    96%{margin:0 0 0 0;}
}
@-ms-keyframes eyemove{
    80%{margin:0;}
    85%{margin:-20px 0 0 0;}
    90%{margin:0 0 0 0;}
    93%{margin:0 0 0 7px;}
    96%{margin:0 0 0 0;}
}
```

```
/*调用自定义的动画*/
.doraemon .eyes .eye .black {
    -webkit-animation-name: eyemove;
    -webkit-animation-duration: 5s;
    -webkit-animation-timing-function: linear;
    -webkit-animation-iteration-count: 20000;
    -moz-animation-name: eyemove;
    -moz-animation-duration: 5s;
    -moz-animation-timing-function: linear;
    -moz-animation-iteration-count: 20000;
    -ms-animation-name: eyemove;
    -ms-animation-duration: 5s;
    -ms-animation-timing-function: linear;
    -ms-animation-iteration-count: 20000;
}
```

10.6 相关参考

用 CSS3 绘制艺术图形时，需要有一定的艺术审美，否则多好的工具在手中都发挥不了它的作用。由于 HTML5 和 CSS3 很多功能设计都借鉴于 Photoshop 等平面设计软件和 Flash 等动画设计软件，所以读者可以去以下网站参考一些设计构图、图形分解等相关设计知识。

- http://flash8.net/ —— 闪吧，专业的 Flash 学习和传播网站。
- http://www.blueidea.com/ —— 蓝色理想，网站设计与开发人员之家。
- http://www.68design.net/ —— 网页设计师联盟，国内网页设计综合门户。

第 11 章 酷炫的 CSS3 动画效果
——3D 旋转方块

这是动画技术年代，一切都可以靠科技来轻松完成！

——宫崎骏

还记得那些可爱的皮影戏吗？还记得胶片电影吗？它们让一张张死板的剪纸、一格格静态的照片在我们眼前活灵活现起来。而今天我们也要让网页上呆板的图片和文字跳动起来，这一切不过是为了让生活更加多姿多彩。有位哲人说这世界唯一不变的是运动，静止只是相对的，那些简单的、静止的网页即将成为历史，因为 CSS3 来了，它能够让全世界的网页都跳动起来。

本章主要知识点：

- 旋转
- 缩放
- 倾斜
- 动画

11.1 文本描边和文本填充色

前面第 10 章曾用 text-shadow 来模拟简单的文本描边效果，另外还有 text-stroke 文本描边和 text-fill-color 文本填充，这两个功能在 Photoshop 里也是常常用到的。

文本描边 text-stroke 和文本填充 text-fill-color 的设计意图是很好的，只是各个浏览器在实现方面还有一些差距，目前，仅有 Chrome、Safari 和 Opera 以私有属性方式支持，IE 和 Firefox 还没有支持，如表 11-1 所示。

表 11-1 各个浏览器对 text-stroke 和 text-fill-color 属性最早开始支持的版本

特性 \ 浏览器	IE	Safari	Firefox	Opera	Chrome	Android Browser
text-stroke	×	3.1 -webkit-	×	15 -webkit-	4.0 -webkit-	2.1 -webkit
text-fill-color	×	3.1 -webkit-	×	15 -webkit-	4.0 -webkit-	2.1 -webkit

对于 text-fill-color 的统计并不是很准确，有资料说 Safari 从 5.1 版开始支持，Chrome 从 13 版开始支持，这对于 PC 端编程应该无太大关系。

11.1.1 文本描边（text-stroke）

text-stroke 也是一个复合属性，设置或检索对象中的文字的描边，语法如下，其值详见表 11-2。

```
text-stroke: [ text-stroke-width ] || [ text-stroke-color ]
```

表 11-2 text-stroke 属性语法

值	说明
text-stroke-width	必需，设置或检索对象中文字的描边厚度
text-stroke-color	必需，设置或检索对象中文字的描边颜色

目前，由于只有 webkit 内核浏览器支持，所以使用的时候仅仅能使用 webkit-*这样的方式来书写 CSS，比如 "-webkit-text-stroke: 1.0px #FF0000;"，意思是给文字加 1 像素的红色描边，效果如图 11-1 所示。

11.1.2 文本填充（text-fill-color）

text-fill-color 的作用是检索或设置对象中的文字填充颜色。它和 color 属性有些相似，都能够设置对象中的文字填充颜色。两者的区别是，若同时设置 text-fill-color 和 color，text-fill-color 定义的颜色将覆盖 color 属性。

通过 text-fill-color 加上其他属性配合可以制作出镂空和渐变填充文字。

```
color: green;
-webkit-text-fill-color: transparent;
-webkit-background-clip: text;
background-image: -webkit-gradient(linear,left top,left bottom,from(green),
to(#C1FD00));
font-size: 50px;
```

其中 text-fill-color 填充的颜色是透明的，利用第 10 章讲解过的线性渐变填充一个渐变色，填充在哪里呢？正常情况下是填充在背景上，但是可通过 background-clip 属性将其指定填充到文本文字上，如此渐变文字就设置出来了，请看图 11-1 所示的效果。

如果不设置 background-clip 和线性渐变填充，那么出来的效果就是一个镂空文字效果，前提是字体要相对大一些。

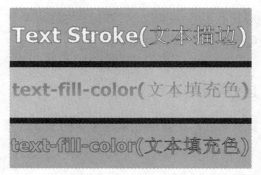

图 11-1 文本描边、渐变填充文本和镂空文本

11.2 变形和变形原点

在第 10 章绘制哆啦 A 梦的时候，同样用到了变形（transform），本节就来详细介绍在 CSS3 动画中占据重要作用的 transform，表 11-3 列出了最早支持 transform 属性的浏览器及其版本。

表 11-3 各浏览器对 transform 属性最早开始支持的版本

特性 浏览器	IE	Safari	Firefox	Opera	Chrome	Android Browser
transform	9 -ms-	3.1 -webkit-	16	15 -webkit-	4.0 -webkit-	2.1 -webkit-

其中 IE 9 是私有属性的支持方式，Opera 在早期使用私有属性-o-，后来到 15 版的时候开始用 webkit 内核，书写 CSS 代码时需要注意一下。

11.2.1 变形（transform）

transform 属性的作用是向元素应用 2D 或 3D 转换，允许对元素进行旋转、缩放、移动或倾斜，语法如下，其值详见表 11-4。

```
transform: none[transform-functions]..[transform-functions]
```

表 11-4 transform 属性语法的函数值

函数值	说明
none	定义不进行转换
matrix(n,n,n,n,n,n)	定义 2D 转换，使用 6 个值的矩阵
matrix3d(n,n,n,n,n,n,n,n,n,n,n,n,n,n,n,n)	定义 3D 转换，使用 16 个值的 4×4 矩阵

（续表）

函数值	说明
translate(x,y)	定义 2D 转换
translate3d(x,y,z)	定义 3D 转换
translateX(x)	定义转换，只是用 X 轴的值
translateY(y)	定义转换，只是用 Y 轴的值
translateZ(z)	定义 3D 转换，只是用 Z 轴的值
scale(x,y)	定义 2D 缩放转换
scale3d(x,y,z)	定义 3D 缩放转换
scaleX(x)	通过设置 X 轴的值来定义缩放转换
scaleY(y)	通过设置 Y 轴的值来定义缩放转换
scaleZ(z)	通过设置 Z 轴的值来定义 3D 缩放转换
rotate(angle)	定义 2D 旋转，在参数中规定角度
rotate3d(x,y,z,angle)	定义 3D 旋转
rotateX(angle)	定义沿着 X 轴的 3D 旋转
rotateY(angle)	定义沿着 Y 轴的 3D 旋转
rotateZ(angle)	定义沿着 Z 轴的 3D 旋转
skew(x-angle,y-angle)	定义沿着 X 和 Y 轴的 2D 倾斜转换
skewX(angle)	定义沿着 X 轴的 2D 倾斜转换
skewY(angle)	定义沿着 Y 轴的 2D 倾斜转换
perspective(n)	为 3D 转换元素定义透视视图

表 11-3 中出现了很多"2D 转换"和"3D 转换"，那么"2D 转换"和"3D 转换"到底是什么？两者又有何区别和联系？

"转换"在各种资料中出现的次数很多，所以大家习惯上这样称呼，从 transform 的英文字面意思来理解，它有"改变"的意思，能够使对象产生变化，"改变"的是什么呢？是对象的形状、对象的大小、对象的位置等，其中 2D 和 3D 是人在感官上的感受差异，因为显示器一直都是平面的，直观上是显示 2D 即平面的图形，而 3D 就是模拟的立体图形。2D 只有左右、上下两个方向，而 3D 则增加了一个前后方向，用来描绘现实世界中物体的前后面。

下面通过实例图形（如图 11-2 所示）来说明 2D 图形和 3D 图形在变化时的差异，2D 图形在旋转时，只有顺时针和逆时针两种旋转方式，而 3D 模式下，前后面、左右面、上下面两两组合的平面都可以顺时针和逆时针旋转，形成 3 组互不干扰的"2D 转换"模式。

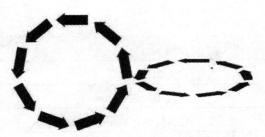

图 11-2 2D 图形和 3D 图形逆时针旋转对比

　　transform 属性可设置需要调用的方法，除默认的 none 值之外，由于目前很多浏览器不支持 3D 转换的方法，所以本书重点介绍 2D 转换，其中 rotate 在绘制哆啦 A 梦的时候已经接触过，能够让对象在 2D 平面上进行旋转，图 11-3 就是让正方形进行角度旋转变换的示意图，代码如下：

```
Transform:rotate(30deg);
```

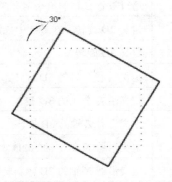

图 11-3 transform 的旋转示意图

　　使用 skew 方法可以实现文字或图像的倾斜效果，在参数中分别指定垂直方向上的倾斜角度与水平方向上的倾斜角度，如图 11-4 所示。通过表 11-4 可知，skew 方法有两个参数，但是这两个参数可以修改成只使用一个参数，省略另一个参数，这不是说水平方向和垂直方向一样，这种情况视为只在水平方向倾斜，垂直方向上不倾斜。另外，参数接受负数。

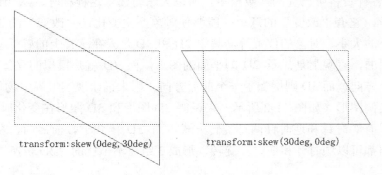

图 11-4 skew 方法示意图

使用 translate 方法可以实现将文字或图像移动，在参数中分别指定水平方向上的移动距离与垂直方向上的移动距离，例如"transform:translate(50px, 50px)"表示水平方向上移动 50 个像素、垂直方向上移动 50 个像素。translate 方法比较好理解，它和 skew 方法类似，可以省略另一个参数，这种情况视为只在水平方向移动，垂直方向上不移动。

可使用 scale 方法实现文字或图像的缩放效果，参数中指定缩放倍率，例如"scale(1.2, 0.8)"表示 X 轴放大 120%，Y 轴缩小 80%，效果如图 11-5 所示。参数可以是整数，也可以是小数。

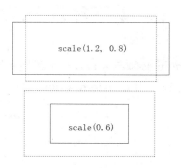

图 11-5　scale 缩放示意图

matrix 方法是一个集合性质的方法，其基本语法是"transform: matrix(a, c, b, d, e, f)"，其中 a、d 相当于 scale 方法的两个参数；e、f 相当于 translate 方法的两个参数；c、b 相当于 skew 方法的两个参数。

到这里，读者可能觉得 transform 是 CSS3 中最为复杂的对象，其实用过 photoshop 都应该知道里面的 Ctrl+T 自由变换，transform 就相当于"自由变换"。

11.2.2　变形原点（transform-origin）

使用 transform 进行文字或图像变形的时候，是以元素的中心点为原点进行的。使用 transform-origin 属性允许你改变被转换元素的原点位置。如果是 2D 转换元素，则能够改变元素 X 和 Y 轴，如果是 3D 转换元素还能改变其 Y 轴。

其语法一般为 transform-origin: x y z，其值及说明如表 11-5 所示。

表 11-5　transform-origin 属性值说明

值	说明
x	定义视图被置于 X 轴的何处，可能的值为： • left • center • right • length • %

（续表）

值	说明
Y	定义视图被置于 Y 轴的何处，可能的值为： • top • center • bottom • length • %
z	定义视图被置于 Z 轴的何处，可能的值为： • length

值得注意的是，transform-origin 必须与 transform 属性一同使用，否则无效，结合前面的 skew 方法，通过图 11-6，可以看到使用 transform-origin 前后的差别。

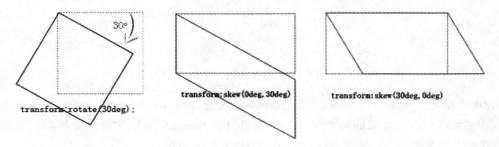

图 11-6 设置 transform-origin 后的变形

图 11-6 是设置了 "transform-origin:0 0" 后的效果，对比图 11-3 和图 11-4 可以明确体会到其效果差异。

11.3 简单应用——飞行旋转文本

通过对 transform 的简单介绍，知道 transform 可以让对象做到很多变化，本节就做一个来回飞行的文字特效，并使文字在来回飞行的过程中进行旋转。要完成这个任务还需要认识一下 CSS3 的动画属性。

在 CSS3 中，实现动画效果有两种方式：transition 和 animation。各浏览器对 animation 的支持普遍比 transition 早。不过，早在 Firefox 4.0、Chrome 4.0、Safari 3.1、Opera 10.5 时就已经用私有属性对 transition 属性给予了支持，而标准化支持版本相差很大，具体情况如表 11-6 所示。

表 11-6 各浏览器对动画相关属性最早开始支持的版本

特性 \ 浏览器	IE	Safari	Firefox	Opera	Chrome	Android Browser
transition	10	7	16	12.1	26	2.1 -webkit-
animation	9	5	4	10.6	11	4
@keyframes	10	4 -webkit-	16	12.1	4 -webkit-	2.1 -webkit-

 Opera 自 15 版开始就使用 Chrome 一样的 WebKit 内核，所以需要用-webkit 私有前缀，这里的 12.1 是指它自己以前的 Presto 内核支持版本。

11.3.1 过渡动画（transition）

虽然 transition 是后来者，但是它的作用很强大，能够平滑地改变任意 CSS 属性值。无论是单击事件、焦点事件，还是鼠标 hover，只要能让 CSS 值改变，就会产生平滑的过渡效果，也就是动画。

transition 属性是一个简写属性，用于设置 4 个过渡属性，详见表 11-7，其用法为 transition: property duration timing-function delay。

表 11-7 transition 关联属性说明

属性	说明
transition-property	规定设置过渡效果的 CSS 属性的名称
transition-duration	规定完成过渡效果需要多少秒或毫秒
transition-timing-function	规定速度效果的速度曲线。其值有： ease-默认。动画以低速开始，然后加快，在结束前变慢 linear -动画从头到尾的速度是相同的 ease-in -动画以低速开始 ease-out -动画以低速结束 ease-in-out -动画以低速开始和结束 cubic-bezier(n,n,n,n) -n 可能的值是从 0 到 1 的数值
transition-delay	定义过渡效果何时开始

例如，我们要实现网页所有连接，当鼠标悬停时颜色由蓝变红。

```
a{color:blue;font-size:12px;}
a:hover{
    color: red;
    transition:color .25s linear; //指定 color 属性为渐变对象
```

```
    }
```

那么现在，当鼠标经过一个链接时，不会直接从蓝色跳转到红色，而是用四分之一秒的时间逐渐变换它们的中间颜色（过渡颜色），如图 11-7 所示。

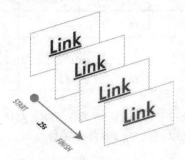

图 11-7 transition 过渡动画示意图

这是设置一个属性过渡的方式，如果要设置多个属性怎么办？比如在变色的时候，字体同时变大，其代码如下：

```
a:hover{
    color:red;font-size:14px;
    transition:color .25s ease-in-out,font-size .25s ease-in-out;
    //同时指定 color 和 font-size 属性为渐变对象
}
```

另外，transition 还可以设置一个通配属性 all，能够匹配所有改变的 CSS 属性参与渐变。比如上面的语句还可以写为"transition:all 0.25s ease-in-out"。

11.3.2 自定义动画（animation）和@keyframes

animation 功能和 transition 差不多，都能通过改变 CSS 的属性值来实现动画效果，它们的不同之处是：transition 只能通过指定属性的开始值和结束值来达到渐变，渐变的时间控制相当是内置而无法自定义，animation 则能解决这个问题，像 Flash 定义关键帧那样来实现比较复杂的动画效果，以满足更高级的应用。

animation 属性同样是一个简写属性，用于设置 6 个动画属性，详见表 11-8，其用法为 animation : name duration timing-function delay iteration-count direction。

表 11-8 animation 关联属性说明

值	说明
@keyframes	定义动画
animation-name	规定需要绑定到选择器的 keyframe 名称
animation-duration	规定完成动画所花费的时间，以秒或毫秒计

（续表）

值	说明
animation-timing-function	规定动画的速度曲线。其值有： ● ease：默认。动画以低速开始，然后加快，在结束前变慢 ● linear：动画从头到尾的速度是相同的 ● ease-in：动画以低速开始 ● ease-out：动画以低速结束 ● ease-in-out：动画以低速开始和结束 ● cubic-bezier(n,n,n,n)：n 可能的值是从 0 到 1 的数值
animation-delay	规定在动画开始之前的延迟
animation-iteration-count	规定动画应该播放的次数。默认为 1，infinite 为无限次播放
animation-direction	规定是否应该轮流反向播放动画
animation-play-state	规定动画是否正在运行或暂停。默认是 running。注意：这是一个无法用 animation 简写而需要单独控制的属性

animation 主要调用@keyframes 定义的动画，它是控制动画的主要工具，其语法是 @keyframes animationname {keyframes-selector {css-styles;}}，对于其中每一个对象请看表 11-9 中的详细说明。

表 11-9 @keyframes 详细说明

值	说明
animationname	必需，定义动画的名称
keyframes-selector	必需，动画时长的百分比，合法的值为： ● 0~100% ● from（与 0% 相同） ● to（与 100% 相同）
css-styles	必需，一个或多个合法的 CSS 样式表达式

11.3.3 飞行旋转的文本

介绍完 CSS 动画的几个主要属性之后，我们通过一个实例来使用这些 CSS 属性，看是否易于使用。

首先要创建一个 HTML 文档，构建 HTML 框架代码，在<body>标签中添加一个 a 元素，文本为"飞行旋转的 CSS3"。接下来用 CSS3 控制其左右来回"飞行"并进行"旋转"，具体请见【范例 11-1】的代码。

【范例 11-1 飞行旋转的 CSS3 文本】

```
1.    <!DOCTYPE html>
```

```
2.      <html>
3.      <head>
4.      <meta charset="utf-8" />
5.      <title>CSS3 旋转文字</title>
6.      <style>
7.      fly{
8.              animation:anim 6s ease-out infinite;
9.              -webkit-animation:anim 6s ease-out infinite;
10.             position:absolute;
                 /*用 absolute 或 relative 使对象脱离文档流，便于动画控制*/
11.     }
12.     @-moz-keyframes anim{
13.             0%{left:0;}
14.             50%{left:50%;transform:rotate(3600deg) scale(2,2);color:red;}
15.             100%{left:0;}
16.     }
17.     @-webkit-keyframes anim{
18.             0%{left:0;-webkit-transform:rotate(0deg) scale(1,1);}
19.             /*时间刚过一半的那个"关键"点*/
20.             50%{
21.                     left:50%;        /*控制其位置向右移动 50%的距离，本例为页面中央*/
22.                     -webkit-transform:rotate(3600deg) scale(2,2);
                         /*在此时旋转了 10 圈也就是 3600 度，并且渐变放大 1 倍*/
23.                     color:red;               /*颜色渐变为红色*/
24.             }
25.             100%{
26.                     left:0;                  /*恢复到原来位置，本例为向左飞*/
27.             }
28.     }
29.     </style>
30.     </head>
31.     <body>
32.     <br /><br /><br /><br />
33.     <a href="" class="fly">飞行旋转的 CSS3</a>
34.     </body>
35.     </html>
```

　　【范例 11-1】中只兼容了两种内核，其他浏览器需要另行增加兼容代码。从代码量来说，仅次于使用 jQuery 等 JavaScript 框架实现的同等效果，现阶段，兼容问题仍然导致很多冗余代码，期待标准化早日实现。

　　保存【范例 11-1】为 html 格式文件，通过浏览器打开它后，文本会如图 11-8 这样旋转，且左右来回无限循环滚动下去。

图 11-8 transform 旋转示意

11.4 综合应用——3D 旋转方块

【范例 11-1】只运用了 2D 的变化方法，接下来看看如图 11-9 所示 3D 效果的实现，这个实例需要用到 CSS3 的 3D 转换以及 2D 转换，并且要用到动画功能，具体请看【范例 11-2】。

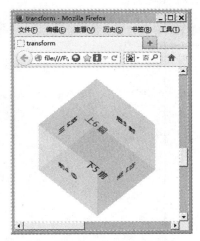

图 11-9 CSS3 的 3D 旋转方块

【范例 11-2 CSS3 的 3D 旋转方块】

```
1.  <!DOCTYPE html>
2.  <html>
3.  <head>
4.  <meta charset="utf-8" />
5.  <title>transform</title>
6.  <style>
7.  body{margin:0}
8.  .CSS3d-box,
9.  .CSS3d-box .outer,
```

```
10.  .CSS3d-box .inner,
11.  .CSS3d-box .inner div{
12.     height:160px;width:160px;font-size:18px;
13.     text-align:center;line-height:160px;          /*让文字居中的效果*/
14.  }
15.  .CSS3d-box {
16.     margin:0 auto;
17.      animation: fly 4s linear infinite;          /*4 秒钟执行完一次动画且不限次数*/
18.      transform-style: preserve-3d;               /*让对象转换为 3D 模式，2D 模式则不需要*/
19.  }
20.  @keyframes fly{
21.     0%{transform:rotateY(0);}
22.     100%{transform:rotateY(360deg);}              /*沿 Y 轴水平线旋转 360 度*/
23.  }
24.  .CSS3d-box .outer{
25.     transform-style: preserve-3d;
26.      transform: rotateX(55deg);
             /*让对象整体沿 X 轴旋转，使人视觉上能够看到前后上下四面*/
27.  }
28.  .CSS3d-box .inner{
29.     transform-style: preserve-3d;
30.      transform: rotateY(45deg);
               /*让对象整体沿 Y 轴旋转，使人视觉上能够看到左右两个面*/
31.     position: relative;
32.  }
33.  .CSS3d-box .inner div{
34.      transform-style:preserve-3d;position:absolute;
35.  }
36.  /*
         下面每一个面根据透视原理设置旋转角度
         其中
37.     Y 轴设置左右两个面
38.     X 轴设置上下两个面
39.     Z 轴设置前后两个面
40.  */
41.  .CSS3d-box .plane-1 {
42.      background:rgba(127,127,255,0.3);right:-80px;transform:rotateY(90deg);
43.  }
44.  .CSS3d-box .plane-2 {
45.      background:rgba(127,255,127,0.3);left:-80px;transform:rotateY(90deg);
46.  }
47.  .CSS3d-box .plane-3 {
48.      background:rgba(127,255,255,0.3);transform:translateZ(80px);
49.  }
50.  .CSS3d-box .plane-4 {
51.      background:rgba(0,255,255,0.3);transform:translateZ(-80px);
52.  }
53.  .CSS3d-box .plane-5 {
54.      background:rgba(0,255,127,0.3);transform:rotateX(-90deg);bottom:-80px;
```

```
55. }
56. .CSS3d-box .plane-6 {
57.     background:rgba(127,127,127,0.3);transform:rotateX(-90deg);top:-80px;
58. }
59. </style>
60. </head>
61. <body>
62. <br /><br /><br /><br />
63. <div class="CSS3d-box">
64.    <div class="outer">
65.     <div class="inner">
66.          <div class="plane-1">右 1 张</div>
67.          <div class="plane-2">左 2 三</div>
68.          <div class="plane-3">后 3 封</div>
69.          <div class="plane-4">前 4 @</div>
70.          <div class="plane-5">下 5 前</div>
71.          <div class="plane-6">上 6 端</div>
72.     </div>
73.    </div>
74. </div>
75. </body>
76. </html>
```

【范例 11-2】为每一个面增加了文字，plane-1 到 plane-6 分别对应右左后前下上 6 个面。因为设计的是正方体方块，所以.CSS3d-box、.CSS3d-box.outer、.CSS3d-box .inner 和.CSS3d-box .inner div 的边长尺寸都是一致的，即 160px。从中心点推算，每一个面都要向 6 个方向位移 80px。

其中"transform-style:preserve-3d"控制对象能够在 3D 空间中显示，而且也是关键代码，否则一切立体效果都是无效的。

最后添加动画，用 animation 调用@keyframes 定义好的关键帧。关键帧只做了一个 360°的旋转变化就能够让方块旋转起来，通过 animation 设置 4 秒钟完成这个动作，然后重复下去。

本范例在 Firefox 浏览器下可以得到最佳体验。

11.5 相关参考

- https://www.w3.org/TR/2006/WD-CSS3-values-20060919/#deg —— W3C 官方定义的 CSS3 属性值单位。

- https://www.w3.org/TR/CSS3-transitions/——W3C 官方关于 transitions 的说明。

- http://chrome.360.cn/test/core/——360 提供了一个检查浏览器内核的网页。

第 12 章 一个可以离线的内容管理系统

计算的目的不在于数据，而在于洞察事务。

——理查德·哈明

在第 7 章介绍过 HTML5 的各种新特性，而离线应用就是其中重要的部分，它是对增强用户体验和完善相关旧技术不足的改良，本章通过一个实例来了解相关内容。

本章主要知识点：

- LocalStorage 和 SessionStorage
- IndexedDB
- manifest file 文件清单

12.1 功能设计

这里的离线是相对于网络的在线而言的，通常是指电脑无法连接到互联网，比如网线不同、没有 Wifi 信号、无上网权限等。

内容管理系统即 CMS（Content Management System），互联网上有用不同编程语言开发的各种各样不同用途的 CMS，如一些门户网站的新闻文章 CMS、下载网站的 CMS、视频网站的 CMS、图片展示的 CMS 等。网站上常见的那些 Blog 系统从某种角度上看，也可以算是 CMS，只是因为它名气和特征独特而单独称之为 Blog 系统。

本书定义的内容管理系统是用来增加、编辑、删除、搜索网站文本内容的简单系统，主要用以说明其基本核心，且大多 CMS（内容管理系统）的基本功能亦是如此。具体如下：

- 离线使用，即内容管理系统在脱机状态下也能使用下面设计的这些功能。
- 添加信息，将文章标题、文章内容添加到应用中并提示，且以当前时间为文章的发布时间，修改时间也就是发布时间。
- 更新信息，对于有些文章因为输入错误或其他原因需要修改内容的，可以对其修改，并且将修改时间更新为当前时间。
- 列表信息，将最新的文章列出来，对于当天的文章加上一个 new 标记。

- 搜索信息，通过关键字搜索文章标题，快速找到自己想要的文章信息并列出来。
- 删除信息，对于一些错误的文章信息，能够给予删除并提示。

本书列举只是抛砖引玉，读者还可以通过在线状态检测，完成将数据发布到服务器的步骤，因为涉及一些不在本书探讨范围之内的服务端技术，故在此不做详述。

 通过 navigator.onLine 可以检测设备是在线还是离线，更难得的是 IE 6 也支持此属性，支持相关事件没有支持，其他标准浏览器均已支持。

12.2 Web 储存和应用缓存

Web Storage 即 Web 存储，又称为 DOM 存储，Web 存储从某种意义上理解也可以算作 HTML5 本地存储。应用缓存是指 Web 应用程序缓存，其主要目的是让 Web 应用在离线状态下也能够运行。

12.2.1 本地存储（LocalStorage）

Web Storage 又分为 LocalStorage 和 SessionStorage，是最早给予支持的本地存储之一。从表 12-1 可知，早在 IE 8 就给予其支持了。

表 12-1 各浏览器对 Web Storage 最早开始支持的版本

特性　　　　　浏览器	IE	Safari	Firefox	Opera	Chrome	Android Browser
LocalStorage	8	4	3.5	10.5	4	2.1
SessionStorage	8	4	3.5	10.5	4	2.1

Web 存储有几大优点：

第一，LocalStorage 存储除非主动删除数据，否则数据是永远不会过期的。

第二，其存储空间更大，在 IE 8 下每个独立的存储空间为 10MB，其他浏览器实现略有不同，但都要比 Cookie 大很多。更重要的是，存储数据不会发送到服务器。而设置的 Cookie，其内容会随着请求被一并发送到服务器，这对于本地存储的数据是一种带宽浪费。而 Web Storage 中的数据则仅仅存在本地，不会与服务器发生任何交互。

第三，更多丰富易用的接口使得数据操作更为简便，参见表 12-2。

表 12-2 Web Storage 常见属性和方法

属性/方法	说明
length	属性，返回现在已经存储的变量数目
key(n)	返回第 n 个变量的键值 key
getItem(k)	和 localStorage.k 一样，取得键值为 k 的变量的值
setItem(k , v)	和 localStorage.k = v 一样，设置键值 k 的变量值
removeItem(k)	和 delete localStorage.k 一样，删除键值为 k 的变量
clear()	清空所有变量

通过下面的代码可统计某台电脑最早访问网页的时间和总共访问的次数：

```
<script>
   //如果 k—siteCount 存在则表示曾经访问过本网页
  if(localStorage.siteCount){
     localStorage.siteCount++;                   //计数+1
  }else{
    localStorage.visitTime = new Date();        //第一次访问记录日期
    localStorage.siteCount = 1;                 //初始化计数器
  }
</script>
```

12.2.2 会话存储（SessionStorage）

SessionStorage 和 LocalStorage 极其相似，就连 API 也是相同的，唯一不同的是 SessionStorage 的数据只存在于一个 session 会话里，当关掉窗口或者标签时会立刻丢掉这些数据，而 LocalStorage 对应的数据则可以长久保存，直到被人为地修改或者删除。

SessionStorage 与页面 JavaScript 对象有些区别，页面中一般的 JavaScript 对象或数据的生存期是仅在当前页面有效，因此刷新页面或转到另一页面，数据就不存在了。

而 SessionStorage 只要在同源的同窗口中，刷新页面或进入同源的不同页面，数据始终存在。也就是说，只要这个浏览器窗口没有关闭，加载新页面或重新加载，数据仍然存在。

12.2.3 应用程序缓存

在没有应用程序缓存技术之前，如果要控制浏览器是否应该缓存某个文件，需要在程序里用 Expires 属性设置过期时间来控制，而那些静态文件则需要到 Web 服务器中去设置过期时间。就算如此，也不能有效控制具体某一个文件的缓存与否。

HTML5 引入了应用程序缓存，微软称之为 AppCache，这意味着 Web 应用可进行缓存，并可在没有互联网连接时进行访问。

应用程序缓存为应用带来 3 个优势：

- 离线浏览：用户可在应用离线时使用它们。
- 速度：已缓存资源加载得更快。
- 减少服务器负载：浏览器将只从服务器下载更新过或更改过的资源。

要使用应用程序缓存，一般都需要配置 Web 服务器的 MIME-type。

12.2.4 搭建支持应用缓存的服务器

不同服务器设置 MIME-type 的步骤略有不同，图 12-1 是 Windows 中的 Nginx 1.5.1 以上版本的设置，早期版本可能没有 mime.types 文件，需要读者去*.conf 文件里仔细查找一下。

图 12-1 Windows 版本 Nginx 设置 MIME-type

在 Apache 的安装目录下也有类似 Nginx 这样的 conf/mime.types 文档，在相应的地方增加一行"text/cache-manifest manifest"，前面是 MIME-type，然后空格，后面是文件后缀。

微软的 IIS 现在市面上有多个版本，图 12-2 是以 Windows 2003 系统下的 IIS 6.0 设置的示意图。打开 IIS 信息服务器管理器，可右击"本地计算机"选择"属性"，再单击选择"MIME 类型"，再单击"新建(N)"即可增加自定义 MIME-type。

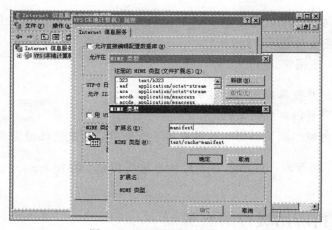

图 12-2 IIS 6 设置 MIME-type

设置 MIME-type 之后，大部分浏览器就能识别这种类型的文件，不会把它当作未知文件用下载询问保存的方式处理。接下来看看 manifest file 文件清单的内容。

12.2.5 神奇的 manifest file 文件清单

当网页引用了 manifest file 文件清单时，浏览器就会如图 12-3 所示提示用户是否允许脱机使用，对于部分版本的浏览器可能无此提示，但是可以在某些菜单中找到，例如 Firefox 在选项菜单中可见（如图 12-4 所示）。以前，Web 应用程序是否脱机是由客户端决定的，而现在可以由开发者决定，这意味着开发者有更多的发挥空间。

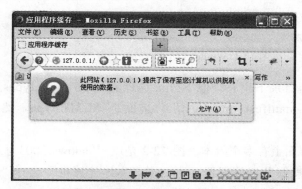

图 12-3 浏览器对启用应用程序缓存的网站进行询问

图 12-4　离线网站列表

那么如何启用应用程序缓存呢？在文档的 <html> 标签中包含 manifest 属性即可：

```
<!DOCTYPE HTML>
<html manifest="12.manifest">
...
</html>
```

文件 12.manifest 的路径是可访问路径，文件后缀是前面服务器配置中定义的后缀.manifest，文件是简单的文本文件，它告知浏览器被缓存的内容（以及不缓存的内容）。文件可分为 3 部分。

- CACHE MANIFEST：在此标题下列出的文件将在首次下载后进行缓存。
- NETWORK：在此标题下列出的文件需要与服务器连接，且不会被缓存。
- FALLBACK：在此标题下列出的文件规定当页面无法访问时的回退页面（比如 404 页面）。

比如，下面这个例子中第一行的 CACHE MANIFEST 是必需的：

```
CACHE MANIFEST
#2014-02-21 v1.0
/style.css
/logo.gif
/12.js
```

上面的 manifest 文件列出了 3 个资源：一个 CSS 文件，一个 GIF 图像，以及一个

JavaScript 文件。当 manifest 文件加载后，浏览器会从网站的根目录下载这 3 个文件。然后，无论用户何时与因特网断开连接，这些资源依然是可用的。

以"#"开头的是注释行，但也可满足其他用途。应用的缓存会在其 manifest 文件更改时被更新。如果你编辑了一幅图片或者修改了一个 JavaScript 函数，那么这些改变都不会被重新缓存。更新注释行信息是一种使浏览器重新缓存文件的办法。

简单来说，应用程序缓存需要注意如下几点：

- 必须使用 8 位 Unicode 转换格式（UTF-8）字符编码
- 必须接受文本/缓存清单 MIME 类型
- 必须以 CACHE MANIFEST 行开始
- 可以包含注释，但前面必须加标记"#"

虽然通过 manifest 文件可以指定很多类型的缓存文件，但是也不能随意指定诸如视频或高清大图片等内容。

12.3 HTML5 本地存储

本地存储就是把数据存放在客户端，也称为本地持久化。

早期的纯 HTML 网页是不能在客户端存储任何数据的，有人可能问，那么缓存文件算不算是本地存储呢？当然不算，那些缓存文件仅仅是为了让网页加载速度更快而设计的。

本地存储是为了能够在客户端保存有用数据而产生的设计，目的完全不同。早期的 Cookie 可以存储很少一部分数据，是最早期的本地存储。由于 Cookie 存储容量小，后来 Flash 给予扩展使得应用更为广泛，但是 Flash 是插件形式，有很多的制约，尤其是移动设备对 Flash 的支持不是很好，所以对 HTML5 本地存储规范的需求就变得非常迫切。

Web SQL Database 本地数据库是一个很有创意的想法，给了大家很多扩展空间。不过 W3C 有文档提示说已停止维护，让人不免觉得遗憾。虽然不能进入 W3C 的规范，但是鉴于除了 IE 和 Firefox 之外，其他浏览器都已经实现了 Web SQL Database，并且它还具有一些 HTML5 Storage 所不具有的特性，所以还是值得了解一下的。

在 Firefox 的坚持下，最后大家都统一支持了 Web IndexedDB 接口，即 W3C 推荐支持的本地存储方案。

12.3.1 Web IndexedDB

IndexedDB 也可以称为索引数据库 API，作为 HTML5 的一部分，对创建具有丰富本地存储数据的数据密集型的离线 HTML5 Web 应用程序很有用。同时，它还有助于本地缓存数据，使传统在线 Web 应用程序（如移动 Web 应用程序）能够更快地运行和响应。

相对于 Web Storage 来说，对 IndexedDB 的支持要晚一些，如表 12-3 所示。而一个网站可以有一个或多个 IndexedDB 数据库，每个数据库必须具有唯一的名称。

表 12-3 各浏览器对 IndexedDB 最早开始支持的版本

	IE	Safari	Firefox	Opera	Chrome	Android Browser
IndexedDB	10	×	16	15	24	×

索引数据库 API 有一些常见的概念：

- ObjectStore（对象存储）用于存储数据，对象存储是其属性包含单个值的 JavaScript 对象的集合。

- KeyPath（键值）对象存储中的每个 JavaScript 对象（有时称为 record）都有一个键值。键值用于唯一标识对象存储中的单个记录。

- Index（索引）根据某一通用属性的值来组织对象。索引将返回一组键值，可用于从原始对象存储中获取单个记录。

- Cursor（指针）表示一组值。当索引定义指针时，指针表示索引返回的一组键值。当对象存储定义指针时，指针表示存储在指针中的一组记录。

- KeyRange（键范围）为一个索引或对象存储中的一组记录定义值的范围；键范围可让你筛选指针结果。

- Database（数据库）包含对象存储和索引；数据库对象还可管理事务。

- Request（请求）表示针对数据库中的对象所采取的单个操作。例如，打开数据库会引发一个请求对象，可以为这个请求对象定义事件处理程序来响应请求的结果。

- Transaction（事务）管理操作的上下文，以及维护数据库活动的完整性。例如，只能在版本更改事务的上下文中创建对象存储。如果事务被中止，则该事务中的所有操作都会被取消。

其中 ObjectStore 有些类似关系型数据库中表的概念，只是在 IndexedDB 中没有所谓字段的概念，因为每一个对象存储可以直接存储 JavaScript 对象。

在 IndexedDB 中，操作比较简单，只有几个方法（如表 12-4 所示），但是几乎所有的操作都采用了 command -> request -> result 的方式。比如，查询一条记录，返回一个 request，在 request 的 result 中得到查询结果。又比如打开数据库，返回一个 request，在 request 的 result 中得到返回的数据库引用。

表 12-4 indexedDB API 的 IDBFactory 对象提供的常见方法

方法	说明
open(name[,version])	必需，水平阴影的位置，允许负值
cmp(key1,key2)	接受两个参数，比较两个 Key 值，看一个是否大于另一个
deleteDatabase(name)	删除数据库

其中 cmp()方法是一个与数据库操作无关的工具方法，在任何地方都可以使用，且无须实例化。用 open()方法打开数据库：

```
var cmd = window.indexedDB;
var req = cmd.open("mydb");
var db = null;
req.onsuccess=function(e){
    db = e.target.result;
    //or
    db = req.result;
};
```

上面的代码打开一个数据库 mydb，在成功事件中获得数据库连接 db。这和传统意义上的数据库连接有很大的不同，但是它符合 JavaScript "异步"和"事件驱动"的特点。连接上数据库之后就可以得到 IDBDatabase 对象（如表 12-5 所示）。

表 12-5 IDBDatabase 对象的方法及其说明

方法	说明
createObjectStore(name[,{keyPath,autoIncrement}])	创建对象储存
deleteObjectStore(name)	删除对象储存
transaction(storeNames , mode)	执行对象储存的事务
close()	关闭到数据库的连接

IDBDatabase 对象中的 transaction()方法会返回一个 IDBTransaction 对象（如表 12-6 所示），而其他方法则返回本身。transaction 的 mode 有 3 种。

- IDBTransaction.READ_ONLY：只读。
- IDBTransaction.READ_WRITE：可读可写。
- IDBTransaction.VERSION_CHANGE：版本升级。

表 12-6 IDBTransaction 对象方法及其说明

方法	说明
objectStore(name)	从当前事务中取得对象储存
abort()	中断当前事务

常用的是前两种，如果不设置事务级别，则默认为 READ_ONLY。通过事务对象的 objectStore()方法才可以获取对象存储（也就是传统理解的"表"）IDBObjectStore 对象（如表 12-7 所示）。

表 12-7 IDBObjectStore 对象方法及其说明

方法	说明
add	添加一个记录对象到对象存储
clear	删除对象存储的所有数据
count	返回的记录数
createIndex	创建一个索引
deleteIndex	从对象存储中删除索引
delete	从对象存储中删除一个记录
get	从对象存储取得一个记录
index	检索与对象存储相关联的索引
openCursor	返回一个游标对象
put	替换或添加一条记录

IDBObjectStore 对象是最常用的对象，其中 add、delete、put、get 方法几乎能够分别对应传统意义上的增、删、改、查，完成日常项目中的大部分操作。

12.3.2 Web SQL Database

Web SQL Database 因 SQL 变得方便，也因 SQL 成为被废弃的原因之一。虽然平时常常说 SQL，但实际使用的是 MS SQL、Oracle SQL、MySQL SQL、postgre SQL 或者 SQLite SQL（尽管有一个叫作 SQL-92 的规范，但它基本形同虚设），严格地说，甚至都不存在 SQLite SQL，使用的实际上是 SQLite x.y.z SQL，因为每个软件或同一个软件的不同版本所提供的支持力度都不尽相同，而这也就是 Web SQL Database 最大的问题，它无法统一各个浏览器厂商实现的 SQL 语言。如果你的某条 Web SQL 查询只能在 Chrome 上运行，这还能叫作标准吗？

在 W3C 的 Web SQL Database 规范中有这样的描述：Web SQL Database 引入了一套使用 SQL 来操纵客户端数据库的 API，这些 API 是异步的（asynchronous），所以开发者在使用这套 API 时会发现匿名函数非常有用。规范中所使用的 SQL 语言为 SQLite 3.6.19。

其中 SQLite 是一款轻型的数据库，是遵循 ACID 的关系型数据库管理系统。它的设计目标是嵌入式的，它占用资源非常低，只需要几百千字节的内存。它能够支持 Windows、Linux、UNIX 等主流操作系统，同时能够跟很多程序语言相结合，如 C#、PHP、Java、JavaScript 等，还有 ODBC 接口，比起 MySQL、PostgreSQL 这两款开源的数据库管理系统，它的低并发处理速度更快，号称是世界上使用最广泛的关系型数据库，因为在每个浏览器、操作系统、移动设备、嵌入式系统中都能找到它的身影。

下面是 Web SQL Database 规范中定义的 3 个核心方法。

- openDatabase：这个方法使用现有数据库或新建数据库来创建数据库对象。
- transaction：这个方法允许我们根据情况控制事务提交或回滚。
- executeSql：这个方法用于执行真实的 SQL 查询。

Web SQL Database 就是一个可以在 Web 上直接使用的 SQL 数据库，我们要做的就是打开数据库，然后执行 SQL，和对 MySQL 做的事情没什么两样。

```
var db = window.openDatabase("UserDB", "1.0","数据库描述",20000);
if(db){
    console.log("新建数据库成功！");
    //创建数据表
    db.transaction(function(tx) {
        tx.executeSql("CREATE TABLE test (id int UNIQUE, username TEXT,
        timestamp REAL)");
    });
    //向表中插入数据
    db.transaction(function(tx) {
        tx.executeSql("INSERT INTO test (username, timestamp) values
        (?,?)", ["Z3F", new Date().getTime()], null, null);
    });
    //查询数据
    db.transaction(function(tx) {
        tx.executeSql("SELECT * FROM test", [],
        function(tx, result) {
            for(var i = 0; i < result.rows.length; i++){
                console.log(result.rows.item(i)['username'])
            }
        }, function(){
            console.log("error");
        });
    });
}
```

上面的代码打开一个数据库连接，如果没有则创建，用 executeSql 函数执行 SQL 语句，创建一个 test 表，并向其中插入一条数据，最后将查询显示到控制台，效果如图 12-5 所示。

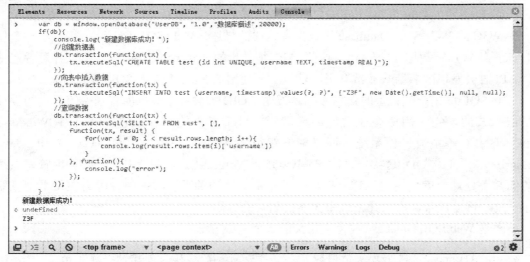

图 12-5 Web SQL Database 在 Chrome 下的运行效果

12.4 编写内容管理系统

通过前面介绍，本节用代码来说明在内容管理系统中如何实现离线可用，以及数据的增、删、改、查功能。

12.4.1 可离线的 HTML、JS 和 CSS

前面已学习过，笔者在这直接给出相关代码，详情见【范例 12-1】。

【范例 12-1 离线内容管理系统 HTML 和 CSS 结构】

```
1.  <!doctype html>
2.  <html manifest="12.manifest">
3.   <head>
4.    <meta charset="UTF-8" />
5.    <title>简易内容管理系统</title>
6.    <style>
7.    body{ margin: 0;padding: 0;background: #454545;}
8.    .nav{background:#282828; height:30px; padding: 20px 30px;}
9.    .nav button{border:0; height: 30px; width:100px; background: #00bcf2;
    font-size: 14px; font-weight: bold; color:#fff; margin-right: 10px;}
10.   .box{padding: 20px 30px;}
11.   .box input,
12.   #key{border:0; height: 30px; width:600px;background: #dadada;}
13.   .box textarea{border:0;background: #dadada; height:200px; width:600px;}
14.   .box button{border:0; height: 30px; width:100px; background: #282828;
    font-size: 14px; font-weight: bold; color:#00bcf2; margin-right: 10px;}
15.   #list ul{width:600px;}
16.   #list li{ color: #00bcf2; height:50px; line-height: 50px; border-bottom:
    1px dashed #00bcf2;}
17.   #key{width:60px;}
18.   </style>
19.   <script src="jquery.min.js"></script>
20.  </head>
21.  <body>
22.   <script>
23. //......
24.   </script>
25.   <div id="content"></div>
26.   <div class="nav">
27.    <button id="add">添 加</button> <input id="key" /> <button id="search">搜
    索</button>
28.   </div>
29.   <div class="box">
```

```
30.    <input id="title"/><br /><br />
31.    <textarea id="info"></textarea><br /><br />
32.    <button id="save" data-type="0">保 存</button>
33.   </div>
34.   <div id="list">
35.    <ul>
36.    </ul>
37.   </div>
38.  </body>
39. </html>
```

为了直观说明，CSS 代码没有分离，不建议这样做，已投产的项目还是应该独立出来。其中控制离线缓存的文件代码如下：

```
CACHE MANIFEST
jquery.min.js
```

12.4.2 添加数据

在添加数据之前需要先链接数据库，由于是客户端，必然会有很多不同的用户，所以还需要判断客户端是否存在数据库，如果不存在还需要创建，请看下面的代码：

```
var data={};                              //设置一个操作命名空间
data.dbName = 'cms';
data.tbName = 'article';
data.conn=function(callback){
        var rs = this,openDB;
            if(rs.result){callback(rs.result);return;}
            //如果已经连接成功，则直接返回
            rs.db = window.indexedDB || window.webkitIndexedDB ||
             window.mozIndexedDB || window.msIndexedDB;
            openDB = rs.db.open(rs.dbName);
            //无数据库表则创建
            openDB.onupgradeneeded = function(e){
                var rsDB = e.target.result;
                if(!rsDB.objectStoreNames.contains(rs.tbName)){
                console&&console.log("create objectStore(as table)");
                 //设置自动编号
                 var oStore = rsDB.createObjectStore(rs.tbName,
                 {keyPath: "id", autoIncrement:true });
                  oStore.createIndex("idx_title","title",
                 {unique:false});                      //创建索引，利于搜索
                 }
            };
            //打开成功，则执行相关操作
            openDB.onsuccess = function(e){
                var rsDB = e.target.result; //所有操作结果均以此形式返回
                    rs.result = rsDB;
```

```
                            callback(rsDB);
                }
    };
```

由于所有操作都需要链接，因此将 data.conn()方法作为基础方法来完成其他数据操作，
对添加数据方法的设计如下：

```
data.add = function(obj){
    var rs = this;                              //指向 data 对象
        rs.conn(function(result){               //通过回调来完成相应操作
                var tr = result.transaction([rs.tbName],"readwrite");
                var oStore = tr.objectStore(rs.tbName);
                    oStore.add(obj);
        });
};
```

这只是数据底层的操作，data.add(obj)接受一个 JSON 对象，也就是说在交互操作（单击
保存）时，将相应数据组织成一个对象。

12.4.3 列表和查询数据

列表数据和查询数据比较接近，都需要用到游标，先看列表数据的操作代码：

```
data.list = function(callback){
    var rs = this;
        rs.conn(function(result){
                var tr = result.transaction([rs.tbName],"readonly");
                var oStore = tr.objectStore(rs.tbName);
                oStore.openCursor().onsuccess = function(e){
                        var rsDL = e.target.result;
                                if(rsDL){        //无结果时为 undefined
                                        callback(rsDL.value);
                                        rsDL.continue();//继续到下一条记录
                                }
                };
        });
}
```

查询数据的时候还要接受一个关键字参数，一般都需要对文章标题进行查询，所以这里
多了一些匹配操作，详见代码：

```
data.search = function(key,callback){
    var rs = this;
        rs.conn(function(result){
                var tr = result.transaction([rs.tbName],"readonly");
                var oStore = tr.objectStore(rs.tbName);
                    oStore = oStore.index("idx_title");
                    //获取索引对象存储集合
            oStore.openCursor().onsuccess = function(e){
                    var rsDL = e.target.result;
```

```
                        if(rsDL){              //无结果时为 undefined
                            if(key){           //如果有关键字则用正则匹配
                            if(new RegExp(key).test(rsDL.key))
                             callback(rsDL.value);
                            }else{
                                callback(rsDL.value);
                            }
                            rsDL.continue();
                        }
                    }
                });
        };
```

投产项目还可以对此做进一步的性能优化，还请注意。

12.4.4 更新数据

在更新数据时，一般都需要把旧数据读取出来，然后修改，再保存，所以这里需要准备两个方法：一个是获取数据的方法，一个是更新数据的方法。

获取数据的方法，这里使用主键 id 值，在传递数据时尤其要注意数字 12 和字符串"12"在 JavaScript 中的差异，否则获取不到相应的数据，代码如下：

```
data.get = function(id,callback){
    var rs = this;
        rs.conn(function(result){
            var tr = result.transaction([rs.tbName],"readwrite");
            var oStore = tr.objectStore(rs.tbName);
                oStore.get(id).onsuccess = function(event) {
                    callback(event.target.result);
                };
        });
};
```

编辑数据的时候比较特殊，没有传统 SQL 那种"where id="方式，而是需要把主键值 id 包含在需要更新的 JSON 对象中，代码如下：

```
data.edit = function(obj){
    if(!obj.id){
        console.log('没有指定 key id,无法定位修改数据');return;
    }
    var rs = this;
        rs.conn(function(result){
            var tr = result.transaction([rs.tbName],"readwrite");
            var oStore = tr.objectStore(rs.tbName);
                oStore.put(obj);
        });
};
```

12.4.5 删除数据

删除数据和更新数据需要的条件类似，对于主键的数据类型一定要注意，代码如下：

```
data.del = function(id){
    var rs = this;
        rs.conn(function(result){
                var tr = result.transaction([rs.tbName],"readwrite");
                var oStore = tr.objectStore(rs.tbName);
                    oStore.delete(id);
        });
};
```

12.4.6 前端交互

准备好底层数据操作后，就是前端交互部分，即通过用户的操作执行相应的功能，利用 jQuery 来处理 DOM 和事件，代码见【范例 12-2】。

【范例 12-2 前端交互】

```
1.      $(function(){
2.          var listData = function(data){
3.              $("#list ul").append('<li>['+data.id+'] '+data.title+'  <a
                href="javascript:;" class="edit" data-id="'+data.id+'">编辑
                </a> <a href="javascript:;" class="del" data-id="'+data.id
                +'">删除</a></li>');
4.          };
5.          data.list(listData);
6.          //清空编辑框
7.          $("#add").click(function(){
8.              $("#title").val('');
9.              $("#info").val('');
10.             $("#save").attr("data-type",0);    //用来标识添加还是编辑状态
11.         });
12.         //保存数据
13.         $("#save").click(function(){
14.             var id = $(this).attr("data-type") >> 0;
                        //编辑时需要确保数据类型一致
15.             var  inf  =  {"id":id,title:$("#title").val(),info:$("#
                info").val(),time:new Date()};
16.             if(id !=="0"){
17.                 data.edit(inf);
18.             }else{
19.                 delete inf.id;
20.                 data.add(inf);
21.             }
22.             $("#list ul").empty();                  //清空 DOM 树
23.             $("#title").val('');
24.             $("#info").val('');
25.             $(this).attr("data-type",0);            //设置一个自定义属性
```

```
26.            data.list(listData);
27.         });
28.         //删除数据
29.         $(".del").live("click",function(){
30.             var id = $(this).attr("data-id");
31.             data.del(id>>0);                          //注意数据类型
32.             $(this).parent().remove();                //删除一行
33.         });
34.         //修改数据
35.         $(".edit").live("click",function(){
36.             var id = $(this).attr("data-id");
37.             data.get(id>>0,function(rs){
38.                 $("#title").val(rs.title);
39.                 $("#info").val(rs.info);
40.                 $("#save").attr("data-type",id);
41.             });
42.         });
43.         //搜索数据
44.         $("#search").click(function(){
45.             $("#list ul").empty();                    //清空 DOM
46.             data.search($("#key").val(),listData);
47.         });
48.     });
```

将范例保存到 html 文件中，放置到 Web 服务器下运行即可，效果如图 12-6 所示。

图 12-6　简易内容管理系统

12.5 相关参考

- Web SQL Database 在 W3C 的官方文档——https://dev.w3.org/html5/webdatabase/。
- SQLite 数据库官网——http://www.sqlite.org/。

第13章 SVG 动画

我做一部电脑，产品寿命只有 2 年、3 年，最多 5 年，但如果你做动画做得好，这些片子能够永远存在下去！

——史蒂夫·乔布斯

SVG 是一个开放的 W3C 矢量图形标准，它的诞生就是为了和商用矢量图形标准——Flash 抗衡。本章节就来介绍 SVG 有何魅力敢和 Flash 叫板。

主要知识点：

- 圆角边框
- 阴影
- 定位
- 渐变

13.1 什么是 SVG

SVG 意为可缩放矢量图形（Scalable Vector Graphics），它基于可扩展标记语言（XML），用于描述二维矢量图形的一种图形格式标准。简单地说，就是用代码来绘制矢量图形的一种方式。SVG 可以构造 3 种类型的图形对象：矢量图形、位图图像和文字。

13.1.1 SVG 的历史

自 1995 年 Flash 诞生以来，矢量图这一图形格式就展示了其强大的生命力。但是由于其商业专有化的本性，使得 W3C 在 2000 年开始制定一种新型二维矢量图形规范，那个时候正值互联网时代来临，W3C 也想在网络矢量图领域制定一些标准。

2000 年，或许被人遗忘的千年虫问题让全球都绷紧了神经，恰好 XML 的结构化优势帮助人们度过了这个 COBOL 数据危机，而这之后 XML 影响了很多领域，其中也包括 SVG、SQL Server 2000 等。

所以 SVG 基于 XML 且严格遵循 XML 语法。当初设计用"文本格式的描述语言来描述图像内容"在现在看来非常利于机器阅读，如搜索引擎分析。

- 2001 年 9 月 4 日，发布 SVG 1.0。
- 2003 年 1 月 4 日，发布 SVG 1.1。
- 2003 年 1 月 14 日，推出 SVG 移动子版本：SVG Tiny 和 SVG Basic。
- 2008 年 12 月 22 日，发布 SVG Tiny 1.2。
- 2011 年 8 月 16 日，发布 SVG 1.1（第 2 版），成为 W3C 目前推荐的标准。
- W3C 目前仍正在研究制定 SVG 2。

所谓矢量图，就是使用直线和曲线来描述图形且这些是通过数学公式计算得来的，通俗的理解是放大和缩小时皆不失真的图形。在设计行业中常见的 CorelDraw 绘制的*.cdr 印刷图文件、AutoCAD 绘制的*.dwg 工程图文件和 Illustrator 绘制的*.ai 文件均是矢量图文件格式。

13.1.2 SVG 的优缺点

矢量图和传统栅格化的位图相比（如图 13-1 所示），很明显的差异是放大后会有锯齿，即通常说的失真。矢量图在这些情况下优势明显。

图 13-1 位图和矢量图在放大时的差异

SVG 就完成了对矢量图形的支持，除此之外，还加入了简单动画支持和对文字特效的支持，使矢量图从静态图变为动态图。在互联网发达的今天，动态交互特性使其越来越受重视。

SVG 格式矢量图除放大不失真之外还具有以下优点：

- SVG 图形文件可读，易于修改和编辑。
- SVG 与现有技术可以互动融合，如动态部分（包括时序控制和动画）就是基于 SMIL 标准。还可以用 JavaScript 控制 SVG 对象。
- SVG 图形格式可以方便地创建文字索引，从而实现基于内容的图像搜索。
- SVG 图形可在任何分辨率下被高质量地打印。
- SVG 图形格式支持多种滤镜和特殊效果，在不改变图像内容的前提下可以实现位图格式中类似文字阴影的效果。
- SVG 图形格式可以用来动态生成图形，如有交互功能的地图。

但是 SVG 也不是万能的，不是绝对优势的图形格式，只是在某些领域具有很高的价值，所以它也有一些缺点：

- 使用广泛性不如 Flash。
- SVG 本地运行环境下的厂家支持程度有待提高。
- 由于原始的 SVG 文件是遵从 XML 语法，导致数据采用未压缩的方式存放，因此相较于其他的矢量图形格式，同样的文件内容会比其他的文件格式稍大。
- 旧版的 SVG Viewer 无法正确显示出使用新版 SVG 格式的矢量图形。
- IE 9 以前的浏览器不支持 SVG。

对那些手持设备、车载设备、无线设备来说，它们的屏幕一般都比较小，而且显示分辨率低，SVG 的矢量特性也可以让这些设备清楚地浏览 SVG 图像信息，这都是目前的位图图像不能做到的。

13.1.3　SVG 的 Hello World

在支持的浏览器中创建<svg>标签就可以输出内容，下面的代码就是显示黑色，且大小为 24pt 的经典文字"Hello World"。

```
<body>
  <svg width="100%" height="1000">
   <text style="fill:#111;font-size:24pt" x="50" y="50">Hello World!</text>
  </svg>
</body>
```

只不过这些文字不能被鼠标选中，因为它在 svg 中已经不是文本，而是图形数据。图 13-2 是上面代码的运行效果图和 HTML 结构图。对于 IE 9 以前版本需要下载 Adobe SVG Viewer 插件才能正确看到图 13-2 的运行结果。

图 13-2　SVG 版本的 Hello World

13.1.4 SVG 的调用方式

除图 13-2 这样直接嵌入<svg>标签在 HTML5 中来调用以外，还有几种用于老旧浏览器调用的方式。

```
<embed src="sun.svg" width="1100" height="1001" type="image/svg+xml"
pluginspage="http://www.adobe.com/svg/viewer/install/" />
```

上面的代码是使用<embed>标签，<embed>标签被所有主流的浏览器支持，并允许使用脚本。只是严格地从 HTML 规范来讲，<embed>标签并没有包含在任何 HTML 规范中，这似乎证明了现实和理想的差距。

```
<object data="sun.svg" width="300" height="100" type="image/svg+xml"
codebase="http://www.adobe.com/svg/viewer/install/" />
```

<object>标签是 HTML4 的标准标签，被所有较新的浏览器支持，但这种方式都需要安装插件浏览器才能正确显示内容。

对于高级浏览器，可以直接打开*.svg 文档执行其内容。由于 SVG 和其他 Web 标准完全兼容和同步，如 XML、CSS 2、XSLT、DOM 2、SMIL、XLINK、HTML 等。因此，在同一 Web 页面上，如脚本编程等特性，可以同时应用在 HTML 和 SVG 元素上。

13.2 SVG 形状

形状即是几何图形。SVG 预定义了一些基础形状元素，可被开发者使用和操作，通过这些形状能够完成大部分绘制需求：

- 矩形 <rect>
- 圆形 <circle>
- 椭圆 <ellipse>
- 线 <line>
- 折线 <polyline>
- 多边形 <polygon>
- 路径 <path>

其中路径不能算作传统意义上的几何图形，但是在计算机领域，这是一个常用概念，具有特殊用途，比如 Photoshop、Flash 等设计软件中也有路径的概念，它是一种类似辅助线、引导线功能的抽象对象。

13.2.1 矩形（rect）

style 属性支持很多 CSS 样式，但是和标准的 CSS 样式又有所差别，想要知道其支持哪些样式有一个办法可以做到：

```
for(var o in document.getElementsByTagName("rect")[0].style){
    console.log(o);                       //查看对象成员
}
```

在页面中创建一个<rect>元素，通过上面的代码就可以遍历出当前浏览器对<rect>元素支持的样式，比如，输出的样式名是"strokeWidth"则需要转换为"stroke-width"，因为前者是 JavaScript 操作的 DHTML 对象格式，后者才是 CSS 操作的格式。

<rect>标签可用来创建矩形，以及矩形的变种（如平行四边形等），下面的代码创建了一个宽 300 像素、高 100 像素的矩形框：

```
<rect width="300" height="100" style="fill:#ccc;stroke-width:1;stroke:
rgb(0,0,0);" x="10" y="10" />
```

<rect>标签包括的常见属性如下。

- width 和 height 属性可定义矩形的高度和宽度。
- style 属性用来定义 CSS 属性。
- CSS 的 fill 属性定义矩形的填充颜色（rgb 值、颜色名或者十六进制值）。
- CSS 的 stroke-width 属性定义矩形边框的宽度，CSS 的 stroke 属性定义矩形边框的颜色。
- x 属性定义矩形的左侧位置（例如，x="10" 定义矩形到画布窗口左侧的距离是 10px）。
- y 属性定义矩形的顶端位置（例如，y="10" 定义矩形到画布顶端的距离是 10px）。

用过 Photoshop 的读者对圆角肯定很熟悉，<rect>也可以设置成圆角的效果，如图 13-3 所示的对比图。

图 13-3 普通矩形和圆角变体

要让标准矩形变形为圆角矩形需要添加 rx 和 ry 属性，图 13-3 中就分别设置了"rx=20"和"ry=20"。

13.2.2　圆形（circle）

用<circle>标签可以绘制一个圆，下面的代码绘制了一个红色填充的圆形：

```
<circle cx="100" cy="50" r="40" stroke="black" stroke-width="2"
fill="red"/>
```

标签<circle>的主要属性如下。

- cx 属性定义圆点的 x 坐标。
- cy 属性定义圆点的 y 坐标。
- r 属性是圆的半径。

如果省略 cx 和 cy，圆的中心会被设置为(0, 0)。其他属性和<rect>标签有些类似，像 stroke 这样的属性也可以写到 style 中去。

13.2.3　椭圆（ellipse）

用<ellipse>标签来创建椭圆，椭圆与圆很相似。不同之处在于椭圆有两个不同的 x 轴和 y 轴半径，请看下面的代码：

```
<ellipse cx="100" cy="310" rx="100" ry="40"  style="fill:#ff0;stroke:
rgb(0,0, 100);stroke-width:2"/>
```

<ellipse>标签的主要属性如下。

- cx 属性定义圆点的 x 坐标。
- cy 属性定义圆点的 y 坐标。
- rx 属性定义水平半径。
- ry 属性定义垂直半径。

13.2.4　线（line）

用<line>标签来创建线条，所谓两点一线，通过两组 x 和 y 就能绘制一条直线，请看下面的代码：

```
<line x1="420" y1="110" x2="260" y2="260" style="stroke:rgb(99,99,99);
stroke-width:2"/>
```

<line>标签的属性比较容易理解：

- x1 属性在 x 轴定义线条的开始。
- y1 属性在 y 轴定义线条的开始。

- x2 属性在 x 轴定义线条的结束。
- y2 属性在 y 轴定义线条的结束。

13.2.5 折线（polyline）

用<polyline>标签来创建折线，理解起来不难，折线就是把一组不同的点连接起来，请看下面的代码：

```
<polyline points="300,300 300,320 320,320 320,340 340,340 340,360"
style="fill: white;stroke:red;stroke-width:2"/>
```

<polyline>标签的主要属性是 points 属性，它是多组坐标点，坐标组之间用空格隔开，每组包含 x 和 y 坐标，两者用逗号隔开。至少必须有两组。

13.2.6 多边形（polygon）

用<polygon>标签来创建多边形，也就是说至少包括 3 个点的坐标，请看如下代码：

<polygon points="220,100 320,180 300,210 170,250" style="fill:#ccc;stroke:#000;stroke-width:1"/>

<polygon>标签的主要属性是 points 属性，它是多组坐标点，坐标组之间用空格隔开，每组包含用逗号隔开的 x 和 y 坐标。至少必须有 3 组。

 <polygon>和<polyline>的区别在于<polygon>会闭合首尾两个坐标点，相同之处在于都用 points 属性来描述坐标点。

13.2.7 路径（path）

用<path>标签来创建路径，从外观上说和多边形差不多，但是功能却不相同，先请看如下代码：

```
<path d="M450 50 L550 50 L650 150 Z" style="fill:#fff;troke-width:1;stroke:
#000" />
```

属性 d 用于存储路径坐标点数据，下面的命令可用于构造路径数据：

- M = moveto
- L = lineto
- H = horizontal lineto
- V = vertical lineto

- C = curveto
- S = smooth curveto
- Q = quadratic Belzier curve
- T = smooth quadratic Belzier curveto
- A = elliptical Arc
- Z = closepath

其中 M 是整体移动位置，L 是直线绘制，Z 是闭合路径，除此以外的其他命令不常用，请读者自行探索，图 13-4 集合了多种 SVG 形状。

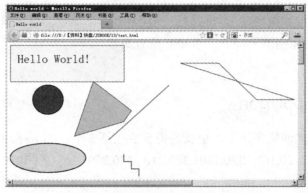

图 13-4 多种 SVG 形状图形

13.3 SVG 滤镜

值得高兴的事情是 Internet Explorer 10 支持 SVG 滤镜，并且从 IE 10 起，微软废弃了原来 IE 特有的滤镜支持，而这些效果完全可以用 SVG 滤镜来实现。常用的 SVG 滤镜如表 13-1 所示。

表 13-1 常用 SVG 滤镜

滤镜	说明
feGaussianBlur	用于创建模糊效果
feColorMatrix	用于色彩转换效果
feImage	用于填充引用图形
feBlend	用于合并两个图形，属性 in 和 in2 指定两个图形
feOffset	设置输入图像相对于图像的当前位置指定的值，经常被用来创建阴影效果
feDiffuseLighting	定义一个远光源
feFlood	创建一个指定的颜色和不透明度值的矩形，对应属性是 flood-color 和 flood-opacity

在 SVG 中用<filter>标签定义滤镜。<filter>标签需要定义一个 id 属性来向图形滤镜进行引用。<filter>标签一般嵌套在<defs>标签内。

13.3.1 高斯模糊滤镜（feGaussianBlur）

Gauss 即高斯，德国著名数学家，18 岁时发现正态分布曲线也即高斯（钟形）曲线，其函数被命名为高斯分布（标准正态分布）。我们通常所说的高斯模糊就是利用高斯曲线算法计算而来的，图 13-5 就是高斯模糊滤镜处理过的椭圆。

图 13-5 SVG 椭圆高斯模糊效果

实现图 13-5 效果的代码如下：

```
<defs>
<filter id="Gaussian_Blur">
<feGaussianBlur in="SourceGraphic" stdDeviation="3" />
</filter>
</defs>
<ellipse cx="200" cy="150" rx="70" ry="40"style="fill:#ff0000;stroke:#000;
stroke-width:2;filter:url(#Gaussian_Blur)"/>
```

其中，<filter>标签的 id 属性可为滤镜定义一个唯一的名称，同一滤镜可被文档中的多个元素使用。filter:url 属性用来把元素链接到滤镜上。<feGaussianBlur>标签的 stdDeviation 属性定义模糊的程度。in="SourceGraphic"意思是设置由整个图像创建效果。除此之外还有 result 属性，它是把处理后的输出存放到一个临时缓存中，这个缓存可以在其他滤镜的 in 属性中被调用。

13.3.2 色彩转换滤镜（feColorMatrix）

在一些重大哀悼日时，很多网站会将整个网站的页面变成黑白灰色以示哀悼。那么这种效果在 SVG 中如何做到呢？答案是要使用 feColorMatrix 滤镜。

```
<filter id="grayscale">
<feColorMatrix type="matrix" values="0.33 0.33 0.33 0 0 0.33 0.33 0.33 0 0
0.33 0.33 0.33 0 0 0 0 0 1 0"/>
</filter>
```

把上面的代码放在<svg>标签中，然后在 CSS 中进行如下引用就能实现网页的去色效果，只有黑白灰的状态，没有任何彩色。

```
<style>
body{filter:url(#grayscale);}
</style>
```

还有一种调用方式就是把<svg>代码另存为一个*.svg 文件，比如：

```
<svg version="1.1" xmlns="http://www.w3.org/2000/svg">
    <filter id="grayscale">
        <feColorMatrix type="matrix" values="0.33 0.33 0.33 0 0 0.33 0.33
        0.33 0 0 0.33 0.33 0.33 0 0 0 0 0 1 0"/>
    </filter>
</svg>
```

那么在 CSS 中调用时就需要加上上面的 svg 文件路径：

```
filter: url(gray.svg#grayscale);
```

这样做有一个明显的好处，即可以定义很多公共滤镜，就像 CSS 文件一样，可以内嵌，也可以在外部引用。

13.3.3 位移滤镜（feOffset）

阴影是设计中最重要的元素之一，在 W3C 的推荐文档中，feOffset 滤镜也是重点推荐滤镜之一，尤其是在阴影处理方面，如图 13-6 所示，4 个矩形都添加了阴影效果，具体代码请看【范例 13-1】。

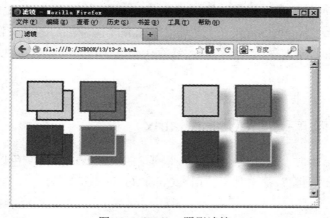

图 13-6 feOffset 阴影滤镜

【范例 13-1 feOffset 阴影滤镜】

```
1.    <svg width="100%" height="500">
```

```
2.    <filter id = "f1" width = "150%" height = "150%">
3.        <feOffset result = "offOut" in = "SourceGraphic" dx = "30" dy =
          "30"/>
4.        <feGaussianBlur result = "blurOut" in = "offOut" stdDeviation =
          "10"/>
5.        <feBlend in = "SourceGraphic" in2 = "blurOut" mode = "normal"/>
6.    </filter>
7.    <g stroke-width = "5" filter = "url(#f1)">
8.        <rect x = "10%" y = "10%" width = "20%" height = "20%" stroke =
          "blue" fill = "wheat"/>
9.        <rect x = "40%" y = "10%" width = "20%" height = "20%" stroke =
          "green" fill = "tomato"/>
10.       <rect x = "10%" y = "40%" width = "20%" height = "20%" stroke =
          "red" fill = "forestgreen"/>
11.       <rect x = "40%" y = "40%" width = "20%" height = "20%" stroke =
          "yellow" fill = "grey"/>
12.   </g>
13.  </svg>
```

在【范例 13-1】中，运用了<g>标签批量应用在 4 个矩形图形中，其中<filter>首先运用 feOffset 滤镜使其向右向下位移 30 像素并输出到 offOut，如图 13-6 左边效果，接着用模糊滤镜处理 offOut 又输出到一个新的 blurOut 中，最后用 feBlend 将 blurOut 和原图（SourceGraphic）合并形成最终效果。

13.4 SVG 渐变

渐变是从一种颜色到另一种颜色的平滑过渡。另外，可以把多个颜色的过渡应用到同一个元素上。SVG 渐变的支持是通过渐变元素（linearGradient 和 radialGradient）以及渐变属性（gradientUnits 和 gradientTransform）提供的。渐变颜色由 stop 元素定义。渐变元素可用于 SVG 形状的填充和笔划属性。

13.4.1 线性渐变（linearGradient）

<linearGradient>标签的 x1、x2、y1、y2 属性定义渐变开始和结束位置。线性渐变可以定义为水平、垂直或角渐变（如图 13-7 所示）：

- 当 y1 和 y2 相等，而 x1 和 x2 不同时，可创建水平渐变。
- 当 x1 和 x2 相等，而 y1 和 y2 不同时，可创建垂直渐变。
- 当 x1 和 x2 不同，且 y1 和 y2 不同时，可创建角形渐变。

图 13-7　几种线性渐变模式

图 13-7 的实现代码如【范例 13-2】所示。

【范例 13-2　几种线性渐变模式】

```
1.    <svg width="100%" height="500">
2.    <defs>
3.     <linearGradient id="grad1" x1="0%" y1="0%" x2="0%" y2="100%">
4.      <stop offset="0%"style="stop-color:rgb(255,255,0);stop-opacity:1"/>
5.      <stop offset="100%"style="stop-color:rgb(255,0,0);stop-opacity:1"/>
6.     </linearGradient>
7.     <linearGradient id="grad2" x1="0%" y1="0%" x2="100%" y2="0%">
8.      <stop offset="0%"style="stop-color:rgb(255,255,0);stop-opacity:1"/>
9.      <stop offset="100%"style="stop-color:rgb(255,0,0);stop-opacity:1"/>
10.    </linearGradient>
11.    <linearGradient id="grad3" x1="0%" y1="50%" x2="100%" y2="0%">
12.     <stop offset="0%"style="stop-color:rgb(255,255,0);stop-opacity:1"/>
13.     <stop offset="100%"style="stop-color:rgb(255,0,0);stop-opacity:1"/>
14.    </linearGradient>
15.    <linearGradient id="grad4" x1="50%" y1="0%" x2="0%" y2="100%">
16.     <stop offset="0%"style="stop-color:rgb(255,255,0);stop-opacity:1"/>
17.     <stop offset="100%"style="stop-color:rgb(255,0,0);stop-opacity:1"/>
18.    </linearGradient>
19.   </defs>
20.   <rect x="10" y="10" width="100" height="50" fill="url(#grad1)" />
21.   <rect x="10" y="110" width="100" height="50" fill="url(#grad2)" />
22.   <rect x="210" y="10" width="100" height="50" fill="url(#grad3)" />
23.   <rect x="210" y="110" width="100" height="50" fill="url(#grad4)" />
24.   </svg>
```

13.4.2　放射渐变（radialGradient）

<radialGradient>标签 cx、cy 和 r 属性定义最外层圆的位置和大小，fx 和 fy 则定义最内层圆，如图 13-8 所示。

图 13-8 放射渐变

放射渐变只有位置的区别，没有方向的变化，图 13-8 效果的实现代码如下：

```
<defs>
<radialGradient id="grad1" cx="50%" cy="50%" r="80%" fx="50%" fy="50%">
  <stop offset="0%" style="stop-color:rgb(255,255,0);stop-opacity:1" />
  <stop offset="10%" style="stop-color:#ccc;stop-opacity:1" />
  <stop offset="50%"style="stop-color:rgb(255,120,122);stop-opacity:0.5"/>
  <stop offset="100%" style="stop-color:rgb(255,0,0);stop-opacity:1" />
</radialGradient>
</defs>
<rect x="10" y="10" width="200" height="150" fill="url(#grad1)" />
```

13.5 制作简单的 SVG 动画——太阳系

在这个实例中，通过 SVG 形状绘制太阳，并且让地球沿椭圆形轨道公转，也给读者展示一下 SVG 动画的使用方法，预览效果如图 13-9 所示。

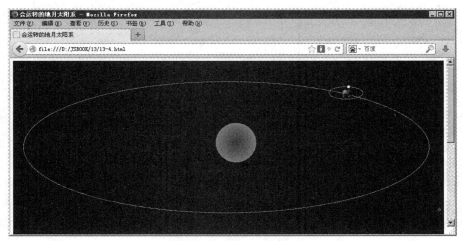

图 13-9 会运转的太阳系

13.5.1 SVG 绘制的太阳和地球公转轨迹

在宇宙中，星空是黑色的，所以创建画布后先设置一下星空的颜色：

```
<rect x='0' y='0' width='100%' height='100%' fill='black' />
```

然后在这个漆黑的宇宙里绘制一个红彤彤的太阳，这就要运用<circle>标签和放射渐变：

```
<radialGradient id='sunfill' cx='50%' cy='50%' r='100%' >
    <stop stop-color='red' offset='0%' stop-opacity='1' />
    <stop stop-color='yellow' offset='95%' stop-opacity='1' />
    <stop stop-color='white' offset='100%' stop-opacity='1' />
</radialGradient>
    <circle cx='660' cy='250' r='60' fill='url(#sunfill)' />
```

众所周知，地球是围绕太阳公转的，所以需要用<path>标签设置一个椭圆形公转轨迹：

```
<path id='path1' d='M1200,200 h 0 a600,200 0 1,0 1,1 z' fill='none'
stroke='white' stroke-width='1' />
```

13.5.2 贴图地球和地月系统

地月系统实际上也是一个物体围绕另一个物体按照特定轨迹路径运动的系统。而这个系统是太阳系的一个独立运行物体，最好的办法就是把地月系统组合成一个相对独立的对象，这就需要用到<g>标签，这个<g>标签组合的地月系统是独立体，需要定义在<defs>标签中，在需要调用的地方使用，否则它会莫名地显示在画布的某个角落。

给<g>标签 id 定义为"E"，然后放置一个外部引用的 gif 图片，简单调整一下位置和尺寸，其代码如下：

```
<g id='E' >
    <image xlink:href="earth.gif" x="330" y="75" height="30px"
    width="30px"></image>
</g>
```

然后在<g>标签里再加上地月系统的月亮运动轨迹：

```
<path id='path2' d='M390,80 h 0 a50,19 0 1,0 1,1 z'  fill='none' stroke=
'white' stroke-width='1' />
```

这个 path2 的坐标实际上是相对 image 定义的地球的，和 path1 定义的地球运动轨迹有所不同。然后绘制一个简单的白色月亮，并让其按 path2 定义的轨迹旋转，具体代码如下：

```
<circle cx='0'cy='0'r='5' fill='white' stroke='black' stroke-width='1' >
    <animateMotion dur='30s' repeatCount='indefinite' >
        <mpath xlink:href='#path2' />
    </animateMotion >
```

```
</circle>
```

其中<animateMotion>标签用于定义动画，属性 dur 设置了这个动画完成的时间周期是 30 秒，对应月球围绕地球转动周期 30 天，运行次数 repeatCount 为无限次，路径就是前面定义的 path2。

至此，地月系统已经完成，但只是存在于<defs>预定义中，还没有被调到画布上，所以在画布上看不到任何效果，如何让地月系统显示出来呢？可使用<use>标签，请看下面的代码：

```
<use x="0" y="0" xlink:href="#E">
   <animateMotion dur='365s' repeatCount='indefinite' >
         <mpath xlink:href='#path1' />
   </animateMotion >
</use>
```

还用到了<animateMotion>标签，因为地球也是围绕太阳转动的，其参数都相似，只是路径引用不同，其<use>就相当于前面绘制月球的<circle>标签，这里只是引用了整个<g>标签定义的更为复杂的对象而已。

13.5.3 太阳系

通过前面的准备，现在就可以完成太阳系的运动效果了。图 13-9 的完整实现代码如【范例 13-3】所示。

【范例 13-3 运动的太阳系】

```
1.   <!DOCTYPE html5>
2.   <html>
3.    <head>
4.     <title>会运转的地月太阳系</title>
5.    </head>
6.    <body>
7.   <svg width="100%" height="1000">
8.   <defs>
9.      <g id='E' transform='translate(-340,-90)'>
10.          <image   xlink:href="earth.gif"   x="330"   y="75"   height="30px"
     width="30px"></image>
11.          <path id='path2' d='M390,80 h 0 a50,19 0 1,0 1,1 z'   fill='none'
     stroke='white' stroke-width='1' />
12.          <!-- 让月亮转起来 -->
13.          <circle cx='0' cy='0' r='5' fill='white' stroke='black' stroke-
     width='1' >
14.              <animateMotion dur='30s' repeatCount='indefinite' >
15.                  <mpath xlink:href='#path2' />
16.              </animateMotion >
17.          </circle>
18.      </g>
19.      <radialGradient id='sunfill' cx='50%' cy='50%' r='100%' >
20.          <stop stop-color='red' offset='0%' stop-opacity='1' />
```

```
21.            <stop stop-color='yellow' offset='95%' stop-opacity='1' />
22.            <stop stop-color='white' offset='100%' stop-opacity='1' />
23.      </radialGradient>
24. </defs>
25. <!--黑色星空背景-->
26.      <rect x='0' y='0' width='100%' height='100%' fill='black' />
27. <!--太阳-->
28.      <circle cx='660' cy='250' r='60' fill='url(#sunfill)' />
29. <!--地球公转轨道-->
30.      <path id='path1' d='M1200,200 h 0 a600,200 0 1,0 1,1 z' fill='none'
    stroke='white' stroke-width='1' />
31. <!--让地球转起来-->
32.      <use x="0" y="0" xlink:href="#E">
33.            <animateMotion dur='365s' repeatCount='indefinite' >
34.                  <mpath xlink:href='#path1' />
35.            </animateMotion >
36.      </use>
37.    </svg>
38.  </body>
39. </html>
```

13.6 相关参考

- 世界地图——https://upload.wikimedia.org/wikipedia/commons/0/03/BlankMap-World6.svg。
- SVG 元素——https://developer.mozilla.org/en-US/docs/Web/SVG/Element。

第三篇

HTML5 Canvas
实战篇

第 14 章 Canvas 的初步应用
——再画一个哆啦 A 梦

用一根线条去散步!

——瑞士画家保罗·克莱

人类对绘画的追求自古已有,据说最早的人类绘画可以追溯到 32000 年前的法国肖维岩洞动物壁画,而 Canvas 就是 HTML5 给网页加的一张自由画布。

本章主要知识点:

- Canvas 绘制直线
- Canvas 绘制矩形
- Canvas 绘制曲线
- Canvas 绘制文本

14.1 什么是 Canvas

Canvas 元素是 HTML5 的一部分,允许脚本语言动态渲染位图像。Canvas 像<div>一样,在 HTML5 中就是一个常用的标签,主要用于 2D 绘画,将来可能会用于 3D 绘画。

14.1.1 Canvas 起源

<canvas>标签最早由苹果公司在 Safari 浏览器中引入。对 HTML 进行这一扩展的原因在于,希望 HTML 在 Safari 中的绘图能力也能为 Mac OS X 桌面的 Dashboard 组件所使用,并且苹果公司希望在 Dashboard 中支持脚本化的图形。

在没有 Canvas 元素的条件下绘制一条对角线该怎么办?这个需求非常简单,但实际上,如果没有一套二维绘图 API,这会是一项相当复杂的工作。

HTML5 Canvas 能够提供这样的功能,对浏览器端来说非常有用,因此 Canvas 被纳入了 HTML5 规范。

起初，苹果公司曾暗示可能会为 WHATWG 草案中的 Canvas 规范申请知识产权，这在当时引起了一些 Web 标准化追随者的关注。不过，苹果公司最终还是按照 W3C 的免版税专利权许可条款公开了其专利。

微软在早期浏览器中为了解决网页中绘图的问题，选择了 VML 的解决方案，直到 IE 9 的时候才放弃这一特立独行的解决办法转而支持 Canvas。

14.1.2 Canvas 的支持情况

现在，主流浏览器 IE 9+、Chrome、Safari、Firefox、Opera 对 Canvas 都有很好的支持度，IE 8 及之前的版本则不支持 Canvas，参见表 14-1。

表 14-1 各浏览器对 Canvas 最早开始支持的版本

浏览器 特性	IE	Safari	Firefox	Opera	Chrome	Android Browser
Canvas	9	3.1	2	9.5	4	3

对于 IE 8 及以前的版本，可以使用 Google Chrome 浏览器内嵌框架（如图 14-1 所示）来支持 Canvas。这是 Google 推出的一款免费 Internet Explorer 专用插件，使用此插件，用户可以通过 Internet Explorer 的用户界面，以 Chrome 内核的渲染方式浏览网页。Chrome Frame 会把最新版的 Chrome Webkit 内核和 JavaScript 引擎注入 IE 中，而不会改变用户原来的上网方式。

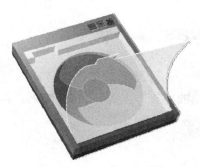

图 14-1 Google Chrome Frame 谷歌浏览器内嵌框架

14.1.3 Canvas 优缺点及与 SVG 的对比

Canvas 的优点是：

- 不需要将所绘制图像中的每个图元当作对象存储，因此执行性能非常好。
- 实现 API 相对于其他语言或工具来说比较简单。

Canvas 的缺点是：

- 绘制的图形是静态的，要制作动画效果需要处理每一帧的图形，对于复杂的图形和大型动画，目前看来不及 Flash。
- 到目前为止只支持 2D 绘图，要想实现 3D 绘图则需要借助第三方类库，如 three.js 或 Papervision3D 等。

Canvas 和 SVG 对比而言区别在于：

- Canvas 本质上是一个位图画布，其上绘制的图形是不可缩放的，不能像 SVG 图像那样可以被放大和缩小。
- 用 Canvas 绘制出来的对象不属于页面 DOM 结构或者任何命名空间，像是一个被公认支持的插件一样，SVG 图像却可以在不同的分辨率下流畅地缩放，并且支持点击检测，能检测到鼠标点击了图像上的哪个点。
- Canvas 本身没有绘图能力，必须依赖 JavaScript 才能完成，而 SVG 本身就能完成绘图。

Canvas 和 SVG 的对比如表 14-2 所示。

表 14-2 Canvas 和 SVG 对比

Canvas	SVG
依赖分辨率，不可自由缩放	不依赖分辨率，可自由缩放
不支持事件处理器	支持事件处理器
弱的文本渲染能力	文本渲染能力强
依赖 JavaScript 绘制图形	自身完成图形绘制
最适合图像密集型的游戏	最适合带有大型渲染区域的应用程序（比如地图）
图形处理性能良好	复杂度高会减慢渲染速度（任何过度使用 DOM 的应用都不快）

14.1.4 Canvas 与 JavaScript

JavaScript 是一门语言，而且是嵌入式的、"寄宿式"的语言，只要宿主环境提供了，它都能操作。Canvas 是浏览器内核提供给 JavaScript 的一组图形 API，也就是说能够操作 Canvas 绘图的不只有 JavaScript，很多软件都有绘图 API，但是操作语言不是 JavaScript，有可能是 C++等。

JavaScript 能够操作这些 API 都得益于浏览器厂家的提供，甚至第三方插件的提供，比如 Flash，它也是可以和 JavaScript 交互的。

14.1.5 Canvas 的发展

虽然 2012 年遇到 Facebook 放弃发展 HTML5 的负面影响，但是在 2013 年，很多厂家开始使用 HTML5，也使得 Canvas 蓬勃发展起来，IE、欧朋等浏览器厂家纷纷开启长期闲置的 WEBGL 硬件加速，以 UNREAL3 引擎制作的 DEMO 更展现了令人惊叹的画面效果。

国外的 canv.as 图片社区就主要基于 Canvas 技术，而国内大型浏览器厂商 UC 则推出了基于 Canvas 的 X-Canvas 引擎，解决了诸多性能和兼容问题，像烦琐的物理碰撞检测都提供了独立的物理碰撞引擎。

以前的网页只是展示数据，而今，互联网的发展使得网页承载更多、更重要的工作，原本那些需要桌面应用才能完成的任务，现在在网页上也能完成，Canvas 的出现是对 Web 应用的锦上添花，大家有理由相信 Web 应用会越来越好，Canvas 也会越来越好，一个比较实际的例子就是天猫双十一购物狂欢节推出的红包游戏，它就是基于 Canvas 的，如图 14-2 所示。

图 14-2 天猫双十一活动游戏

14.1.6 Canvas 标签的使用

要使用 Canvas 标签，只需要在 HTML5 网页中添加 Canvas 元素即可：

```
<canvas id="myCanvasTag" width="400" height="400"></canvas>
```

14.2 绘制形状和文字

所谓形状是指几何图案，使用 Canvas 可以绘制各种图案，包括矩形、路径、线条、填充、圆弧以及贝塞尔曲线和二次曲线。Canvas 标记是一种"即时模式"（将绘制命令直接发送到图形硬件）的二维绘制方式，可用于传送实时图形、动画或交互式游戏，无须下载单独的插件。

14.2.1 直线（lineTo）

直线是绘图的基础，如果刚刚接触 Canvas，就应该先看看 Canvas 是如何绘制直线的，【范例 14-1】就是一个简单的绘制直线的例子。

【范例 14-1 利用 lineTo 绘制直线】

```
1.  <canvas id="lineto" width="400" height="500">您 的 浏 览 器 不 支 持 canvas 。
    </canvas>
2.  <script>
3.    var dw = document.getElementById("#lineto").getContext("2d");
4.         //移动到起点
5.         dw.moveTo(50, 50);
6.         //绘制到终点
7.         dw.lineTo(420, 200);
8.         //绘制完成
9.         dw.stroke();
10.        //新画一条
11.        dw.beginPath();
12.        //设置线条宽度
13.        dw.lineWidth=10;
14.        //设置填充颜色
15.        dw.strokeStyle = "#ccc";
16.        //移动到起点
17.        dw.moveTo(450, 50);
18.        //绘制到终点
19.        dw.lineTo(100, 250);
20.        //绘制完成
21.        dw.stroke();
22. </script>
```

【范例 14-1】运行效果如图 14-3 所示，上面代码中第一行的<canvas>标签是嵌入 HTML5 网页的元素，如果浏览器不支持则会显示"您的浏览器不支持 canvas"。

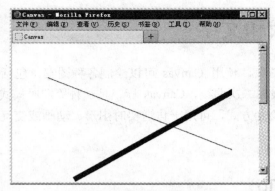

图 14-3 用 lineTo 绘制两条直线

第 3 行的变量 dw 获得 document.getElementById("#lineto").getContext("2d")返回的一个画布对象，这个对象提供了画布所使用的大多数方法。目前，Canvas 只支持二维环境，所以参数只能是"2d"。getContext 方法只有 canvas 对象才提供。

两点决定一线，首先要将画笔移动（moveTo）到起点，然后绘制（lineTo）到终点，最后将这个路径完整地绘制（stroke）到画布上呈现出来。

在第 11 行又绘制一条新的直线，而且直线的大小还可以重新设置，也就是说，每一次绘制都可以重新设置画笔的大小甚至颜色等属性，对【范例 14-1】中用到的方法/属性及其说明请见表 14-3。

表 14-3 canvas 常见方法/属性及其说明

属性/方法	说明
moveTo()	把路径移动到画布中的指定点，不创建线条
lineTo()	添加一个新点，然后在画布中创建从该点到最后指定点的线条
stroke()	绘制已定义的路径
beginPath()	起始一条新路径，或重置当前路径
lineWidth	设置或返回当前的线条宽度
strokeStyle	设置或返回用于笔触的颜色、渐变或模式
lineCap	设置或返回线条的结束端点样式

其中 strokeStyle 属性不仅接受颜色值，还接受渐变颜色、放射渐变颜色填充和图片填充，有点像 Photoshop 中的油漆桶工具🪣，具体用法请参考第 15 章的内容。lineCap 属性则用于设置直线端点的样式，即平直（butt）端点、圆形（round）端点和正方形（square）端点，其中平直端点是默认样式，它比整形端点要短一些，对比效果如图 14-4 所示。

图 14-4 canvas 的 lineCap 线条端点样式对比图

14.2.2 矩形（rect）

接下来看看矩形是如何绘制的，在直角坐标系中，矩形的一个角点加上距离就可以确定其位置和大小，下面的【范例 14-2】绘制出的矩形如图 14-5 所示。

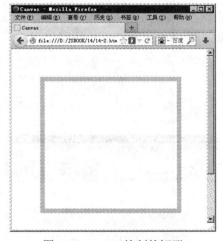

图 14-5 canvas 绘制的矩形

【范例 14-2 绘制矩形】

```
1.  //设置线条宽度
2.  dw.lineWidth=10;
3.  //设置填充颜色
4.  dw.strokeStyle = "#ccc";
5.  //绘制矩形
6.  dw.rect(50,50,300,300);
7.  //绘制完成
8.  dw.stroke();
```

对比 14-1 和 14-2 两个范例，是否感觉很相似？是的，都会用到线条，所以一些属性设置都是相同的。在 canvas 中与矩形绘制相关的还有几个方法，具体说明请见表 14-4。

表 14-4　canvas 矩形绘制相关方法

属性/方法	说明
rect(x,y,width,height)	绘制矩形路径
fillRect(x,y,width,height)	绘制"被填充"的矩形
fillStyle	设置或返回用于填充绘画的颜色、渐变或模式
strokeRect(x,y,width,height)	绘制矩形（无填充）
clearRect()	在给定的矩形内清除指定的像素
fill()	根据当前绘图路径填充

通过表 14-4 可知，【范例 14-2】最后两行代码还可以换成：

```
dw.strokeRect(50,50,300,300);
```

如果要绘制一个实心的矩形，就需要用 fillRect()方法，并且还要设置 fillStyle 属性，其设置和 strokeStyle 类似，效果如图 14-6 所示，具体代码如下：

```
//设置填充颜色
dw.fillStyle = "#ccc";
//绘制实心矩形
dw.fillRect(50,50,300,300);
```

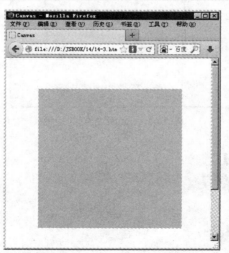

图 14-6　fillRect 绘制实心矩形

同样也可以先绘制一个矩形路径，然后再用 fill()方法填充，就像在 Photoshop 中，先用选区工具⬚选择一个区域（相当于路径），再用油漆桶工具⬥填充（相当于 fill()），具体代码如下：

226

```
dw.rect(50,50,300,300);
dw.fill();
```

14.2.3 圆（arc）

圆的某一部分是弧，那么一个 360°的弧就是一个圆。在 canvas 中只有直接绘制圆弧的方法，没有直接绘制圆的方法。绘制一个圆弧很简单，代码如下：

```
dw.arc(100,75,50,0,270*Math.PI/180,false);
dw.stroke();
```

圆弧绘制方法 arc（x,y,sAngle,eAngle,counterclockwise）中的参数比较复杂，x 是圆的中心的 x 坐标，y 是圆的中心的 y 坐标，r 是圆的半径，sAngle 是起始角，以弧度计（弧的圆形的三点钟位置是 0°，如图 14-7 所示），eAngle 是结束角，counterclockwise 是可选的，false表示顺时针绘图，true 表示逆时针绘图。

Math.PI 是 JavaScript 内置的圆周率，270*Math.PI/180 就是 270°的弧长。第 5 个参数默认是顺时针。如果要对这个弧形进行填充，那么追加下面的代码即可：

```
dw.fillStyle="#000";
dw.fill();
```

这个填充弧形图案最终如图 14-8 所示。

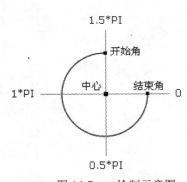

图 14-7 arc 绘制示意图

图 14-8 弧形填充图案

现在离绘制圆形已经很接近了，只需要把 270°改为 360°即可，所以计算之后，arc 的第 4 个参数就是 2*Math.PI，请读者自行动手验证。

14.2.4 弧和圆角（arcTo）

圆角是常见的应用形状，除使用 arc 通过确定的中心点来绘制弧形之外，还可通过切线来绘制弧形，这就是 arcTo。它有一个好处，即可以在不知道中心坐标的情况下把接下来需要绘制的弧形绘制出来，计算中心坐标可不是方便的事情，这个时候 arcTo 就派上大用场了。arcTo 方法有 5 个参数，分别是弧的起点的 x 坐标、弧的起点的 y 坐标、弧的终点的 x 坐标、弧的终点的 y 坐标和弧的半径。图 14-9 是它的用法对比图。

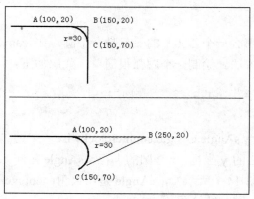

图 14-9　arcTo 用法示意图

【范例 14-3】是图 14-9 上半部分的一个弧形效果（不包含 AB 到 BC 之间的线条）：

【范例 14-3　绘制弧形】

```
1.  //设置线条宽度
2.  dw.lineWidth=2;
3.  //设置填充颜色
4.  dw.strokeStyle = "#ccc";
5.  dw.beginPath();
6.  //绘制直线
7.  dw.moveTo(20,20);
8.  dw.lineTo(100,20);
9.  //绘制圆弧
10. dw.arcTo(150,20,150,70,30);
11. dw.lineTo(150,120);           // 创建垂直线
12. //绘制完成
13. dw.stroke();
14. dw.beginPath();
15. dw.strokeStyle = "#ddd";
16. dw.lineWidth=1;
17. dw.moveTo(100,20);
18. dw.lineTo(150,20);           // 创建垂直线
19. dw.lineTo(150,70);           // 创建垂直线
20. dw.stroke();
```

首先设置画笔样式，如宽度为 2、颜色为灰色；再将画笔移动到起点位置(20,20)，绘制一条直线；然后画弧形；最后再画一条直线。完成绘制后，为了便于对比，又新起一个绘画路径任务，将颜色变淡，宽度变窄，位置移动到弧形开始的 A 点位置（如图 14-9 所示），接

着绘制两条直线，通过效果图会发现，AB 和 BC 就是这个弧的切线。下面是图 14-9 中另一个弧形的代码。

```
//设置线条宽度
dw.lineWidth=2;
//设置填充颜色
dw.strokeStyle = "#ccc";
dw.beginPath();
//绘制直线
dw.moveTo(20,20);
dw.lineTo(100,20);
//绘制圆弧
dw.arcTo(250,20,150,70,30);
//绘制完成
dw.stroke();
dw.beginPath();
dw.strokeStyle = "#ddd";
dw.lineWidth=1;
dw.moveTo(100,20);
dw.lineTo(250,20);              // 创建垂直线
dw.lineTo(150,70);              // 创建垂直线
dw.stroke();
```

14.2.5 贝塞尔曲线（quadraticCurveTo）

圆和弧都是规则的曲线图形，而很多项目中还需要绘制一些不规则的曲线图形，这时候就需要用到贝塞尔曲线。贝赛尔曲线又称贝兹曲线，是电脑图形学中相当重要的参数曲线。贝塞尔曲线于 1962 年由法国工程师皮埃尔·贝塞尔（Pierre Bézier）所发表，他运用贝塞尔曲线来为汽车的主体进行设计。

如果要绘制如图 14-10 所示的曲线，用二次方贝塞尔曲线就可以轻松做到。

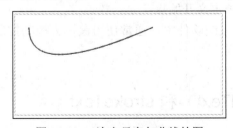

图 14-10 二次方贝塞尔曲线绘图

使用 quadraticCurveTo()方法，实际上是通过 3 个点（起点、控制点和终点，其中起点默认是当前位置），利用二次方贝塞尔曲线公式来绘制曲线，绘制图 14-10 的代码如下：

```
dw.moveTo(20,20);
dw.quadraticCurveTo(20,100,200,20);
dw.stroke();
```

二次方贝塞尔曲线需要两个点。第一个点是用于二次方贝塞尔计算的控制点，第二个点是曲线的结束点。曲线的开始点是当前路径中最后一个点。如果路径不存在，那么请使用 beginPath() 和 moveTo() 方法来定义开始点。其简单原理如图 14-11 所示。

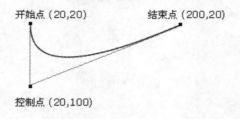

图 14-11 二次方贝塞尔曲线控制示意图

从二次方贝塞尔曲线的名称可以联想还有三次方、四次方贝塞尔曲线，常用的是三次方贝塞尔曲线 bezierCurveTo(p1x,p1y,p2x,p2y,x,y)。它多增加了一个控制点，使曲线更加曲折平滑，如图 14-12 所示。

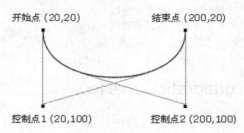

图 14-12 三次方贝塞尔曲线控制示意图

三次方贝塞尔曲线需要 3 个点。前两个点是用于三次方贝塞尔计算中的控制点，第三个点是曲线的结束点。曲线的开始点是当前路径中最后一个点。如果路径不存在，同样可使用 beginPath() 和 moveTo() 方法来定义开始点。

在 Photoshop 和一些矢量图软件中，通常使用鼠标去拖动控制点、开始点和结束点来调整曲线以达到需求目的。

14.2.6 绘制文本（fillText）和 strokeText

CSS3 对文本的控制是非常简洁和灵活的，Canvas 同样也提供了图形处理中必不可少的文字（文字也是一种特殊的图案）处理接口。

绘制文本和绘制路径类似，有填充绘制文本方式 fillText 和非填充绘制文本方式 strokeText，参数相同，第一个是需要的字符串，后面的则是起点坐标，从图 14-13 可以看出它们之间的区别。

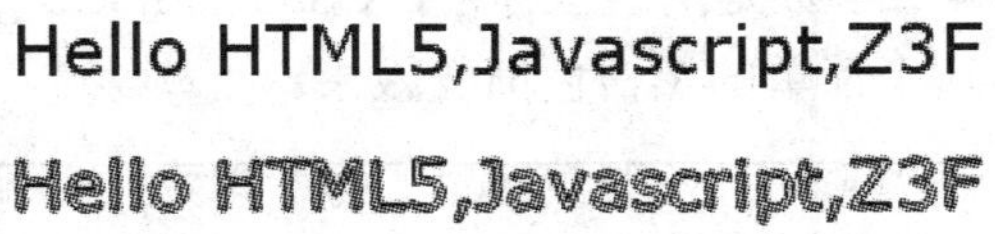

Hello HTML5,Javascript,Z3F

Hello HTML5,Javascript,Z3F

图 14-13 绘制文本的两种方式

实现图 14-13 效果的代码如下：

```
dw.font="20px Verdana";
dw.fillText("Hello HTML5,Javascript,Z3F",10,50);
dw.strokeText("Hello HTML5,Javascript,Z3F",10,90);
```

表 14-5 列举了文本绘制相关的属性和方法。

表 14-5 绘制文本相关属性和方法

属性/方法	说明
font	设置或返回文本内容的当前字体属性
textAlign	设置或返回文本内容的当前对齐方式
textBaseline	设置或返回在绘制文本时使用的当前文本基线
fillText()	在画布上绘制"被填充的"文本
strokeText()	在画布上绘制文本（无填充）

14.3 颜色、风格和阴影

只绘制线条和文字恐怕不能满足实际的项目需求，HTML5 为此还提供了画笔颜色、渐变、阴影等工具。

14.3.1 线性渐变（createLinearGradient）

在第 10 章介绍过 CSS3 的线性渐变 linear-gradient，而 Canvas 中也存在线性渐变。技术总是惊人的相似，只有语法或者风格上的差异。例如，由一种颜色渐变到另一种颜色，Canvas 中实现代码如下：

```
var grd=dw.createLinearGradient(0,0,170,0);
    grd.addColorStop(0,"black");
    grd.addColorStop(1,"white");
    dw.fillStyle=grd;
    dw.fillRect(20,20,150,100);
```

231

createLinearGradient 的 4 个参数是两组坐标值，CSS3 的 linear-gradient 也有"to right"这样类似的值。图 14-14 就是这个简单的黑白色渐变效果。

图 14-14 线性渐变

由于线性渐变可能是非水平或垂直的，linear-gradient 还要接收 10deg 这样的角度值，而 createLinearGradient 则不用，因为两个点组成的线本身就带有角度；对于颜色和距离，Canvas 需要用 addColorStop 额外来添加，虽然没有 CSS3 提供的方式简洁，但更适合程序动态处理，请通过下面的代码来理解多渐变色及角度渐变：

```
var grd=dw.createLinearGradient(0,60,120,0);
    grd.addColorStop(0,"black");
    grd.addColorStop("0.3","magenta");
    grd.addColorStop("0.5","blue");
    grd.addColorStop("0.6","green");
    grd.addColorStop("0.8","yellow");
    grd.addColorStop(1,"white");
    dw.fillStyle=grd;
    dw.fillRect(20,20,150,100);
```

代码变化并不大，只是坐标参数的改变导致角度的变化，多次调用 addColorStop 设置更多渐变色，效果如图 14-15 所示。

图 14-15 角度渐变和增加渐变色

相关参数说明请参考表 14-6。

表 14-6 线性渐变相关方法及说明

方法	说明
createLinearGradient(x1,y1,x2,y2)	创建线性的渐变对象，需要两组坐标
addColorStop(stop,color)	规定 gradient 对象中的颜色和位置 stop 介于 0.0 与 1.0 之间，表示渐变中开始与结束之间的位置 color 为在结束位置显示的 CSS 颜色值
createRadialGradient(x1,y1,r1,x2,y2,r2)	创建放射状/环形的渐变 前 3 个参数设置开始圆（内圆），后 3 个参数则设置结束圆（外圆）

14.3.2 放射渐变（createRadialGradient）

放射渐变和线性渐变使用起来很相似，都需要用 addColorStop 方法来控制渐变位置和颜色，只是多了两个参数，以设置圆的半径值，先看看如图 14-16 所示的效果。

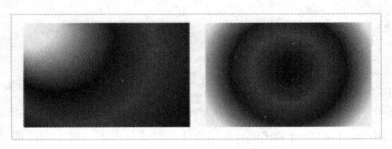

图 14-16 放射渐变效果图

绘制效果图的代码如下：

```
var grd=dw.createRadialGradient(10,10,5,90,60,100);
    grd.addColorStop(0,"black");
    grd.addColorStop("0.3","magenta");
    grd.addColorStop("0.5","blue");
    grd.addColorStop("0.6","green");
    grd.addColorStop("0.8","yellow");
    grd.addColorStop(1,"white");
    dw.fillStyle=grd;
    dw.fillRect(20,20,150,100);
```

将 createRadialGradient 的构造参数修改成 createRadialGradient(95,65,5,95,65,100)，其他代码不变，则放射的位置就发生了变化，如图 14-16 右侧效果所示。

14.3.3 阴影

阴影在 CSS3 中很常用，在 Canvas 中也是必不可少的，控制阴影的几个属性也相对简单，如表 14-7 所示。

表 14-7 阴影相关属性说明

属性	说明
shadowColor	设置或返回用于阴影的颜色
shadowBlur	设置或返回用于阴影的模糊级别
shadowOffsetX	设置或返回阴影距形状的水平距离，可以是负数
shadowOffsetY	设置或返回阴影距形状的垂直距离，可以是负数

下面就简单演示一下如何设置阴影，请看如下代码：

```
dw.shadowColor="black";
dw.fillStyle="blue";
dw.shadowBlur=1;
dw.fillRect(20,20,100,80);
dw.shadowBlur=10;
dw.fillRect(20,120,100,80);
dw.shadowOffsetX=10;
dw.fillRect(220,20,100,80);
dw.shadowOffsetY=10;
dw.fillRect(220,120,100,80);
```

在以上代码中 shadowColor 和 fillStyle 作为通用样式只出现一次（实际项目中可能多次出现），后面分别绘制 4 个矩形并进行调整以区别阴影的不同效果，如图 14-17 所示。

图 14-17 阴影效果

14.4 再画一个哆啦 A 梦

在第 10 章中曾用 CSS3 绘制过一个卡通形象——哆啦 A 梦，Canvas 是 HTML5 提供的绘图功能，所以它也能够完成 CSS3 做的事情，相比而言，Canvas 用到的 HTML 标签更少。图 14-18 就是使用 Canvas 绘制的哆啦 A 梦的头像步骤图。

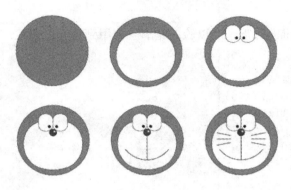

图 14-18 Canvas 绘制的哆啦 A 梦头像

14.4.1 准备工作

因为 HTML5 支持 Canvas，所以文档头的标记应该是：

```
<!DOCTYPE HTML5>
```

在\<body>标签中需要一个 canvas 标签：

```
<div id="doraemon">
    <canvas class="face" width="600" height="800">您的浏览器不支持 canvas。
    </canvas>
</div>
```

无须多余的 CSS 样式代码即可在\<script>标签中用 JavaScript 进行绘制，首先还是要用 getContext 方法获取 canvas 对象：

```
var face = document.querySelector("#doraemon .face").getContext("2d");
```

14.4.2 绘制头和脸

由于这个卡通形象的头正好是圆形，所以用 arc 方法就可以绘制出头的路径，然后 fillStyle 填充色设置为蓝色#07BEEA，先填充，再绘制头像的轮廓，stroke 一下即可完成对轮廓的绘制而共用同一个 arc 绘制出的路径，具体代码如下：

```
face.arc(252, 252, 250, 0, 360 * Math.PI / 180);        //画圆
face.fillStyle = "#07BEEA";                              //填充色
face.fill();                                             //填充
face.lineWidth = 2;
face.strokeStyle = "#333";                               //画笔色
face.stroke();                                           //画轮廓线
```

而白色大脸不是标准的圆形，所以脸的轮廓就要用到贝塞尔曲线，请看如下代码：

```
face.beginPath();                                        //重置当前绘画路径
face.moveTo(160, 450);                                   //画笔移动
face.bezierCurveTo(0, 400, 0, 110, 210, 115);            //三次方贝塞尔曲线 (左边)
face.lineTo(290, 115);                                   //上边
face.bezierCurveTo(500, 110, 500, 400, 340, 450);        //三次方贝塞尔曲线 (右边)
face.bezierCurveTo(280, 470, 220, 470, 160, 450);        //三次方贝塞尔曲线 (下颚)
face.fillStyle = "#FFF";                                 //填充色
face.fill();                                             //填充
face.stroke();                                           //画
```

14.4.3 绘制眼睛和鼻子

哆啦 A 梦的眼睛也不是标准圆，所以依然要用贝塞尔曲线才能完成，请看绘制眼眶的代码：

```
face.beginPath();                                        //重置当前绘画路径
face.moveTo(150, 150);                                   //画笔移动
face.lineTo(150, 100);                                   //左眼左竖线
face.bezierCurveTo(160, 50, 240, 50, 250, 100);          //左下眼睑
face.lineTo(250, 150);                                   //左眼右竖线
face.bezierCurveTo(240, 200, 160, 200, 150, 150);        //左上眼睑
face.moveTo(250, 150);                                   //画笔移动
face.lineTo(250, 100);                                   //右眼左竖线
face.bezierCurveTo(260, 50, 340, 50, 350, 100);          //右上眼睑
face.lineTo(350, 150);                                   //右眼右竖线
face.bezierCurveTo(340, 200, 260, 200, 250, 150);        //右下眼睑
face.fillStyle = "#FFF";                                 //填充色
face.fill();                                             //填充
face.stroke();                                           //画
```

黑色的眼睛是两个圆形，还需要填充：

```
face.beginPath();                                        //重置当前绘画路径
face.arc(225, 155, 10, 0, 360 * Math.PI / 180);
face.arc(275, 155, 10, 0, 360 * Math.PI / 180);
face.fillStyle = "#333";                                 //填充色
```

```
face.fill();                                               //填充
```

鼻子也是一个圆，只是上面有高光，高光实质上就是一个放射性填充的圆，具体请看如下代码：

```
//绘制鼻子
face.beginPath();                              //重置当前绘画路径
face.arc(250, 197, 25, 0, 360 * Math.PI / 180);
face.fillStyle = "#C93E00";                    //填充色
face.fill();                                   //填充
face.stroke();                                 //绘制鼻子高光
face.beginPath();                              //重置当前绘画路径
face.arc(260, 190, 10, 0, 360 * Math.PI / 180);
var grd = face.createRadialGradient(260,190,2,260,190,10);
                                               //创建一个放射渐变样式
grd.addColorStop(0,"#FFF");                    //由内到外的颜色
grd.addColorStop(1,"#C93E00");                 //由内到外的颜色
face.fillStyle = grd;
face.fill();                                   //填充
```

14.4.4 绘制嘴巴和胡须

接下来绘制嘴巴和胡须，胡须就是一些线条，相对简单，调整好位置即可，具体代码如下：

```
//绘制嘴巴
face.beginPath();                              //重置当前绘画路径
face.moveTo(250, 222);
face.lineTo(250, 395);
face.moveTo(100, 320);
face.bezierCurveTo(180, 420, 320, 420, 400, 320);
face.lineWidth = 3;
face.stroke();
//绘制胡子
face.beginPath();                              //重置当前绘画路径
face.moveTo(80, 200);
face.lineTo(180, 220);
face.moveTo(80, 245);
face.lineTo(180, 245);
face.moveTo(80, 290);
face.lineTo(180, 270);
face.moveTo(320, 220);
face.lineTo(420, 200);
face.moveTo(320, 245);
face.lineTo(420, 245);
face.moveTo(320, 270);
```

```
face.lineTo(420, 290);
face.stroke();
```

14.5 相关参考

- 一个基于 Canvas 的创意图片社区——https://blog.canv.as/。
- UC 出品的 X-Canvas 引擎——http://bbs.uc.cn/forum.php?mod=viewthread & id=2146434。
- 贝塞尔曲线原理动画——https://zh.wikipedia.org/wiki/贝兹曲线。

第 15 章 Canvas 的高级应用
——制作飞行游戏

只有当人充分是人的时候，他才游戏；只有当人游戏的时候，他才完全是人。
——约翰·克里斯托弗·弗里德里希·冯·席勒（德国诗人）

通过第 14 章的学习，已经能够利用 Canvas 完成简单的、基础的几何图形应用，但是 Canvas 不仅仅能做到这些，还有非常多的高级特性，甚至能够把 Photoshop 搬到 Web 上来。本章就在第 14 章的基础上再介绍一些 Canvas 的高级应用。

本章主要知识点：

* 图形旋转
* 图形合成
* 矩形碰撞检测

15.1 转换

现实物体的复杂程度非常高，不是简单几个矩形、圆形这种基础图形就能描绘出来的，正因为如此，Canvas 提供了转换功能，从字面意思上理解就是把基础图形转换成复杂度更高的图形，这也是熟悉 Canvas 复杂功能不可忽略的部分。

15.1.1 放大和缩小

先看一下放大在 Canvas 中的实现，图 15-1 是放大一个矩形的前后效果对照图。

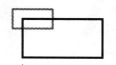

图 15-1 Canvas 放大

图 15-1 的实现代码如下：

```
<canvas id="canvas" width="400" height="500">您的浏览器不支持 canvas。</canvas>
<script>
var dw = document.querySelector("#canvas").getContext("2d");
    //原大小
    dw.strokeRect(10,10,40,20);
    //放大
    dw.scale(2,2);
    //放大之后再画
    dw.strokeRect(10,10,40,20);
</script>
```

所谓放大，一般指大小是原来图形的多少倍，图 15-1 绘制了原大小矩形和放大之后的矩形，同时应注意它的坐标位置也被放大了，这种策略和 Photoshop 的策略不同，在 Photoshop 中，矩形的中心点不变，左右上下变化，放大之后再绘制的代码其实相当于下面的代码：

```
dw.strokeRect(20,20,80,40);
```

方法 scale(*scalewidth, scaleheight*)在 Canvas 中主要负责放大和缩小任务，其中 *scalewidth* 参数缩放当前绘图的宽度，1=100%，0.5=50%，2=200%，其他值以此类推，*scaleheight* 参数缩放当前绘图的高度，其值参考前者。

另外需要注意的是，如果使用过缩放，那么之后所有的绘图也会被缩放，之后所有定位也会被缩放。这种策略下，对于初学者来说很容易造成逻辑计算的混乱，所以在使用完缩放后应将其恢复过来，如果前面放大了两倍，那么恢复的时候需要设置为 scale(0.5,0.5)，即需要缩小一半，也就是前后比率乘积等于 1（2*0.5=1），而不能直接设置为 scale(1,1)。图形缩小也是如此，具体效果请读者自行实践。

除放大和缩小功能之外，scale 也能实现翻转效果，如图 15-2 所示，载入一张外部的图片，当加载完成时，先正常绘制到画布上，然后通过 scale 的负数设置，就可以绘制出翻转效果。

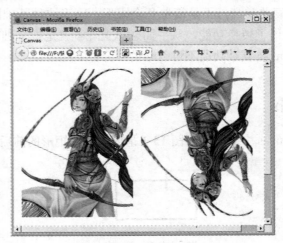

图 15-2 scale 可使图形翻转

图 15-2 的实现代码如下：

```
var dw = document.querySelector("#canvas").getContext("2d");
var img = new Image();
    img.src = "sanguo.jpg";
    //加载完毕之后
    img.onload = function(){
        dw.drawImage(img,0,0);
        dw.scale(1,-1);
        dw.drawImage(img,280,-360);
    }
```

以上代码中用到了 drawImage()方法，这个方法的具体用法请参考第 16 章的相关内容。

15.1.2 平移和旋转

平移的意思就是位置移动，或 X 轴或 Y 轴。在图 15-2 的基础上，增加一次 translate 平移操作，效果如图 15-3 所示，代码如下：

```
var ctx = document.querySelector("#canvas").getContext("2d");
    ctx.strokeRect(10,10,550,20);
    ctx.translate(70,70);
var img = new Image();
    img.src = "sanguo.jpg";
    img.onload = function(){
        ctx.drawImage(img,0,0);
        ctx.scale(-1,1);
        ctx.drawImage(img,-540,0);
    }
```

图 15-3 translate 平移操作

为了对照坐标，在平移操作前绘制了一个矩形，起点坐标是（0,0），通过 translate 将原点位置移动到（70,70），虽然用 drawImage 绘制图片时指定的坐标也是（0,0），但是实际上并未重叠，这就是平移产生的效果，平移的原理如图 15-4 所示。由图 15-4 可知，平移对以前的绘制无影响。

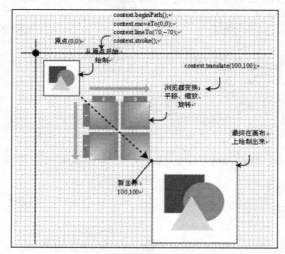

图 15-4 translate 平移分析图

平移 translate 也接收负值，因为它会影响后面所有的操作，负数相当于还原的设置，如果没有，坐标换算是相当烦琐的事情。

利用 rotate(radian)方法可以实现图形旋转功能，它只接收参数 radian，计算单位是弧度，这一点和 CSS3 有些不同，所以在实现的时候需要计算一下，请看如下示例代码：

```
var ctx = document.querySelector("#canvas").getContext("2d");
    ctx.strokeRect(20,20,500,20);
    ctx.strokeStyle="#ccc";
    ctx.rotate(30*Math.PI/180);
    ctx.strokeRect(20,20,500,20);
```

代码很简单，先绘制了一个矩形，然后设置边线颜色，旋转 30°，通过 30*Math.PI/180 转换成弧度，然后再用相同的代码绘制，其效果如图 15-5 所示，其中灰色是旋转后的矩形。

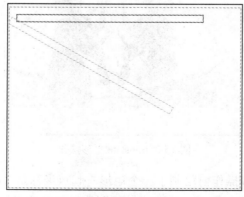

图 15-5 旋转功能

15.1.3 矩阵转换

前面介绍的缩放、平移和旋转都有不同的调用方法，在 Canvas 内部，这些变形转换都可以通过转换矩阵 transform 来实现，其语法如下：

```
ctx.transform(m11,m12,m21,m22,dx,dy);
```

该方法使用一个新的变换矩阵与当前变换矩阵进行乘法运算，该变换矩阵的形式如图 15-6 所示。

例如之前的平移操作，实际上的原理如图 15-7 所示，将旧的图形坐标 x 和 y，移动到新坐标 x′ 和 y′，那么新坐标位置则是：x′=x+dx，y′=y+dy。

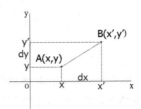

图 15-6 transform 参数对应的矩阵　　　　　图 15-7 平移坐标分析图

这个计算最终转换为矩阵，即 ctx.translate(dx,dy) 可以被替换成 ctx.transform(1,0,0,1,dx,dy)，如图 15-8 所示。

同样，对于缩放 scale(s_x, s_y)也是可以用矩阵转换的，s_x 和 s_y 分别表示在 x 轴和 y 轴上的缩放倍数，如图 15-9 所示。

$$\begin{Bmatrix} x' \\ y' \\ 1 \end{Bmatrix} = \begin{pmatrix} 1 & 0 & dx \\ 0 & 1 & dy \\ 0 & 0 & 1 \end{pmatrix} \begin{pmatrix} x \\ y \\ 1 \end{pmatrix}$$

$$\begin{pmatrix} x' \\ y' \\ 1 \end{pmatrix} = \begin{pmatrix} s_x & 0 & 0 \\ 0 & s_y & 0 \\ 0 & 0 & 1 \end{pmatrix} \begin{pmatrix} x \\ y \\ 1 \end{pmatrix}$$

图 15-8 平移矩阵　　　　　　　　　　图 15-9 缩放矩阵

缩放前后只是倍率的不同，即新坐标为：x′=s_x*x，y′=s_y*y。最后 ctx.scale(s_x, s_y)可以用 ctx.transform (s_x,0,s_y,1,0,0)来替换。而 rotate(θ)则稍微复杂一些，如图 15-10 所示。

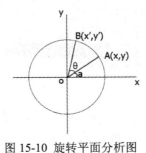

图 15-10 旋转平面分析图

在图 15-10 中，B 点是通过 A 点逆时针旋转 θ° 得到的，因为 A 点坐标为：

```
x=r*cosa
y=r*sina
```

所以 B 点坐标为：

```
x'=r*cos(a+θ)=x*cosθ-y*sinθ
y'=r*sin(a+θ)=x*sinθ+y*cosθ
```

对应的矩阵如图 15-11 所示。

$$\begin{pmatrix} x' \\ y' \\ 1 \end{pmatrix} = \begin{pmatrix} \cos\theta & -\sin\theta & 0 \\ \sin\theta & \cos\theta & 0 \\ 0 & 0 & 1 \end{pmatrix} \begin{pmatrix} x \\ y \\ 1 \end{pmatrix}$$

图 15-11 旋转矩阵

也就是说 ctx.transform(Math.cos(θ*Math.PI/180),Math.sin(θ*Math.PI/180),-Math.sin(θ* Math.PI/180),Math.cos(θ*Math.PI/180),0,0)可以替代 ctx.rotate(θ)。

读者对矩阵不清楚也没有关系，Canvas 提供的基本 API 能够完成很多应用效果，这不会成为大家学习的障碍。

15.2 合成

如果说转换的对象是指当前对象，那么合成的对象就是多个不同对象，数量不同是明显的差别。就像 Photoshop 中图层的概念，前者只操作当前图层，后者则可以操作多个图层。

15.2.1 用 Photoshop 控制图形合成

用 Photoshop 打开任意一张图片都可以看到图层面板，如图 15-12 所示，其中被框住的下拉列表中有多种图层合成选项，比如当前的叠加模式。

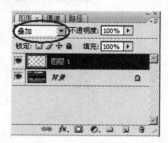

图 15-12 Photoshop 中的图层合成选项

很多软件都有图层的概念，而每一个图层实际上就是一个图形画布，相当于一个 Canvas，最终生产的图片就可能是多个图层合并出来的结果。

15.2.2 使用 Canvas 控制图形合成

在 Canvas 中能够做到类似 Photoshop 图层模式控制的 API 就是 globalCompositeOperation 属性。对于前后绘制的两个图形，默认情况下如图 15-13 左边效果所示，但是通过 globalCompositeOperation 属性可以设置成不一样的模式。

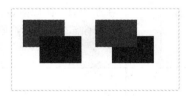

图 15-13 globalCompositeOperation 属性改变图形合成模式

绘制图 15-13 的代码如下：

```html
<script>
var ctx = document.querySelector("#canvas").getContext("2d");

    ctx.fillStyle="red";
    ctx.fillRect(20,20,75,50);
    ctx.globalCompositeOperation="source-over";
    ctx.fillStyle="blue";
    ctx.fillRect(50,50,75,50);

    ctx.fillStyle="red";
    ctx.fillRect(150,20,75,50);
    ctx.globalCompositeOperation="destination-over";
    ctx.fillStyle="blue";
    ctx.fillRect(180,50,75,50);
</script>
```

globalCompositeOperation 的用法同 Canvas 其他属性 API 类似，且会影响后面所有的操作，其详细设置请参考表 15-1。

表 15-1 globalCompositeOperation 属性

值	效果	说明
source-over		默认，位于原（旧）图形之上

（续表）

值	效果	说明
source-atop		在原（旧）图像顶部显示新图像。新图像位于原（旧）图像之外的部分不可见
source-in		在原（旧）图像中显示新图像。只有原（旧）图像内的新图像部分会显示，原（旧）图像透明
source-out		在原（旧）图像之外显示新图像。只会显示原（旧）图像之外新图像部分，原（旧）图像透明
Destination-over		在原（旧）图像下显示新图像
destination-atop		在原（旧）图像下显示新图像，新图像之外的原（旧）图像部分不会被显示
destination-in		在新图像中显示原（旧）图像。只有新图像内的原（旧）图像部分会被显示，原（旧）图像是透明的
destination-out		在新图像外显示原（旧）图像。只有新图像外的原（旧）图像部分会被显示，新图像是透明的

（续表）

值	效果	说明
lighter		显示原（旧）图像+新图像
copy		显示新图像，忽略原（旧）图像

15.3 碰撞检测

在很多游戏中都有碰撞检测，而碰撞检测中，最简单的测试就是矩形碰撞检测，通过包装它能实现更为复杂的检测，甚至在 3D 游戏环境中也能实现。

15.3.1 圆形碰撞检测

碰撞检测的核心就是检测对象是否重叠，无论 2D 还是 3D 均是如此。

圆形和圆形的碰撞相对来说是 2D 环境中最简单的碰撞，因为在数学中对于两个圆形是否重叠有现成的计算公式，就是计算两个圆心之间的距离公式——两圆心之间的距离是否小于两圆的半径和，如图 15-14 所示。

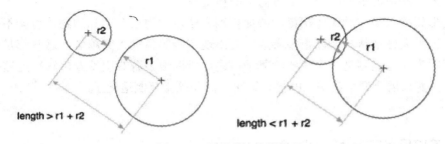

图 15-14 圆形碰撞检测原理

假设圆形 1 的圆心坐标是(x1,y1)，半径是 r1，圆形 2 的圆心坐标是(x2,y2)，半径是 r2，将原理转化为数学公式就是：$(x1-x2)^2+(y1-y2)^2<(r1+r2)^2$。在开发时将其转化为代码即可。

15.3.2 矩形碰撞检测

一般规则的物体碰撞都可以处理成矩形碰撞，实现的原理同样是检测两个矩形是否重叠。假设矩形 1 左上角的坐标是(x1,y1)，宽度是 w1，高度是 h1；矩形 2 左上角的坐标是(x2,y2)，宽度是 w2，高度是 h2，如图 15-15 所示。

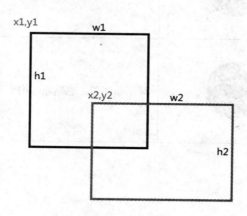

图 15-15 矩形碰撞示意图

这种检测示意图转换成数学表达式就是：

```
x1 + w1 > x2 && x1 < x2 + w2 && y1 + h1 > y2 && y1 < y2 + h2
```

其中 x1 + w1 > x2 限定第一个矩形的右边线在第二个矩形的左边线右边，x1 < x2 + w2 限定第一个矩形的左边线在第二个矩形的右边线左边。

这样下来，就判定两个矩形在 X 方向上的相交。

同理，y1 + h1 > y2 限定第一个矩形的下边线在第二个矩形的上边线下面，y1 < y2 + h2 限定第一个矩形的上边线在第二个矩形的下边线上边。

这样下来，就判定两个矩形在 Y 方向上的相交。

但是矩形碰撞只是一种比较粗糙的碰撞检测方法，因为很多实际的物体可能不是一个规则的矩形，比如人体形状。所以很多游戏中会出现穿墙等各种"穿越"，这些都是碰撞算法的问题。正因为碰撞检测是一个重要的复杂问题，所以很多游戏引擎专门解决过这些问题，实际应用中可能只需要调用某些 API 接口即可，而无须重复制造轮子。

15.4 实现打飞机游戏

游戏是交互性最强的应用。本节就利用 Canvas 提供的一些主要 API 来完成一个热门游戏应用——打飞机游戏，从中体会 HTML5 游戏开发的魅力。

15.4.1 打飞机游戏设计

本实例最终的效果如图 15-16 所示，借鉴微信打飞机游戏的一些思路和元素，将其移至 HTML5 的 Canvas 平台下。

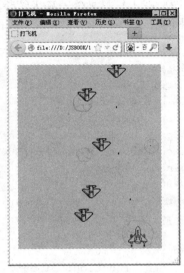

图 15-16 打飞机游戏效果图

在本实例中只实现用户通过键盘左右键对飞机的左右移动的操控以及子弹和敌机的碰撞检测等游戏核心操作的实现。

15.4.2 移动的星空

绝大多数游戏都有一个游戏场景，华美绚丽的环境甚至是其成功的一大因素，一般来说那些装饰性的环境应该和操作对象相分离，在本实例中，星空背景就只是一个装饰性的东西，但是有了这个简单的移动星空，就能使人感觉真实。

```
<div style="position:relative;">
  <canvas id="feiji" width="300" height="400">您的浏览器不支持 canvas。
  </canvas>
  <canvas id="beijing" width="300" height="400">您的浏览器不支持 canvas。
  </canvas>
</div>
```

以上代码中使用了两个 canvas，将背景用的 id 定义为 beijing，操作飞机用的 id 定义为 feiji。把星空背景做成一张图片，让图片衔接自然一些即可，然后用 CSS 引用进来，代码如下：

```
#beijing{
   position:absolute;
   background:url(beijing.jpg);z-index:1;
}
```

这样引用的 jpg 背景是静态的，为了让背景从上往下动起来，可以选择用 CSS3 来控制，这也是讲过的内容，具体代码如下：

```
#beijing{
        position:absolute;
        background:url(beijing.jpg);z-index:1;
        -webkit-animation-name: flymove;
        -webkit-animation-duration: 10s;
        -webkit-animation-timing-function: linear;
        -webkit-animation-iteration-count: 20000;
        -moz-animation-name: flymove;
        -moz-animation-duration: 10s;
        -moz-animation-timing-function: linear;
        -moz-animation-iteration-count: 20000;
        -ms-animation-name: flymove;
        -ms-animation-duration: 10s;
        -ms-animation-timing-function: linear;
        -ms-animation-iteration-count: 20000;
}
/*让背景星空动起来*/
@-webkit-keyframes flymove{
   0%{background-position:0 0;}
   100%{background-position:0 800px;}
}
@-moz-keyframes flymove{
   0%{background-position:0 0;}
   100%{background-position:0 800px;}
}
@-ms-keyframes flymove{
   0%{background-position:0 0;}
   100%{background-position:0 800px;}
}
```

对于 animation 这些 CSS3 属性，具体可参考第 10 章和第 11 章的内容。对于飞机层也要定位一下，背景层设置 z-index 为 1，则飞机层设置 z-index 为 2：

```
#beijing,#feiji{position:absolute;}
#feiji{top:0;left:0;z-index:2;}
```

15.4.3 加载资源

在游戏里都有很多资源，不可能用 Canvas 来一一绘制，都是其他专业人员做好的图片声音等，所以在大多数游戏里都有一个游戏资源加载的过程，如【范例 15-1】所示。

【范例 15-1 加载游戏资源】

```
1.      <script>
2.      var fjmap = document.querySelector("#feiji").getContext("2d");
3.      (function(){
4.            var loaded = 0;
5.            var jpg = {};                        //存储资源
6.            var bullets = {};
7.            var enemys = {};
8.            function load(pic,callback){
9.                    var img = new Image()
10.                       img.src = pic;
11.                       img.onload=function(){
12.                               loaded++;
13.                               jpg[pic]=img;
14.                               callback();
15.                       };
16.            }
17.            load("self.png",init);              //我方战机
18.            load("enemy.png",init);             //敌机
19.            function init(){
20.                    if(loaded==2){              //资源总数,资源加载完毕后执行
21.                            //这里就是资源加载完成要做的事情
22.                    }else{
23.                            //这里可以做一些 loading 之类的事情
24.                    }
25.            }
26.      })();//闭包结束
27.      </script>
```

这个资源加载非常简单，使用闭包将大部分代码包装起来，这样避免了变量污染，闭包中的 load 方法主要处理资源的加载（这里主要是图片，具体项目可能更复杂），加载成功后就执行初始化 init 方法，通过 if 判断，可以区分加载完成做什么，加载未完成做什么，比如 loading 进度条都可以在未完成的状态下处理。

15.4.4 我方战机、敌机和子弹

把这个游戏简单化之后就剩下 3 个对象，分别是我方战机、敌机和子弹。【范例 15-

2】、【范例 15-3】和【范例 15-4】分别是它们的实现代码。

【范例 15-2 我方战机对象的实现】

```
1.   function fighter(){
2.      this.x = 130
3.      this.y = 350
4.      this.w = jpg["self.png"].width
5.      this.h = jpg["self.png"].height
6.      var rs = this;
7.      fjmap.drawImage(jpg["self.png"],this.x,this.y);
8.      window.addEventListener('keydown', function(e){
9.             if(e.keyCode == 37){
10.                   rs.left();
11.            }else{
12.                   rs.right();
13.            }
14.     }, true);
15.  }
16.  fighter.prototype.move = function(x){
17.     fjmap.clearRect(this.x,this.y,this.w,this.y);
18.     fjmap.drawImage(jpg["self.png"],this.x+=x,this.y);
19.  }
20.  //向左移动
21.  fighter.prototype.left = function(){
22.     this.move(-4);
23.  }
24.  //向右移动
25.  fighter.prototype.right = function(){
26.     this.move(4);
27.  }
```

在【范例 15-2】中，我方战机默认监控键盘事件，键盘上的左右移动键会分别控制我方
战机的左右移动（还可以扩展成上下移动）。

【范例 15-3 敌机对象的实现】

```
1.   function enemy(){
2.      this.w = jpg["enemy.png"].width
3.      this.h = jpg["enemy.png"].height
4.      this.x = parseInt(Math.random()*(300-this.w));
5.      this.y = 0;
6.      var rs = this;
7.      fjmap.drawImage(jpg["enemy.png"],this.x,this.y);        //显示敌机
8.      this.timer = setInterval(function(){
9.             if(rs.y>400){
10.                   rs.stop();
```

```
11.              return;
12.           }
13.         rs.clear();                       //旧飞机位置
14.         fjmap.drawImage(jpg["enemy.png"],rs.x,rs.y+=3);
15.     },20)
16. }
17. //擦除敌机
18. enemy.prototype.clear = function(){
19.     fjmap.clearRect(this.x,this.y,this.w,this.h);
20. }
21. enemy.prototype.stop = function(){
22.     clearInterval(this.timer)
23.     enemys[this.name]=null;
24.     delete enemys[this.name];
25. };
```

敌机不受用户控制，会随机从顶部出现，【范例 15-3】中用 Math.random()方法产生一个随机的 x 坐标，同时它会自动飞行，所以用 setInterval 方法定时器让敌机向下飞过来，另外还提供了 stop()方法，用于敌机被子弹打中或飞出可视区域后自动销毁的一系列操作。

【范例 15-4 子弹对象的实现】

```
1.  function bullet(x,y){
2.      this.x = x;
3.      this.y = y;
4.      //接受一个x,y发射点坐标
5.      var rs = this;
6.      this.timer = setInterval(function(){
7.              if(rs.y<0){
8.                  rs.stop();
9.                  enemys[rs.name]=null;
10.                 return;
11.             }
12.             rs.fly();
13.     },100);
14.     fjmap.fillStyle="#0000ff";
15.     fjmap.fillRect(x,y,2,4);
16. }
17. bullet.prototype.stop = function(){
18.     clearInterval(this.timer);
19.     bullets[this.name]=null;
20. };
21. bullet.prototype.fly = function(){
22.     this.check();                          //碰撞检测
23.     fjmap.clearRect(this.x,this.y,2,4);    //擦除旧子弹
24.     fjmap.fillRect(this.x,this.y-=50,2,4); //绘制新子弹
```

```
25. };
26. bullet.prototype.check = function(){
27.     var x1 = this.x;
28.     var y1 = this.y;
29.     var w1 = 2,h1 = 4;
30.     for(var em in enemys){
31.             var e = enemys[em];
32.             if(!e) continue;
33.             var x2 = e.x,y2=e.y,w2=e.w,h2=e.h;
34.             if(x1 + w1 > x2 && x1 < x2 + w2 && y1 + h1 > y2 && y1 < y2 + h2){
35.                     enemys[e.name].clear();
36.                     enemys[e.name].stop();
37.             }
38.     }
39. }
```

子弹和敌机有点类似，也用了 setInterval 来控制飞行，同时子弹还有一个任务就是检测是否打中了敌机，也就是碰撞检测，可能这个碰撞检测的效率不是最高的，只是基本说明了碰撞检测的思路，打中敌机之后就调用敌机的销毁方法（还可以扩展成华丽的爆炸动画）。

15.4.5 让游戏动起来

场景准备好了，资源准备好了，对象准备好了，现在需要做的就是整合，这个整合点就是初始化方法 init，整合的内容就是要有己方的飞机出现、子弹发射、敌机出现等任务。请看【范例 15-5】中的代码。

【范例 15-5 让游戏动起来】

```
1.  function init(){
2.    if(loaded==2){          //资源总数,资源加载完毕后执行
3.          //我方战机
4.          var myfig = new fighter();
5.          //持续出现敌机
6.          setInterval(function(){
7.                  var n = Math.random();
8.                  enemys[n] = new enemy();
9.                  enemys[n].name = n;
10.         },500)
11.         //持续发射子弹
12.         setInterval(function(){
13.                 var n = Math.random();
14.                 bullets[n]=new bullet(myfig.x+20,myfig.y-10);
15.                 bullets[n].name = n;
16.         },200);
```

```
17.     }else{
18.            //这里可以做一些loading之类的事情
19.     }
20. }
```

因为敌机是持续出现的，所以用 setInterval 方法不断产生敌机，子弹的位置是基于我方战机所在位置的，所以用 setInterval 产生的子弹需要接受一个坐标参数。

到这里打飞机游戏基本完成，可以用键盘操作飞机来瞄准敌机以消灭它，而一款商业性质的游戏，还需要很多内容，比如计分、关卡等。

15.5 相关参考

- Canvas 版的 Photoshop——https://muro.deviantart.com/。
- 如何在 Canvas 与 SVG 之间进行选择 —— https://msdn.microsoft.com/zh-cn/library/gg193983。

第 16 章 Canvas 的另类应用
——压缩和解压

哲学家也要学数学，因为他必须跳出浩如烟海的万变现象而抓住真正的实质……又因为这是使灵魂过渡到真理和永存的捷径。

——柏拉图

压缩是指在不丢失信息的前提下，按照一定的算法对数据进行重新组织，以减少数据冗余和存储空间的一种方法，而算法就是压缩和解压的桥梁。

本章主要知识点：

- 绘制图片
- Canvas 图像像素值格式
- RGBA 像素操作

16.1 绘制图片

在第 15 章中用到过绘制图片的功能来加载游戏资源，在这里就具体介绍绘制图片功能的详细用法，在 Canvas 中主要是用 drawImage()方法来完成任务，它能够在画布上绘制图像，也能够绘制图像的某些部分，以及增加或减少图像的尺寸。drawImage()方法有 9 个参数：

```
drawImage(img,sx,sy,swidth,sheight,x,y,width,height);
```

这些参数的具体说明如表 16-1 所示。

表 16-1 drawImage 方法的参数

参数	说明
img	规定要使用的图像、画布或视频
x	在画布上放置图像的 x 坐标位置
y	在画布上放置图像的 y 坐标位置

（续表）

参数	说明
sx	可选，开始剪切的 x 坐标位置
sy	可选，开始剪切的 y 坐标位置
swidth	可选，被剪切图像的宽度
sheight	可选，被剪切图像的高度
width	可选，要使用的图像的宽度（伸展或缩小图像）
height	可选，要使用的图像的高度（伸展或缩小图像）

16.1.1　绘制外部载入的图片

这个方法最少使用含有 3 个参数的 drawImage(img,x,y)，第 15 章已有介绍，这里就不再赘述。drawImage 还有两种使用方式，分别是使用 5 个参数和 9 个参数的情况。

例如 5 个参数是使用 drawImage(img,x,y,width,height)，x 和 y 依然是开始绘制的坐标，drawImage 会按照提供的 width 和 height 对图形进行拉伸（如果尺寸比原图大）、缩小（如果尺寸比原图小）和变形（如果尺寸和原图不成比例），效果如图 16-1 所示，代码请看【范例 16-1】。

当使用全部参数也就是 9 个参数的时候，基本上用于剪切图片，请直接看如图 16-1 所示的效果，代码请看【范例 16-1】。

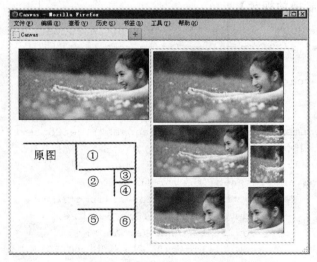

图 16-1　对图片的绘制操作

【范例 16-1　对图片的绘制操作】

```
1.    <img src="caodi.jpg" id="tu" width="275" align="left"/>
```

257

```
2.      <canvas id="canvas" width="300" height="420">您的浏览器不支持 canvas。
</canvas>
3.      <script>
4.      var dw = document.querySelector("#canvas").getContext("2d");
5.      var img=document.getElementById("tu");
6.          //原图绘制，drawImage(img,x,y)
7.          dw.drawImage(img,5,5);
8.          //变形绘制，drawImage(img,x,y,width,height)
9.          dw.drawImage(img,5,165,200,112);
10.         dw.drawImage(img,210,165,70,40);
11.         dw.drawImage(img,210,210,70,80);
12.         //剪切绘制，drawImage(img,sx,sy,swidth,sheight,x,y,width,height)
13.         dw.drawImage(img,100,0,150,100,5,300,150,100);
14.         dw.drawImage(img,200,0,75,100,205,300,75,100);
15.     </script>
```

【范例 16-1】中第 7 行代码绘制出图 16-1 中的①，第 9~12 行分别对应图 16-1 中的②到④，第 13、14 行对应⑤和⑥。

16.1.2 Canvas 给视频加字幕

Canvas 提供的另一强大功能就是获取播放中的视频图形，这样的功能能够让开发人员做很多事情，比如截图、添加动态字幕等，代码也不是很复杂，请看【范例 16-2】。

【范例 16-2 绘制播放视频】

```
1.   <video width="300" controls="" id="vd" style="float:left">
2.    <source src="../09/iceage4.ogv"></source>
3.   </video>
4.      <canvas id="canvas" width="300" height="128">您的浏览器不支持 canvas。
</canvas>
5.      <script>
6.      var dw = document.querySelector("#canvas").getContext("2d");
7.      var v=document.getElementById("vd");
8.      var Timer=null;
9.          v.addEventListener('play', function() {
10.             Timer = window.setInterval(function(){
11.                 dw.drawImage(v,0,0,300,128);
12.                 dw.font="30px Verdana";
13.                 dw.fillText("三封字幕组",10,50);
14.             },125);
15.         },false);
16.         v.addEventListener('pause',function() {
17.             window.clearInterval(Timer);
18.         },false);
```

```
19.          v.addEventListener('ended',function() {
20.              clearInterval(Timer);
21.          },false);
22.    </script>
```

范例效果如图 16-2 所示，在播放的时候同时用 drawImage 方法绘制，可以使用所有 Canvas 对象对视频数据进行操作，相当便利。

图 16-2 Canvas 给视频加字幕

16.2 像素级操作

图形都是由无数像素点拼装而成的，在 Canvas 中，每一个像素都存在着 4 个方面的信息，即 RGBA 值：

- R: 红色（0~255）
- G: 绿色（0~255）
- B: 蓝色（0~255）
- A: alpha 通道（0~255，0 是透明的，255 是完全可见的）

所谓像素级操作就是对这些点，即这些像素信息 RGBA 值进行操作处理。获取图形的像素数据需要用到 getImageData()方法，其具体参数请看表 16-2。

表 16-2 getImageData 方法参数

参数	说明
x	开始复制的左上角位置的 x 坐标
y	开始复制的左上角位置的 y 坐标
width	将要复制的矩形区域的宽度
height	将要复制的矩形区域的高度

16.2.1 反转颜色——底片效果

选取一张尺寸合适的图片，可以用<img>标签加载，也可以用 JavaScript 动态创建，然后用 getImageData()方法获取图片像素数据，处理之后用 putImageData()方法（具体参数请看表 16-3）把像素数据写到画布上。实现代码请看【范例 16-3】。

表 16-3 putImageData 方法参数

参数	说明
imgData	规定要放回画布的 ImageData 对象
x	ImageData 对象左上角的 x 坐标，以像素计
y	ImageData 对象左上角的 y 坐标，以像素计
dirtyX	可选，水平值（x），以像素计，在画布上放置图像的位置
dirtyY	可选，水平值（y），以像素计，在画布上放置图像的位置
width	可选，在画布上绘制图像所使用的宽度
height	可选，在画布上绘制图像所使用的高度

putImageData()方法常用 3 个参数，即 imgData、x 和 y，也可以全部参数一起使用。

【范例 16-3 反转颜色】

```
1.    <canvas id="canvas" width="710" height="200">您的浏览器不支持 canvas。
</canvas>
2.    <script>
3.    var dw = document.querySelector("#canvas").getContext("2d");
4.    var img = new Image();
5.        img.src = "mm.jpg";
6.        //加载完毕之后
7.        img.onload = function(){
8.            dw.drawImage(img,0,0,355,200);
9.            var imgData = dw.getImageData(0,0,355,200);
10.           for(var i=0,n=imgData.data.length;i<n;i+=4)
11.             {
12.                 imgData.data[i]=255-imgData.data[i];
13.                 imgData.data[i+1]=255-imgData.data[i+1];
14.                 imgData.data[i+2]=255-imgData.data[i+2];
15.                 imgData.data[i+3]=255;
16.             }
17.           dw.putImageData(imgData,355,0);
18.        }
19.    </script>
```

值得注意的是 Canvas 中的图像像素格式，通过 getImageData()方法获取的像素数据都放在 imgData 对象的 data 属性中，如第一个像素的 RGBA 四个值分别是：

```
imgData.data[0]
imgData.data[1]
imgData.data[2]
imgData.data[3]
```

第二个像素的 RGBA 四个值分别是：

```
imgData.data[4]
imgData.data[5]
imgData.data[6]
imgData.data[7]
```

其他的以此类推，所以范例中每次循环的补偿是+=4。【范例 16-3】效果如图 16-3 所示。

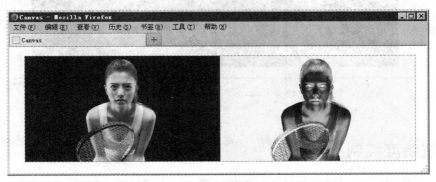

图 16-3 Canvas 反转图像颜色

16.2.2 灰度控制——黑白灰效果

使用前面相同的图片，对 RGBA 设置不同值而产生不同效果，具体请看【范例 16-4】。

【范例 16-4 黑白灰效果】

```
1.    var dw = document.querySelector("#canvas").getContext("2d");
2.    var img = new Image();
3.         img.src = "mm.jpg";
4.         //加载完毕之后
5.         img.onload = function(){
6.              dw.drawImage(img,0,0,355,200);
7.              var imgData = dw.getImageData(0,0,355,200);
8.              var px = imgData.data;
9.              for(var i=0,n=px.length;i<n;i+=4){
10.                  var v = px[i]*0.2+px[i+1]*0.1+px[i+2]*0.9;
```

```
11.                    px[i]= v;
12.                    px[i+1]=v;
13.                    px[i+2]=v;
14.                }
15.                dw.putImageData(imgData,355,0);
16.        }
```

【范例 16-4】中第 10 行代码计算一个值，这个值遵循颜色加减法则，参数不同即导致效果不同，对比【范例 16-3】可知，如果无须对某个值进行操作则可以忽略，当前范例就没有对透明度进行操作。实现后的效果如图 16-4 所示。

图 16-4 Canvas 对图片灰度进行控制

16.2.3 透明度控制

在 Photoshop 中，透明度控制是一项常用的操作，先看如图 16-5 所示的效果。

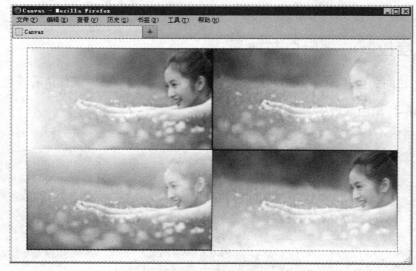

图 16-5 透明度控制

图 16-5 的实现代码请看【范例 16-5】。

【范例 16-5 通过像素操作设置透明效果】

```
1.      <canvas id="canvas" width="710" height="400">您的浏览器不支持 canvas。
   </canvas>
2.      <script>
3.      var dw = document.querySelector("#canvas").getContext("2d");
4.      var img = new Image();
5.          img.src = "caodi.jpg";
6.          //加载完毕之后
7.          img.onload = function(){
8.              dw.drawImage(img,0,0,355,200);
9.              var imgData = dw.getImageData(0,0,355,200);
10.             dw.putImageData(Opt(imgData,"left"),0,0);
11.             dw.putImageData(Opt(imgData,"right"),355,0);
12.             dw.putImageData(Opt(imgData,"up"),0,200);
13.             dw.putImageData(Opt(imgData,"down"),355,200);
14.         }
15.         function Opt(imgData,type){
16.             for(var y=0;y<imgData.height;y++){
17.                 for(var x=0;x<imgData.width;x++){
18.                     var idx = y*imgData.width + x;
19.                     var p = idx*4;
20.                     var o = 255;
21.                     switch(type){
22.                         case "left":
23.                             //从右往左透明
24.                             o = 255*(x/imgData.width);
25.                             break;
26.                         case "right":
27.                             //从左往右透明
28.                             o = 255*(1-x/imgData.width);
29.                             break;
30.                         case "up":
31.                             //从下往上透明
32.                             o = 255*(y/imgData.height);
33.                             break;
```

```
34.                          case "down":
35.                              //从上往下透明
36.                              o = 255*(1-y/imgData.height);
37.                              break;
38.                          }
39.                          imgData.data[p+3] = o
40.                      }
41.                  }
42.              return imgData;
43.          }
44.  </script>
```

主要的操作代码在【范例 16-5】的 Opt()方法中，这里的循环遍历策略和前面的有所不同，本例中是按照从上往下、从左往右的顺序去处理图形像素点。透明值根据像素所在位置的 x 和 y 坐标来确定，从而实现不同方向的渐变。

16.2.4 倒影

倒影是一个有趣的操作，核心操作也是对像素进行处理，大致思路是通过反转之后再加上透明度操作，请直接看图 16-6 和【范例 16-6】中的代码。

图 16-6 倒影

【范例 16-6 图形倒影】

```
1.      <canvas id="canvas"width="355"height="400">您的浏览器不支持 canvas。</canvas>
2.      <script>
3.      var dw = document.querySelector("#canvas").getContext("2d");
4.      var img = new Image();
5.          img.src = "caodi.jpg";
6.          //加载完毕之后
7.          img.onload = function(){
8.              dw.drawImage(img,0,0,355,200);
9.              var imgData = dw.getImageData(0,0,355,200);
10.             dw.putImageData(Opt(Txt(imgData),"down"),0,180,0,25,355,180);
11.         }
12.         function Txt(imgData){
13.             var h = imgData.height;
14.             var w = imgData.width;
15.             for(var y=0;y< h/2;y++){
16.                 for(var x=0;x<w;x++){
17.                     var i1 = y*w + x;
18.                     var i2 = (h-y)*w + x;
19.                     var p1 = i1*4;
20.                     var p2 = i2*4;
21.                     for(m=0;m<4;m++){
22.                         var k = imgData.data[p1+m];
23.                         imgData.data[p1+m]=imgData.data[p2+m];
24.                         imgData.data[p2+m]=k;
25.                     }
26.                 }
27.             }
28.             return imgData;
29.         }
30.         function Opt(imgData,type){
31.             //省略，同【范例16-5】
32.         }
33.     </script>
```

倒影的思路也同样适用于文体图形，其效果也更加明显，此处不再赘述，请读者自行实践。

16.3 实现压缩解压功能

图片在网络上传送时，很重要的一点就是体积大小，信息最完整的当然是位图，而它的体积也是最庞大的，其他图形格式则根据应用需求的不同而选择不同的算法。一般来说，位图数据都会被压缩处理，使其体积相应变小。

16.3.1 载入位图

选取一张合适的 bmp 格式的位图文件，通过 drawImage 绘制到画布上。

```
var dw = document.querySelector("#canvas").getContext("2d");
var img = new Image();
    img.src = "16-6.bmp";
    //加载完毕之后
    img.onload = function(){
        dw.drawImage(img,0,0);
    }
```

16.3.2 压缩位图

在网页中增加一个按钮和一个<div>元素，用来显示压缩后的图片：

```
<input type="button" value="Convert to JPG"  onclick="tojpg()">
<div id="to"></div>
```

点击按钮之后进行 jpg 格式的压缩处理，然后通过<img>元素输出到<div>元素中，这样鼠标就可以另存这个图片了。

tojpg()方法的代码如下：

```
function tojpg(){
    var data=document.getElementById("canvas").toDataURL("image/jpeg");
    var el = document.createElement("img");
     el.src = data;
      document.getElementById("to").appendChild(el)
}
```

转换和压缩的核心就是 toDataURL()方法，最终的效果如图 16-7 所示。

图 16-7 toDataURL 转换后的图形

在图 16-7 中，<img>元素的 src 属性不再是传统的以 http 开头的字符串，而是特定格式的 Base64 处理过的字符串。

16.3.3 保存到本地

可以将转换后的图片保存到本地计算机，在标准浏览器中用 JavaScript 可以简单地实现，请看下面的代码：

```
function savejpg(){
    var data = document.getElementById("canvas").toDataURL("image/jpeg");
    document.location.href = data.replace("image/jpeg","image/octet-stream");
}
```

在"保存"按钮上调用 savejpg()方法，浏览器就会弹出下载对话框，如图 16-8 所示。

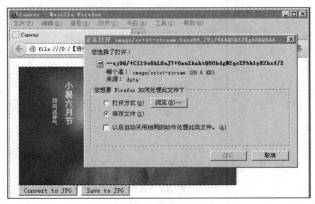

图 16-8 保存文件

16.4　相关参考

　　虽然通过 JavaScript 可以直接保存文件，但是还有一些不足，比如无法指定保存名称，使用服务器交互会更加完美。

　　另外，利用服务端功能，还可以把文本文件压缩以输出成体积更小的图形格式文件，在浏览器客户端利用 getImageData()方法，还可以将文本内容还原回来，但一般来说，文本文件通常用服务器的 gZip 压缩方式来解决体积问题，只不过把文本转换成图形会相对保密一些，客户端不会直接看到文本内容。不过这些都需要服务端开发知识，读者可自行研究。

　　腾讯专业级图像处理引擎——http://alloyteam.github.io/AlloyPhoto/。

第四篇

jQuery
实战篇

第17章 jQuery 简介

任何事物都不及"伟大"那样简单；事实上，能够简单便是伟大。

——爱默生

随着 Web 2.0 的兴起，用户对 Web 应用程序的功能性、易用性和交互性都提出了很高的要求，因此 HTML、JavaScript、AJAX 等技术都在不断地向前飞速发展。特别是 JavaScript 技术，在 Web 应用程序客户端所起的作用也越来越重要。于是，越来越多的开发者将自己编写的各种丰富多彩的功能封装成类库发布到网上，供更多的人用来解决类似的问题，其中非常优秀的一个类库就是 jQuery 库。

本章主要知识点：

- jQuery 特点
- jQuery 简单应用
- jQuery 插件——jQuery UI
- jQuery UI 简单应用

17.1 什么是 jQuery

jQuery 库最初是由 JavaScript 神童 John Resig 编写的一个 JavaScript 库。后来由于 jQuery 的优秀设计，吸引了来自世界各地的众多 JavaScript 高手加入，其中核心成员包括美国人 Brandon Aaron 和德国人 Jorn Zaefferer。

jQuery 库是众多 JavaScript 库中比较优秀的一款，其宗旨是"write less，do more"（如图 17-1 所示），即该库的语法极其简洁，代码风格独特而又优雅。正是由于 jQuery 库的这些特征，许多刚接触 JavaScript 库的新手都选择了它。

图 17-1 jQuery 的宗旨

17.1.1 jQuery 的历史

在 2006 年，于 Mozilla 公司任职的 John Resig 受到 JavaScript 领域先驱人物 Dean Edwards 和 Simon Willison 等人的启发，开发了一套具有很多函数的 JavaScript 库，这就是 jQuery 的前身。刚开始 jQuery 库只可快速查找网页中的元素。随着越来越多开发者的加入，jQuery 库集成了 JavaScript、CSS、DOM 和 AJAX 的强大功能。jQuery 的发布版本如下。

- 2006 年 8 月，发布 jQuery 1.0，该版本是第一个稳定版本，具有对 CSS 选择符、事件处理和 AJAX 交互的支持。
- 2007 年 1 月，发布 jQuery 1.1，该版本极大地简化了 API，合并了许多较少使用的方法。
- 2007 年 7 月，发布 jQuery 1.1.3，该版本优化了 jQuery 选择符引擎执行的速度。
- 2007 年 9 月，发布 jQuery 1.2，该版本去掉了 XPath 选择器，新增了命名空间事件。
- 2008 年 5 月，发布 jQuery 1.2.6，该版本引入 Dimensions 插件到核心库中。
- 2009 年 1 月，发布 jQuery 1.3，该版本使用了全新的选择符引擎 Sizzle，使得性能进一步提升。
- 2010 年 1 月，发布 jQuery 1.4，该版本进行了一次大规模更新，提供了 DOM 操作，并且增加了很多新的方法或增强了原有的方法。
- 2010 年 2 月，发布 jQuery 1.4.2，该版本添加了 delegate()和 undelegate()两个新方法，提升了灵活性和浏览器一致性，同时对事件系统进行了升级。
- 2011 年 1 月，发布 jQuery 1.5，该版本重写了 AJAX 组件，增强了扩展性和性能。
- 2011 年 5 月，发布 jQuery 1.6，该版本重写了 Attribute 组件，引入了新对象和方法。
- 2011 年 11 月，发布 jQuery 1.7，该版本引入了 on()和 off()方法。
- 2012 年 3 月，发布 jQuery 1.7.2，该版本进行了一些优化和升级。
- 2012 年 7 月发布了 jQuery 1.8，8 月发布了 1.8.1，9 月发布了 1.8.2，这些版本重写了选择符引擎，修复了一些问题。
- 2013 年 1 月，发布 jQuery 1.9，该版本实现 CSS 的多属性设置，增强了 CSS3 功能。
- 2013 年 5 月，发布 jQuery 1.10，该版本增加了一些功能。
- 2013 年 4 月，发布 jQuery 2.0，该版本是一个重大的更新版本，不仅不再支持 IE6/7/8，而且体积更小、速度更快。
- 2016 年 6 月，发布 jQuery 3.0，这是一个体积更轻巧、速度更快的 jQuery，，而且保持着向后兼容的特性。

综上所述，版本的版本号升级主要有 3 种。

- 大版本升级，比如 1.x.x 升级到 2.x.x，这种升级规模是最大的，改动的地方是最多的，周期也是最长的，jQuery 从 1.x.x 到 2.x.x 用了 7 年，从 2.x.x 到 3.x.x 又用了 3 年。

- 小版本更新，比如 1.7 升级到 1.8，改动适中，增加或减少了一些功能，一般周期为半年到一年左右。
- 微版本更新，比如 1.8.1 升级到 1.8.2，修复一些 Bug 或错误。

版本的内容升级主要也有 3 种。

- 核心库的升级，比如优化选择符、优化 DOM 或者 AJAX 等；这种升级不影响开发者的使用。
- 功能性的升级，比如剔除一些过时的方法、新增或增强一些方法等；这种升级需要了解和学习。
- Bug 修复之类的升级，对开发者使用没有影响。

读者可能会担心学了 1.3 版本的 jQuery，那么升级新版本后是不是还需要重学？没有必要，因为并不是每次升级一个版本都会增加或剔除功能，一半左右都是内部优化，升级到新版本并不需要任何学习成本。

如何选择自己的 jQuery 版本？主流的 1.x、2.x、3.x 都可以使用，读者根据自己的需要来选择：

- 1.x：兼容 IE6/7/8,使用最为广泛，官方只做 Bug 维护，功能不再新增。因此一般项目来说，使用 1.x 版本就可以了。
- 2.x：不兼容 IE6/7/8，很少有人使用，官方只做 Bug 维护，功能不再新增。
- 3.x：不兼容 IE6/7/8，只支持最新的浏览器。除非特殊要求，一般不会使用 3.x 版本，很多老的 jQuery 插件不支持这个版本。目前该版本是官方主要更新维护的版本。

17.1.2 为什么要使用 jQuery

近些年，除 jQuery 库之外，还出现了 5 个比较流行的库，分别为 YUI、Prototype、Mootools、Dojo 和 ExtJS。

YUI 库的官方网站为 http://yuilibrary.com/，其 Logo 如图 17-2 所示。YUI 库的全称为 The Yahoo! User Interface Library，该库是雅虎公司开发的一套完备的、扩展性良好的富交互网页工具集。

Prototype 库的官方网站为 http://prototypejs.org/，其 Logo 如图 17-3 所示。Prototype 库是最早成型的 JavaScript 库之一，对 JavaScript 内置对象做了大量的扩展。由于该库是最早出现的库，因此该库整体上对面向对象编程思想的把握不是很到位，从而导致结构非常松散。

图 17-2 YUI 库的 Logo

图 17-3 Prototype 库的 Logo

Mootools 库的官方网站为 https://mootools.net/，其 Logo 如图 17-4 所示。Mootools 库是一款轻量、简洁、模块化和面向对象的 JavaScript 框架，该库的模块化思想比较优秀，核心代码比较小，只有 8KB 左右。

图 17-4 Mootools 库的 Logo

Dojo 库的官方网站为 http://dojotoolkit.org/，其 Logo 如图 17-5 所示。Dojo 库的强大之处在于提供了其他库没有的功能，例如离线存储、图标组件等。

ExtJS 库的官方网站为 https://www.sencha.com/products/extjs/，其 Logo 如图 17-6 所示。ExtJS 库简称 Ext，原本是对 YUI 库的一个扩展，现在主要用于创建前端用户界面。

图 17-5 Dojo 库的 Logo

图 17-6 ExtJS 库的 Logo

在众多 JavaScript 库中，为什么很多开发者都大力推荐 jQuery 呢？这需要从两方面进行分析。一方面查看 jQuery 库官方网站相关文档，发现该库可以实现如下功能：

- 以 CSS 方式取得文档中的元素。
- 控制页面外观。
- 简化 JavaScript 码操作。
- 响应用户的交互操作。
- 为页面添加动态效果。
- 支持 AJAX 技术实现无刷新更新。

另一方面，jQuery 库除实现上述功能之外，与其他库相比还具有许多特点。

- 轻量级：jQuery 库十分轻巧，以 jQuery1.10.2 版本为例，如果采用的是无压缩版，则大小为 266KB。如果要使用压缩版本，将会更小，只有 90KB。

- 解决浏览器兼容性：jQuery 库消除了各个主流浏览器之间的差异，使开发人员不必再考虑各个浏览器的兼容性。
- 出色的文档元素操作：采用与 CSS 非常类似的方式来查找和操作元素。
- 链式操作方式：在 jQuery 库中，当对一个对象执行一组操作时，可以直接连写，无须重复对对象的引用进行操作。
- 支持扩展：jQuery 库支持简单易用的插件机制，即开发人员可以根据实际情况进行开发或者选用具有某些功能的插件。
- 完整的学习资源：为了便于开发者学习，jQuery 库的官方网站不仅提供了非常详细的 API，而且在网上也有很多的资料。
- 开源：对于 jQuery 库，开发者不但可以随意地查看源码，还可以自由地使用，甚至可以向 jQuery 库研发组织提出改进意见。

17.2 编写 jQuery 代码

了解 jQuery 库的相关知识后，就可以搭建 jQuery 环境，然后进行 jQuery 简单代码开发了。

17.2.1 下载 jQuery

目前 jQuery 库分为 jQuery 1.x、jQuery 2.x 和 jQuery 3.x，这 3 个版本区别前面已经介绍了。jQuery 版本更新速度非常快，现在主推的版本为 jQuery 3.x，本书使用的 jQuery 库版本为 3.2.1。

jQuery 3.X 不仅能够方便地处理 HTML、CSS、Events 和实现动画效果，还对 Web 应用程序提供 AJAX 交互。可以通过下面步骤来实现该库的下载。

步骤 01 首先访问下载 jQuery 库的官方网站（http://jquery.com），如图 17-7 所示。

图 17-7 jQuery 库官方网站

步骤 02 打开 jQuery 首页后，单击页面中的 Download jQuery 导航栏，就会进入关于 jQuery

库下载页面（如图 17-8 所示），在该页面中展示了该库的最新版本、最新代码和新闻动态。向下拖动滚动条会看到 jQuery 1.10.2 版本和 jQuery 2.0.3 版本。对于每个版本的 jQuery 库，都会提供以下两种类型。

- production jQuery x.xx.x：该类型是经过 JSMin 等工具压缩的版本，即去掉了文档里的注释和空白，由于该版本容量比较小，因此主要应用于产品和项目。
- development jQuery x.xx.x：该类型是没有经过压缩的版本，便于开发者阅读源代码，主要用于测试、学习和开发。

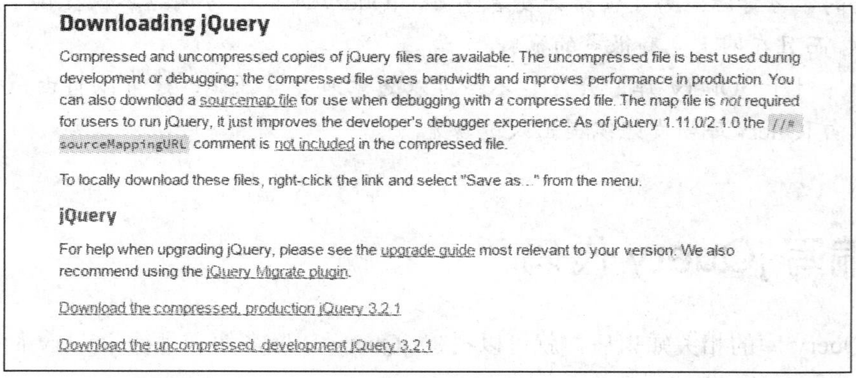

Downloading jQuery

Compressed and uncompressed copies of jQuery files are available. The uncompressed file is best used during development or debugging; the compressed file saves bandwidth and improves performance in production. You can also download a sourcemap file for use when debugging with a compressed file. The map file is *not* required for users to run jQuery, it just improves the developer's debugger experience. As of jQuery 1.11.0/2.1.0 the `//# sourceMappingURL` comment is not included in the compressed file.

To locally download these files, right-click the link and select "Save as..." from the menu.

jQuery

For help when upgrading jQuery, please see the upgrade guide most relevant to your version. We also recommend using the jQuery Migrate plugin.

Download the compressed, production jQuery 3.2.1

Download the uncompressed, development jQuery 3.2.1

图 17-8 下载页面

步骤 03 本书采用最新的无压缩版，因此需要单击"Download the uncompressed, development jQuery 3.2.1"超级链接实现下载。

17.2.2 简单应用 jQuery

使用 jQuery 库不需要安装，只需要把下载的 jquery-3.2.1.js 文件保存到一个公共位置即可。由于 JavaScript 是一种解释型语言，所以在具体应用时不必进行编译或者构建，只需要在相关 HTML 文档中通过<script>标签引用 jquery-3.2.1.js 文件。

大多数 jQuery 应用程序都包含两个部分：HTML 文档和为该文档添加行为的 js 文件。下面通过应用 jQuery 库实现单击按钮弹出对话框功能，具体内容如【范例 17-1】所示，该范例创建承载 js 文件的 HTML 文件。

【范例 17-1 承载 js 文件的 HTML 文件】

```
1.    <!DOCTYPE html>
2.    <html>
3.        <head>
4.            <meta http-equiv="Content-Type" content="text/html;
              charset=utf-8" />
5.            <title>第一个 jQuery 程序</title>
6.            <!-- 引入 jquery-3.2.1.js 库 -->
7.            <script type="text/javascript" src="jquery/jquery-3.2.1.
```

```
                      js"></script>
8.                    <!-- 引入 jquery01.js 文件 -->
9.                    <script type="text/javascript" src="javascript/jquery01.
                      js"></script>
10.         </head>
11.         <body>
12.                   <input type="button" value="button" />
13.         </body>
14.   </html>
```

在上述代码中，第 7 行引入 jQuery 库文件，第 12 行设置一个按钮组件。

下面编写实现弹出对话框的 jQuery 代码，即上述代码中第 9 行代码引入的 jQuery 代码文件内容，具体如下。

```
1.    $(function(){
2.      $('input').click(function(){      //获取 input 类型组件，然后设置该组件的单击事件
3.              alert("第一个 jQuery 程序！");        //弹出对话框
4.          });
5.    });
```

在上述代码中，实现页面加载时，弹出对话框并显示"第一个 jQuery 程序！"字符串。

打开 HTML 页面，如图 17-9 所示，在该页面中会显示一个名为 button 的按钮，单击该按钮则会弹出一个对话框，如图 17-10 所示。

图 17-9 单击按钮   图 17-10 弹出对话框

17.2.3 调试 jQuery 程序

由于 Web 开发离不开 JavaScript 语言，而 jQuery 库是 JavaScript 语言中最受欢迎的库，因此该库同样也是不可缺少的。由于 jQuery 库是脚本语言，因此没有一个开发工具提供调试功能。不过值得庆幸的是，Firefox 浏览器专门提供了一个名为 Firebug 的插件进行 jQuery 库程序调试。随着时间的推移，IE 8 和 Chome 浏览器也集成了 jQuery 库调试。

对于 Firefox 浏览器，单击菜单栏中的"工具"|"Web 开发者"|"Firebug 命令"，或者使用快捷键 F12 都可以打开调试工具，如图 17-11 所示。

图 17-11 脚本调试界面

为了演示调试工具，通过浏览器打开【范例 17-1】中的页面 jquery01.html。在浏览器中按快捷键 F12 则可以打开脚本调试界面，如图 17-12 所示。

图 17-12 【范例 17-1】的脚本调试界面

在脚本调试界面中，选择"脚本"选项卡，在内容区域单击"启用"超级链接即可以启动对 jQuery 库程序的调试功能，如图 17-13 所示。

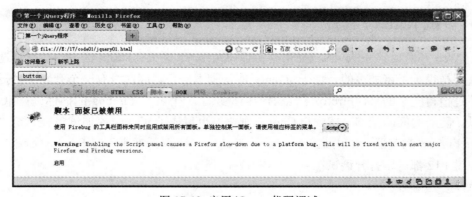

图 17-13 启用 jQuery 代码调试

启动 jQuery 代码调试后，在内容区域的左侧代码窗口中，单击第 3 行代码的行号 3，即可在该行添加一个"断点"，如图 17-14 所示。如果行号前面有一个红色的球状图标，并且该行代码背景为高亮显示，说明断点添加成功。

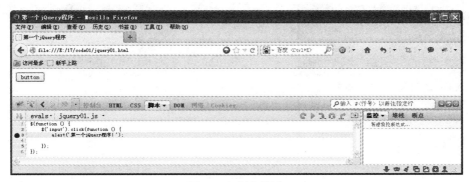

图 17-14 添加断点

单击页面中 button 按钮，在"监视"窗口中，可以很方便地获取当前状态中的一些变量或对象属性的信息，如图 17-15 所示。

图 17-15 监控视图

单击代码窗口中工具栏的"单步跳过"按钮或者使用快捷键 F10，继续执行程序，页面中会弹出对话框，如图 17-16 所示。

图 17-16 单步执行

从上面的执行结果可以发现，Firebug 插件可以方便开发人员调试 jQuery 代码。

17.3 基于 jQuery 的 UI 插件

jQuery 库除了具有强大的核心功能外，还支持同样强大的扩展能力，即通过使用 jQuery 库简洁的插件架构，开发人员能够把该库功能扩展得更加丰富。到目前，随着 jQuery 社区的不断发展，关于该库的插件已经达到数百个，小到选择器助手插件，大到全屏的用户界面插件。在众多 UI 插件中，除了由官方开发和维护的 jQuery UI 插件外，还存在许多第三方提供的 UI 插件。

17.3.1 基于 jQuery 的扩展——jQuery UI 插件

为了便于制作出基于页面交互的应用程序，John Resig 与 jQuery 开发团队专门提供了一个 UI 插件——jQuery UI 插件。该插件补充了 jQuery 库的不足，使开发人员更容易、更快捷地创建出交互性强、效果超炫的程序界面。

由于 jQuery 库的非凡功能，许多刚接触 JavaScript 库的新手都选择了它。同样，由于 jQuery UI 插件非常优秀，因此成为开发人员必选的 jQuery 插件。该插件的优秀之处在于集工具集和交互组件于一体。开发人员直接使用用户交互、动画、特效和可更换主题的可视控件，就可以构建出具有良好交互性的应用程序。

查看官方网站可以发现，jQuery UI 主要分为如下 3 个部分。

- 交互组件（Interactions）：主要涉及与鼠标交互相关的操作，例如拖动（Draggable）、拖放（Droppable）、缩放（Resizable）、选择（Selectable）、排序（Sortable）等。

- 工具集（Widgets）：主要是一些界面的扩展，例如折叠面板（Accordion）、自动完成（Autocomplete）、取色器（Colorpicker）、对话框（Dialog）、滑动条（Slider）、标签（Tabs）、日期选择器（Datepicker）、放大镜（Magnifier）、进度条（Progressbar）、微调控制器（Spinner）、历史（History）、布局（Layout）、菜单（Menu）、工具提示（Tooltips）、树（Tree）、工具栏（Toolbar）、上传组件（Uploader）等。
- 动画和效果组件（Effects）：主要扩展了 jQuery 库中的 animate()方法，为开发人员提供了丰富的动画效果。

17.3.2 下载 jQuery UI 插件

了解 jQuery UI 插件的相关知识后，就可以搭建 jQuery UI 环境，然后进行 jQuery UI 简单代码开发了。如果希望使用该插件，则需要从 jQuery UI 官方网站下载，可访问下载 jQuery UI 的官方网站（http://jqueryui.com），如图 17-17 所示。

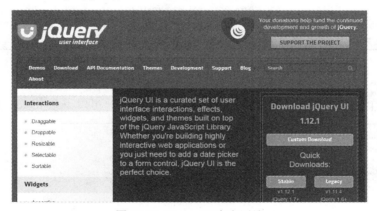

图 17-17 jQuery UI 官方网站

在 jQuery UI 首页中展示了关于该库的最新版本、最新代码和新闻动态。在该页面的右上部会看到 jQuery UI 插件的各种类型版本。

- Stable：该类型为 jQuery UI 插件的稳定版本，本书采用的就是该类型版本。
- Legacy：该类型为传统版本。
- Custom：该类型为主题定制版本，官方网站专门提供了一个用 jQuery 编写的主题定制器，用于可视化定制自定义的 jQuery UI 主题。

主题定制器由 Filament Grouop Inc 作者创建，主要用于发布开源社区的 jQuery 插件。而在 jQuery UI 插件的官方网站上，主题定制器主要用于创建自定义的 jQuery UI。使用该工具，不仅可以快速而简单地创建完整的主题，而且该主题与所有非测试版本的组件都兼容。

通过单击 jQuery UI 官方网站中的 Custom Download 超级链接，可以进入关于 jQuery UI 主题定制器的页面（如图 17-18 所示），通过选择相应的组件，可以配置相应 jQuery UI 主题。

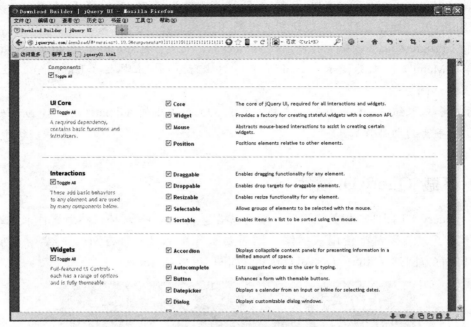

图 17-18 主题定制器页面

通过单击顶部的 Stable 连接（如图 17-19 所示），可以下载 jQuery UI。

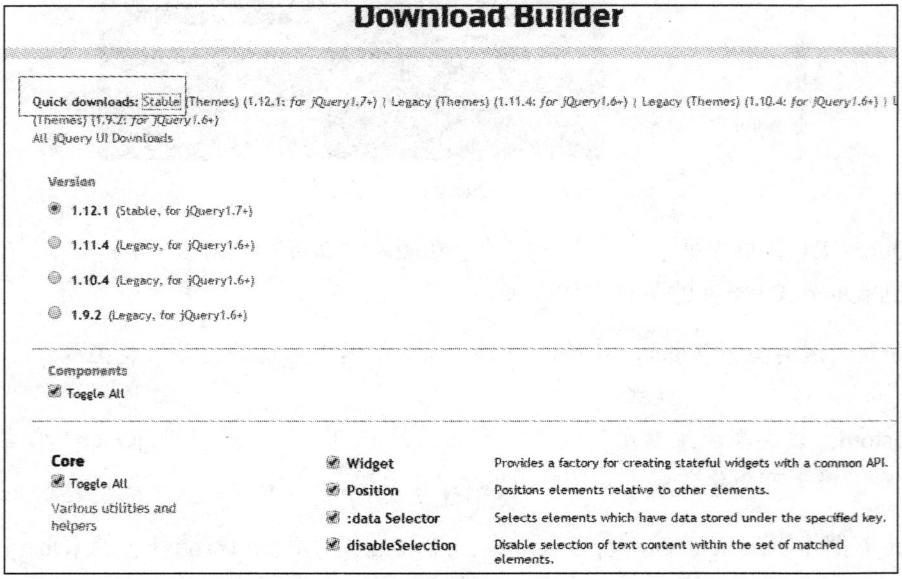

图 17-19 jQuery UI 下载

本书采用 1.12.1 版本，因此需要单击"Stable"和"Themes"两个超级链接。

下载完 jQuery UI 后，会得到两个压缩文件，即 jquery-ui-1.12.1.zip 和 jquery-ui-themes-1.10.3.zip，解压 jquery-ui-1.12.1.zip 后的目录结构如图 17-20 所示。jquery-ui.js 和 jquery-ui.css 是生产环境中用到的 UI 文件，而 jquery-ui.min.js 和 jquery-ui.min.css 是压缩版的 UI 文件，可用于项目发布后的环境中。

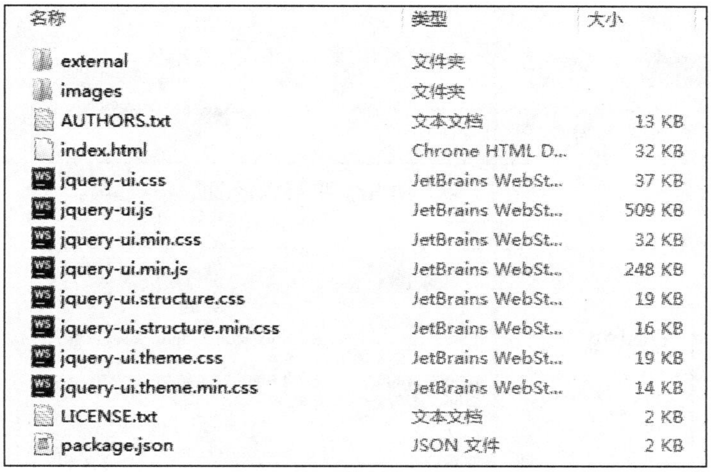

图 17-20 解压后的目录结构

运行 demos 文件中的 index.html 页面，就会看到 jQuery UI 库中各个页面组件示例效果的链接（如图 17-21 所示）。单击每个组件会立刻显示它的效果，如单击 Tabs 组件前和单击后（如图 17-22 所示），单击 Dialog 组件则会显示该类型对话框组件的效果（如图 17-23 所示）。

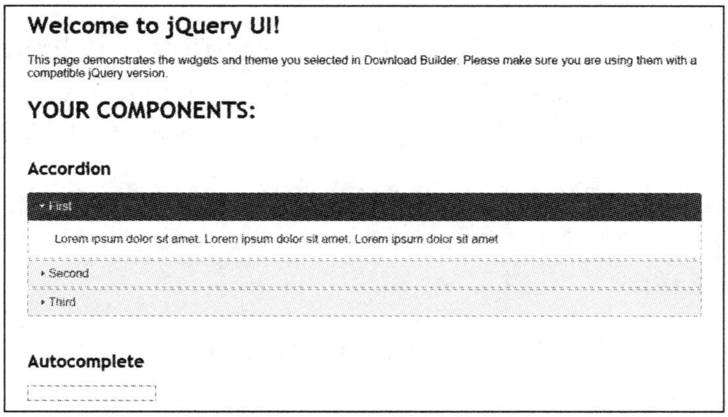

图 17-21 页面组件示例页面

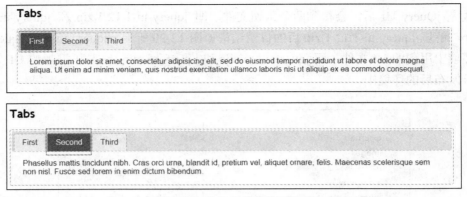

图 17-22 单击组件的前后效果

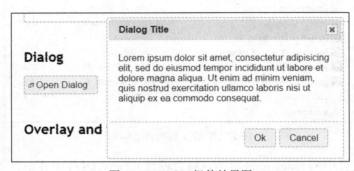

图 17-23 Dialog 组件效果图

17.3.3 简单应用 jQuery UI 插件

使用 jQuery UI 插件同样不需要安装，只需要在相关 HTML 文档中通过<script>标签引入组件相关的 js 文件。在具体设置 jQuery UI 组件相关属性时，不需要专门学习 API，因为 jQuery UI 插件将大部分 API 进行了统一。以折叠组件（Accordion）为例，最常用的 API 如下。

- active: 设置当前显示的选项卡，序号从 0 开始。
- animate: 设置切换选项卡时的动画效果，用数字表示展开的时间长短。
- classes: 设置样式。

本节通过应用 jQuery UI 插件中的折叠组件（Accordion），实现一个折叠选项卡，具体内容见【范例 17-2】。

在具体实现时，要设计一个包含选项卡内容的页面，其 HTML 代码如下。

【范例 17-2 包含排序内容的 HTML 文件】

```
<body>
        <div id="accordion">
```

```
              <h3>第一章</h3>                                    <!|选项卡内容-->
                    <div>介绍第一章的内容。</div>
              <h3>第二章</h3>
                    ......
              </div>
```

为了便于实现内容排序功能，需要引入 jQuetry UI 插件里的如下 js 文件：

```
<script       type="text/javascript"       src="jquery-3.2.1.js"></script><script
type="text/javascript" src="jquery-ui. js"></script>
<link href="jquery-ui.css" rel="stylesheet">
```

上述导入的 js 文件中，jquery-ui.js 为 jQuery UI 的核心库，jquery-ui.css 为 jQuery UI 中的样式。

下面编写实现折叠卡功能的 jQuery UI 代码，具体代码如下：

```
<!DOCTYPE html>
<html>
<head>
      <meta charset=utf-8" />
      <title>jQuery UI </title>
      <link href="jquery-ui.css" rel="stylesheet">
</head>
<body>
<div id="accordion">
      <h3>第一章</h3>
      <div>第一章的内容。</div>
      <h3>第二章</h3>
      <div>第二章的内容。</div>
      <h3>第三章</h3>
      <div>第三章的内容。</div>
 </div>
    <script src="jquery-3.2.1.js"></script>
    <script src="jquery-ui.js"></script>
    <script>
          $("#accordion").accordion(
      {
                     active: 1,        //默认激活第二章
           animate: 2000          //折叠打开的时间为 2000 毫秒
      });
    </script>
</body>
</html>
```

打开 HTML 页面，如图 17-24 所示，在该页面中会显示相关信息。单击"第三章"选项卡后效果见图 17-25。

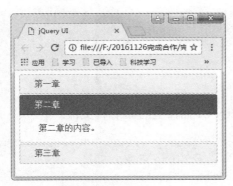

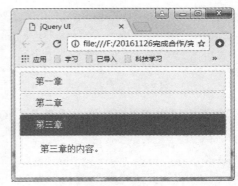

图 17-24 选项卡二　　　　　　　　　　　图 17-25 选项卡三

17.3.4 其他 UI 框架

在众多第三方提供的 UI 框架中，由于这些 UI 框架拥有自己的特征，因此也受到许多开发者的追捧。其中比较著名的有 jQuery Smart UI 框架、Liger UI 框架、jQuery RIA Framework框架。

1. jQuery Smart UI 框架

jQuery Smart UI 框架与其他框架相比，是一款纯前台基于 jQuery 库的开发架构。为了实现前台和后台功能、项目功能和数据的分离，jQuery Smart UI 框架使用HTML+JavaScript+JSON 技术完成，同时通过一个统一数据接口与服务端进行数据交换。

查看 jQuery Smart UI 框架的官方网站 http://smartui.chinamzz.com，可以发现该框架由五大部分组成（如图 17-26 所示），各个部分的作用如下。

- Basic Layout（基本布局）：该部分主要用来设置HTML 页面中基础布局结构，例如 Head、Body、Foot、Search、Edit、View 等公共结构。
- Basic CSS（基础样式）：该部分主要用来设置HTML 页面中的样式，例如全局样式、基本布局样式、各种基本表单和控件样式。

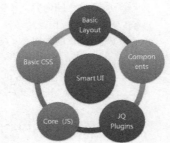

- Core（JS）（核心 JS 库）：该部分为 jQuery Smart UI 框架的核心部分。

图 17-26 jQuery Smart UI 框架组成

- JQ Plugins（jQuery Plugins）：各种 jQuery 的插件库，包括 jQuery Smart UI 自带的和其他外部引入的插件。
- Components（组件库）：封装各种通用的业务组件，例如数据字典、信息发布、图片展示等。

2．Liger UI 框架

Liger UI 框架是采用 jQuery 渲染方式开发的一系列控件组，例如弹窗、菜单、下拉框、树、表单、表格等常用 UI 控件。与其他 UI 框架相比，使用 Liger UI 框架可以快速创建风格统一的界面效果。输入 Liger UI 框架的官方网址 http://www.ligerui.com，可打开首页，如图 17-27 所示。

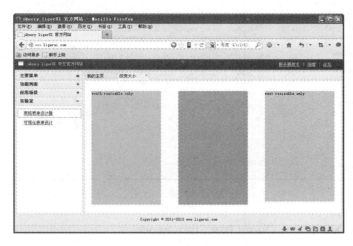

图 17-27　Liger UI 插件官网首页

查看官方网站，可以发现 Liger UI 库的视图简洁明了，操作更为简便，甚至具有轻松实现 Web 桌面的能力，如图 17-28 所示。

图 17-28　Web 桌面效果

与其他 UI 框架相比，Liger UI 库处理表格的能力特别强，例如实现搜索功能表格、固定列表格、可扩展表格等，如图 17-29 所示。

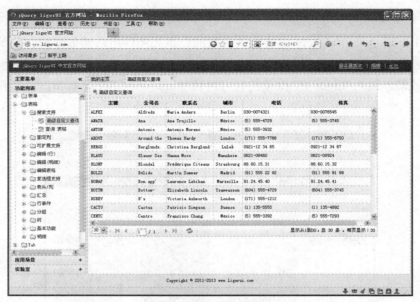

图 17-29 表格效果

3. DWZ 富客户端框架（jQuery RIA Framework）

DWZ 富客户端框架（jQuery RIA Framework）是一款中国程序员自己开发的开源框架，该框架是基于 jQuery 实现的 AJAX RIA 开源框架。通过查看官方网站，可发现 DWZ 富客户端框架的设计目标是简单实用、快速开发和降低 AJAX 开发成本。与其他框架相比，其优点如下：

- 完全开源，源代码没有做任何混淆处理，方便扩展。
- CSS 和 JavaScript 代码彻底分离，修改样式方便。
- 简单实用，扩展方便，轻量级框架和快速开发。
- 仍然保留了 HTML 的页面布局方式。
- 支持 HTML 扩展方式调用 UI 组件，开发人员不需要写 JavaScript。
- 只需懂 HTML 语法，无须精通 JavaScript，就可以使用 Ajax 开发后台。
- 基于 jQuery，UI 组件以 jQuery 插件的形式发布，扩展方便。

输入 DWZ 富客户端框架的官方网址 http://j-ui.com，打开首页，如图 17-30 所示。

图 17-30 DWZ 富客户端框架首页

打开界面组件里的常用组件，可以发现 DWZ 富客户端框架支持许多常用组件，例如面板、窗口、表格、菜单等，如图 17-31 所示。

图 17-31 面板效果

17.4 相关参考

- jQuery 库——http://jquery.com/。
- jQuery UI 插件—— http://jqueryui.com/。
- jQuery 教程——http://www.w3school.com.cn/jquery/。

第18章 用动态效果来响应浏览者

生命在于运动。

——伏尔泰

在众多的动态页面开发技术中，jQuery 库是一种易于学习和使用的开发技术。开发者只需要具备很少的编程知识，就可以使用 jQuery 库知识建立各种动态效果来响应浏览者。本章涉及的动态效果有导航条效果、超级链接提示效果、图片预览效果、表单动态效果、可折叠列表效果和淡入淡出效果。

本章主要知识点：

- jQuery 所支持的选择器
- 操作 DOM 对象
- 响应事件
- 实现动态效果

18.1 jQuery 库基础

由于 jQuery 的语法非常简洁，而实现的功能极其强大，因此在网页的代码中经常见到其库代码。为了便于开发人员快速应用 jQuery 库，本节将详细介绍 jQuery 库的基础知识。

18.1.1 jQuery 库的核心方法——$()

在 jQuery 程序代码中，不管是页面元素的选择还是内置功能方法，都以一个美元符号"$"和一对圆括号开始。其实"$()"方法是 jQuery 库中最重要、最核心的方法——jQuery()的简写，主要用来选择页面元素或执行功能方法。因此如下代码：

```
$(function() {});                    //执行一个匿名方法
$('#box');                           //进行执行的 ID 元素选择
$('#box').css('color','red');         //执行功能方法
```

也可以写成如下形式：

```
jQuery(function () {});
jQuery('#box');
jQuery('#box').css('color','red');
```

jQuery()方法有 7 个重载，分别如下。

（1）jQuery()

jQuery()方法返回一个空的 jQuery 对象。在 jQuery 1.4 版本之前，该方法会返回一个包含 Document 节点的对象；但是在该版本之后，则返回一个空 jQuery 对象。

（2）jQuery(elements)

jQuery(elements)方法实现将一个或多个 DOM 元素转化为 jQuery 对象或者集合的功能。

（3）jQuery(callback)

jQuery(callback)方法等价于 jQuery(document).ready(callback)，主要用来实现绑定在 DOM 文档载入完成后执行的方法。

（4）jQuery(expression,[context])

jQuery(expression,[context])方法接收一个包含 jQuery 选择器的字符串，在具体执行时，会使用传入的字符串去匹配一个或多个元素。

（5）jQuery(html)

jQuery(html)方法具体执行时，会根据传入的 html 标志代码，动态创建由 jQuery 对象封装的 DOM 元素。

（6）jQuery(html,props)

jQuery(html,props)方法具体执行时，不仅会根据传入的 html 标志代码动态创建由 jQuery 对象封装的 DOM 元素，还会设置该 DOM 元素的属性、事件等。

（7）jQuery(html,[ownerDocument])

jQuery(html,[ownerDocument])方法具体执行时，不仅会根据传入的 html 标志代码动态创建由 jQuery 对象封装的 DOM 元素，还会指定该 DOM 元素所在的文档。

了解了 jQuery 库的核心方法，接着需要熟悉 jQuery 代码的风格，请看下面的代码：

```
$('#box').css('color','red');                    //执行功能方法
```

在执行功能方法的时候，其实 css()这个功能方法并不是直接被 jQuery 对象调用执行，而是先获取元素后，返回某个对象再调用 css()。

不过值得注意的是，执行了 css()这个功能方法后，最终返回的还是 jQuery 对象。也就是说，jQuery 的代码模式为连缀方式，可以不停地连续调用功能方法，请看下面的代码：

```
$('#box').css('color','red').css('font-size','50px');          //连级
```

最后，jQuery 中的代码注释与 JavaScript 语言中保持一致，即有两种最常用的注释，分别为：

```
单行注释: "//..."
多行注释: "/*...*/"
```

18.1.2 jQuery 库延迟等待加载模式

在 jQuery 程序代码中，为了让方法在浏览器加载完网页后执行，一般会使用 "$()" 将方法进行首尾包裹，即$(function(){})。为什么必须要包裹所要执行的方法呢？

这是因为 jQuery 代码文件是在<body>标签元素之前加载的，而 jQuery 代码文件里的方法一般需要操作 DOM 元素。为了让上述方法能够正常执行，必须等待所有的 DOM 元素加载后才能进行元素操作，于是就需要通过 "$()" 包裹方法来实现延迟等待加载功能。

在 JavaScript 原生代码里，原本是通过 load 事件来实现延迟等待加载的，具体代码如下：

```
window.onload=function(){};          //JavaScript 等待加载
```

在 jQuery 代码里，为了实现上述功能，则需要通过使用代码：

```
$(document).ready(function(){});          //jQuery 等待加载
```

上述代码可以简写为：

```
$(function(){})          //jQuery 等待加载
```

那么上述两种等待加载方式有什么区别呢？具体区别如表 18-1 所示。

表 18-1 延迟等待加载的区别

选项	window.onload	$(document).ready()
执行时机	必须等待网页全部加载完毕，然后再执行包裹代码	加载完毕，就能执行包裹的代码
执行次数	只能执行一次，如果执行第二次，那么第一次的执行会被覆盖	可以执行多次，第 N 次都不会被上一次覆盖
简写方案	无	$(function(){})

在实际应用中，很少直接使用 window.onload 事件来实现延迟等待加载，这是因为该事件所关联的方法需要等待图片之类的大型元素加载完毕后才能执行。最令人头疼的就是网速较慢的情况下，页面已经全面展开，图片还在缓慢加载，这时页面上所有的 JavaScript 交互功能全部处在假死状态，并且只能执行单次，这在多次开发和团队开发中会带来困难。

18.1.3 jQuery 对象与 DOM 对象间的转换

jQuery 对象也称为"jQuery 包装集"，是 jQuery 库特有的对象。该对象其实就是一个 "类"，不仅封装了许多方法，而且可以动态地通过加载插件扩展类的功能。那么如何获取 jQuery 对象呢？非常简单，可通过下面的代码实现：

```
alert($());                              //返回 jQuery 对象
alert($('# cjgong1'));                   //返回 id 值为 cjgong1 的 jQuery 对象
```

可以发现，jQuery 对象就是用 jQuery 类库中选择器返回的对象。

所谓 DOM 对象，就是使用原生 JavaScript 代码获得的对象，下面的代码获取 DOM 对象：

```
alert(document.getElementById("cjgong1"));   //返回 id 值为 cjgong1 的 DOM 对象
```

对于 jQuery 库来说，jQuery 对象非常重要，因为除 jQuery 工具方法之外，jQuery 的操作都从 jQuery 对象开始。即只有获取 jQuery 对象后，才可以使用 jQuery 库所提供的方法。例如 jQuery 对象上有一个获取元素内 HTML 代码的方法 html()，要使用此方法，首先要获取 jQuery 对象，请看下面的代码：

```
$("#cjgong2").html(); //返回 id 为 cjgong2 的元素，然后调用 jQuery 对象的方法 html()
```

通过 DOM 对象也可以实现该功能，上述代码等价于：

```
document.getElementById("cjgong2").innerHTML;//返回 id 为 cjgong2 的元素内的 HTML 代码
```

可以发现，在 jQuery 对象中无法调用 DOM 对象的任何方法，同样在 DOM 对象中也无法调用 jQuery 对象，不过 jQuery 库提供的方法包含了所有的 DOM 操作。但是对于初学者来说，无法一开始就记住 jQuery 库的所有方法，有很长一段时间需要使用 jQuery 库方法配合原始的 DOM 方法进行开发。因此实现两种对象的转化是很有必要的。

1．jQuery 对象转换成 DOM 对象

jQuery 对象是一个特殊的数组对象，即使只有一个元素，jQuery 对象仍然是一个数组。之所以说其特殊，是因为实际上 jQuery 对象是包含一个数组对象和各种方法的类。而 jQuery 对象的数组里保存的是 DOM 对象，因此可以通过索引的方式将 jQuery 对象转换成 DOM 对象，具体语法如下：

```
[index]
```

下面的代码通过索引的方式实现 jQuery 对象向 DOM 对象的转换：

```
var $cr=$("#cjgong3");                   //获取 jquery 对象$cr
var cr = $cr[0];                         //将 jquery 对象$cr 转换成 dom 对象
```

除通过上述方式实现转换之外，jQuery 对象还专门提供了一个方法将 jQuery 对象转换成

DOM 对象，具体语法如下：

```
get(index)
```

下面的代码通过索引的方式实现 jQuery 对象向 DOM 对象的转换：

```
var $cr=$("#cjgong3");                     //获取 jquery 对象$cr
var cr=$cr.get(0);                         //将 jquery 对象$cr 转换成 dom 对象
```

2. DOM 对象转换成 jQuery 对象

对于 DOM 对象，只需要用$()把 DOM 对象包装起来，即可获得一个 jQuery 对象，具体语法为：

```
$(dom 对象)
```

下面的代码实现 DOM 对象向 jQuery 对象的转换：

```
var cr=document.getElementById("cjgong3");  //获取 dom 对象
var $cr = $(cr);                            //将 dom 对象 cr 转换成 jquery 对象
```

查看官方网站，可以发现$(elements)中的 elemients 参数还可以是 jQuery 对象，虽然将一个 jQuery 对象再次转换成 jQuery 对象没有意义。但是在开发具体项目时，如果无法确定一个对象的类型是 jQuery 对象还是 DOM 对象，可以调用$()进行转化，这样可以保证此对象一定是 jQuery 对象。

建议：在具体开发项目时，如果获取的对象是 jQuery 对象，那么在变量标识符前面加上$，这样容易识别出哪些是 jQuery 对象。可通过下面的代码创建 jQuery 对象：

```
var $variable = jquery 对象;
```

18.2 基础选择器

jQuery 库最核心的组成部分就是选择器，所有 DOM 操作、事件操作、AJAX 操作都离不开它。jQuery 库的选择器继承了 CSS 的语法，可以对 DOM 元素的标签名、属性名、状态等进行快速而准确的选择，并且不必担心浏览器的兼容性，同时还具有一定的容错性。jQuery 选择器除实现了 CSS 1~CSS3 的大部分规则之外，还实现了一些自定义的选择器，用于各种特殊状态的选择。

18.2.1 简单选择器

jQuery 选择器几乎支持 CSS 的所有选择器语法，这种对 CSS 选择器语法的支持，使得开发人员的学习成本为零，同时在增强自己网站时，也不必考虑浏览器的兼容性。

与 CSS 选择器语法一致，jQuery 也支持 3 种基本的选择器，如表 18-2 所示。

表 18-2　简单选择符

选择器	CSS 语法	jQuery 语法	描述
标签选择器	div{}	$ {'div'}	获取所有 div 元素的 DOM 对象
ID 选择器	#box {}	$('#box')	获取一个 ID 为 box 元素的 DOM 对象
类(class)选择器	.box{}	$('.box')	获取所有 class 为 box 的 DOM 对象

1．标签选择器

标签选择器（element）用于选择 HTML 页面中已有的标签元素，又称为元素选择器，语法格式如下：

```
$("element")
```

其中，参数 element 表示所要查找的 HTML 标签名。

下面的实例设置<div>标签里的内容颜色为红色，其 HTML 代码如下：

```
<body>
<div>标签选择器</div>
……
</body>
```

如果通过 CSS 选择器方式来实现，则需要在 CSS 文件里编写如下代码：

```
div {
    color:red;
}
```

如果通过 jQuery 选择器方式来实现，则需要在 js 文件里编写如下代码：

```
$('div').css('color', 'red');
```

上述代码中，字符串 div 表示 HTML 页面中已有的标签元素<div>。标签选择器获取元素的方式不但高效，而且获取到的是该元素的整个集合。

查看 HTML 页面，所有<div>标签里的内容都以红色显示，运行效果如图 18-1 所示。

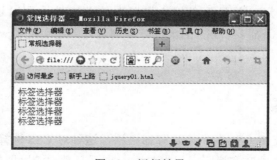

图 18-1　运行效果

2．ID 选择器

ID 选择器（id）用于选择一个具有 id 属性的标签元素，语法格式如下：

```
$("#id")
```

其中，参数 id 表示所要查找元素的 id 属性值，一定注意要在 id 前面加上"#"字符。

下面设置 HTML 页面中具有 id 属性值为 box 的标签元素里的内容颜色为红色，其 HTML 代码如下：

```
<body>
<div id='box'>ID 选择器</div>
</body>
```

如果通过 CSS 选择器方式来实现，则需要在 CSS 文件里编写如下代码：

```
#box {
    color:red;
}
```

如果通过 jQuery 选择器方式来实现，则需要在 js 文件里编写如下代码：

```
$('#box').css('color', 'red');
```

上述代码中，字符串"#box"中的 box 表示所要查找标签元素的 id 属性值，ID 选择器获取元素的方式不但高效，而且其结果只能是一个标签元素。这是因为在 HTML 页面中，id 值是唯一的。

查看 HTML 页面，id 属性值为 box 的标签元素里的内容以红色显示，运行效果如图 18-2 所示。

图 18-2 运行效果

3．类选择器

类选择器（class）用于选择具有 class 属性的标签元素，语法格式如下：

```
$(".class")
```

其中，参数 class 表示所要查找元素的 class 属性值，一定注意要在 class 前面加上 "." 字符。

下面设置 HTML 页面中具有 class 属性值为 box 的标签元素里的内容颜色为红色，其 HTML 代码如下：

```
<body>
<div class='box'>类选择器</div>
……
</body>
```

如果通过 CSS 选择器方式来实现，则需要在 CSS 文件里编写如下代码：

```
.box {
    color:red;
}
```

如果通过 jQuery 选择器方式来实现，则需要在 js 文件里编写如下代码：

```
$('.box').css('color', 'red');
```

上述代码中，字符串 ".box" 中的 box 表示所要查找标签元素的 class 属性值，类选择器获取元素的方式不但高效，而且其结果是一个集合。

查看 HTML 页面，class 属性值为 box 的标签元素里的内容以红色显示，运行效果如图 18-3 所示。

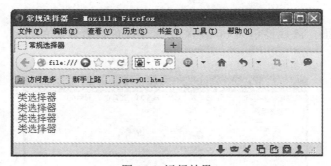

图 18-3 运行效果

18.2.2 进阶选择器

前面介绍了 jQuery 库中最简单的 3 种选择器，在该类型选择器的基础上，jQuery 库仿照 CSS 语法又支持群组选择器、后代选择器和通配符选择器，这些选择器统称为进阶选择器。

与 CSS 选择器语法一致，jQuery 也支持 3 种进阶选择器，如表 18-3 所示。

表 18-3 进阶选择符

选择器	CSS 语法	jQuery 语法	描述
群组选择器	span,em,.box{}	$('span,em,.box')	获取多个选择器的 DOM 对象
后代选择器	ul li a {}	$('ul li a')	获取追溯到的多个 DOM 对象
通配选择器	*{}	$('*')	获取所有元素标签的 DOM 对象

1．群组选择器

群组选择器用于选择所指定选择器组合的结果，又称为多元素选择器，语法格式如下：

```
$("selector1,selector2,select3,……,selectorN")
```

其中，参数 selector 表示有效的任意简单选择器。

下面设置 HTML 页面中所有<div>标签元素、<p>标签元素和<strong>标签元素里的内容颜色为红色，其 HTML 代码如下：

```
<body>
<div >div</div>
……
<p>p</p>
……
<strong>strong</strong>
……
</body>
```

如果通过 CSS 选择器方式来实现，则需要在 CSS 文件里编写如下代码：

```
div,p,strong{
    color:red;
}
```

如果通过 jQuery 选择器方式来实现，则需要在 js 文件里编写如下代码：

```
$('div,p,strong').css('color', 'red');
```

上述代码中，字符串 div 表示 HTML 页面中已有的标签元素<div>，字符串 p 表示 HTML 页面中已有的标签元素<p>，字符串 strong 表示 HTML 页面中已有的标签元素<strong>。群组选择器是选择不同元素的有效方法，根据实际需要，可以指定任意多个简单选择器合并成一个结果集。

查看 HTML 页面，所有<div>标签元素、<p>标签元素和<strong>标签元素里的内容都以红色显示，运行效果如图 18-4 所示。

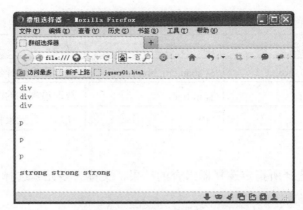

图 18-4 运行结果

2．后代选择器

后代选择器用于在指定祖先元素下匹配所有的后代元素，语法格式如下：

```
$("ancestor descendant")
```

其中，参数 ancestor 是任意有效的简单选择器，为指定的祖先元素；参数 descendant 也是一个简单选择器，用于筛选祖先元素的后代元素。两个参数之间用空格隔开。

在 jQuery 库里为子选择器专门提供了一个等价的方法 find()，使用语法格式如下：

```
$("ancestor").find("descendant")
```

下面设置第一个和第二个关于首页超级链接的内容颜色为红色，其 HTML 代码如下：

```
<body>
<ul>
<li><a href='###'>首页</a></li>
<li><a href='###'>首页</a></li>
</ul>
<a href='###'>首页</a>
<a href='###'>首页</a>
</body>
```

如果通过 CSS 选择器方式来实现，则需要在 CSS 文件里编写如下代码：

```
ul li a{
    color:red;
}
```

如果通过 jQuery 选择器方式来实现，则需要在 js 文件里编写如下代码：

```
$('ul li a').css('color', 'red');
```

上述代码中，字符串 "ul li a" 表示<ul>标签元素下<li>标签元素下的<a>标签元素。后代选择器同样是选择不同元素的有效方法，不过需要注意的是，后代元素可能是祖先元素的子元素、孙元素、重孙元素等。

查看 HTML 页面，第一个和第二个关于首页超级链接的内容都以红色显示，运行效果如图 18-5 所示。

图 18-5 运行结果

3. 通配符选择器

通配符选择器用于匹配所有的元素，语法格式如下：

```
$("*")
```

其中，字符串"*"表示匹配所有的元素。

下面设置 HTML 页面中所有元素里的内容颜色为红色，其 HTML 代码如下：

```
<body>
<ul>
<li><a href='###'>首页</a></li>
<li><a href='###'>首页</a></li>
</ul>
<a href='###'>首页</a>
<a href='###'>首页</a>
<p>首页</p>
<p>首页</p>
<span>首页</span>
<span>首页</span>
</body>
```

如果通过 CSS 选择器方式来实现，则需要在 CSS 文件里编写如下代码：

```
* {
    color:red;
}
```

如果通过 jQuery 选择器方式来实现，则需要在 js 文件里编写如下代码：

```
$('*').css('color', 'red');
```

上述代码中，字符串"*"表示页面中所有的元素。通配符选择器主要用于查找所有的元素，以便于将这些元素进行样式的统一，例如字体、颜色等。

查看 HTML 页面，所有元素里的内容都以红色显示，运行效果如图 18-6 所示。

图 18-6 运行结果

在具体开发项目时，通配选择器一般不常用，尤其是在大的通配上，如$('*')。这种使用方法效率很低，影响性能，建议尽可能少用。之所以效率很低，是因为$('*')代码会查找页面中所有的对象。

下面的实例实现查看页面中一共有多少个元素，其 HTML 代码如下：

```
1.     <html>
2.     <head>
3.     <metacharset=utf-8" />
4.     <title>通配符选择器</title>
5.     <script type="text/javascript" src="jquery/jquery-3.2.1.js"></script>
6.     <script type="text/javascript" src="javascript/jquery.js"></script>
7.     <link rel="stylesheet" href="styles/style.css" type="text/css" />
8.     </head>
9.     <body>
10.    <ul>
11.      <li><a href='###'>首页</a></li>
12.      <li><a href='###'>首页</a></li>
13.    </ul>
14.    <a href='###'>首页</a>
15.    <a href='###'>首页</a>
16.    <p>首页</p>
17.    <p>首页</p>
18.    <span>首页</span>
19.    <span>首页</span>
20.    </body>
21.    </html>
```

在上述代码中，一共包含 19 个元素对象，分别为<html>、<head>、<meta>等标签元素对象。

如果要查看上述页面中的对象个数，则需要在 js 文件里编写如下代码：

```
alert($('*').size());
```

查看 HTML 页面，对话框中所显示的数字 19 表示该页面一共有 19 个元素对象，运行效果如图 18-7 所示。

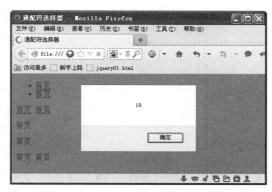

图 18-7 运行结果

18.2.3 高级选择器

对于 DOM 节点对象的选择，前面介绍的 6 种选择器完全可以胜任。但是随着 CSS 版本的更新，专门为一些特殊情况提供了一些选择器，例如子选择器、next 选择器和 nextAll 选择器，它们统称为高级选择器。由于这些选择器对 IE6 等低版本浏览器不支持，所以不具备通用性。但是随着 jQuery 库的兼容，这些选择器的使用频率也越来越高。

与 CSS 选择器语法一致，jQuery 也支持 3 种高级选择器，如表 18-4 所示。

表 18-4 高级选择器

选择器	CSS 语法	jQuery 语法	描述
子选择器	div>p {}	$('div>p')	只获取子类节点的多个 DOM 对象
next 选择器	div+p {}	$('div+p')	只获取某节点后一个同级 DOM 对象
nextAll 选择器	div~p {}	$('div~p')	获取某节点后所有同级 DOM 对象

1. 子选择器

子选择器用于在指定的父元素下查找该元素下面的所有子元素，语法格式如下：

```
$("parent>child")
```

其中，参数 parent 表示有效的任意选择器，child 同样也是一个选择器，并且它是第一个选择器的子元素，两个参数之间用符号 ">" 隔开。

在 jQuery 库里为子选择器专门提供了一个等价的方法 children()，使用语法格式如下：

```
$("parent").children("child")
```

下面设置 HTML 页面中 id 值为 box 的 div 元素里的 p 元素内容颜色为红色，其 HTML 代码如下：

```
<body>
<div id='box'>
    <p>p</p>
……
    <div>
      <p>p</p>
……
    </div>
</div>
</body>
```

如果通过 CSS 选择器方式来实现，则需要在 CSS 文件里编写如下代码：

```
div {
    #box>p;
}
```

如果通过 jQuery 选择器方式来实现，则需要在 js 文件里编写如下代码：

```
$('#box>p').css('color', 'red');
```

上述代码中，字符串"#box"表示 HTML 页面中 id 值为 box 的标签元素<div>，而字符串">p"表示所有儿子标签元素<p>。也可以通过如下代码实现上述功能：

```
$('#box').children('p').css('color', 'red');
```

查看 HTML 页面，运行效果如图 18-8 所示。

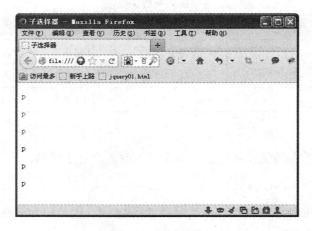

图 18-8 运行结果

304

2．next 选择器

next 选择器也叫紧邻同辈元素选择器，即用于匹配紧邻指定元素的同辈元素，语法格式如下：

```
$("prev+next")
```

其中，参数 prev 是任意有效的选择器，参数 next 也是一个选择器，用于匹配紧接 prev 元素后的第一个元素。两个参数之间使用"+"符号隔开。

在 jQuery 库里为子选择器专门提供了一个等价的方法 next()，使用语法格式如下：

```
$("prev").next("next")
```

下面设置 HTML 页面中内容为 p5 的标签元素以红色显示，其 HTML 代码如下：

```
<body>
<p>p1</p>
<p>p2</p>
<p>p3</p>
<div id='box'>
    <p>p4</p>
</div>
<p>p5</p>
<p>p6</p>
<p>p7</p>
</body>
```

如果通过 CSS 选择器方式来实现，则需要在 CSS 文件里编写如下代码：

```
#box+p {
    color:red;
}
```

如果通过 jQuery 选择器方式来实现，则需要在 js 文件里编写如下代码：

```
$('#box+p').css('color', 'red');
```

上述代码中，字符串"#box"表示 HTML 页面中 id 值为 box 的标签元素<div>，而字符串"+p"表示第一个同辈元素<p>。也可以通过如下代码实现上述功能：

```
$('#box').next('p').css('color', 'red');
```

查看 HTML 页面，内容为 p5 的标签元素以红色显示，运行效果如图 18-9 所示。

图 18-9 运行结果

3．nextALL 选择器

nextAll 选择器也叫相邻同辈元素选择器，即用于匹配指定元素的所有同辈元素，语法格式如下：

```
$("prev~ siblings")
```

其中，参数 prev 是任意有效的选择器，参数 siblings 也是一个选择器，用于匹配 prev 元素后的所有同辈元素。两个参数之间使用"~"符号隔开。

在 jQuery 库里为子选择器专门提供了一个等价的方法 nextAll()，使用语法格式如下：

```
$("prev").nextAll("next")
```

下面设置 HTML 页面中内容为 p5、p6 和 p7 的标签元素以红色显示，其 HTML 代码如下：

```
<body>
<p>p1</p>
<p>p2</p>
<p>p3</p>
<div id='box'>
    <p>p4</p>
</div>
<p>p5</p>
<p>p6</p>
<p>p7</p>
</body>
```

如果通过 CSS 选择器方式来实现，则需要在 CSS 文件里编写如下代码：

```
#box~p {
    color:red;
}
```

如果通过 jQuery 选择器方式来实现，则需要在 js 文件里编写如下代码：

```
$('#box~p').css('color', 'red');
```

字符串"#box"表示 HTML 页面中 id 值为 box 的标签元素<div>，而字符串"~p"表示所有同辈标签元素<p>。也可以通过如下代码实现上述功能：

```
$('#box').nextAll('p').css('color', 'red');
```

查看 HTML 页面，内容为 p5、p6 和 p7 的标签元素以红色显示，运行效果如图 18-10 所示。

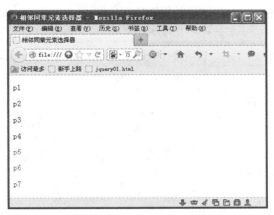

图 18-10 运行结果

上面所描述的高级选择器主要用来解决 DOM 节点对象的父子关系和兄弟关系，其实 CSS 语法里还专门提供了一种针对特殊属性元素的选择器。同样由于该选择器对 IE 6 等低版本浏览器不支持，所以不具备通用性。但是随着 jQuery 库的兼容，这种选择器的使用频率越来越高。

18.3 过滤选择器

除上述章节所介绍的选择器之外，CSS 语法中还存在一种叫作伪类的选择器，这些选择器对 IE 6 等低版本浏览器同样不支持，所以不具备通用性。但在 jQuery 库里专门针对 CSS 的伪类语法设置了过滤选择器，简称过滤器。随着 jQuery 库的兼容，过滤选择器的使用频率越来越高。

18.3.1 jQuery 所支持的过滤器

与 CSS 中的伪类选择器语法非常类似，jQuery 库所支持的所有过滤器都以冒号（：）开头。按照过滤规则，过滤器可以分为基本过滤器、内容过滤器、可见性过滤器、子元素过滤器、表单对象属性过滤器、表单过滤器和其他过滤器。

1．基本过滤器

jQuery 支持 11 种基本过滤器，详情如表 18-5 所示。

表 18-5　基本过滤器

过滤器名	jQuery 语法	说明	返回
:first	$('li:first')	选取第一个元素	单个元素
:last	$('li:last')	选取最后一个元素	单个元素
:not(selector)	$('li:not(.red)')	选取 class 不是 red 的 li 元素	集合元素
:even	$('li:even')	选择索引（0 开始）是偶数的所有元素	集合元素
:odd	$('li:odd')	选择索引（0 开始）是奇数的所有元素	集合元素
:eq(index)	$('li:eq(2)')	选择索引（0 开始）等于 index 的元素	单个元素
:gt(index)	$('li:gt(2)')	选择索引（0 开始）大于 index 的元素	集合元素
:lt(index)	$('li:lt(2)')	选择索引（0 开始）小于 index 的元素	集合元素
:header	$(':header')	选择标题元素，h1~h6	集合元素
:animated	$(':animated')	选择正在执行动画的元素	集合元素
:focus	$(':focus')	选择当前被焦点的元素	集合元素

2．内容过滤器

jQuery 支持 4 种内容过滤器，详情如表 18-6 所示。

表 18-6　内容过滤器

过滤器名	jQuery 语法	说明	返回
:contains(text)	$(':contains("ycku.com")')	选取含有"ycku.com"文本的元素	元素集合
:empty	$(':empty')	选取不包含子元素或空文本的元素	元素集合
:has(selector)	$(':has(.red)')	选取含有 class 是 red 的元素	元素集合
:parent	$(':parent')	$(':parent')	元素集合

3．可见性过滤器

jQuery 支持两种内容过滤器，详情如表 18-7 所示。

表 18-7　可见性过滤器

过滤器名	jQuery 语法	说明	返回
:hidden	$(':hidden')	选取所有不可见元素	集合元素
:visible	$(':visible')	选取所有可见元素	集合元素

4．子元素过滤器

jQuery 支持 4 种子元素过滤器，详情如表 18-8 所示。

表 18-8 子元素过滤器

过滤器名	jQuery 语法	说明	返回
:first-child	$('li:first-child')	获取每个父元素的第一个子元素	集合元素
:last-child	$('li:last-child')	获取每个父元素的最后一个子元素	集合元素
:only-child	$('li:only-child')	获取只有一个子元素的元素	集合元素
:nth-child(odd/even/eq(index))	$('li:nth-child(even)')	获取每个自定义子元素的元素	集合元素

5．表单对象属性过滤器

jQuery 支持 4 种表单对象属性过滤器，详情如表 18-9 所示。

表 18-9 表单对象属性过滤器

过滤器名	jQuery 语法	说明	返回
:enabled	$("input:enabled")	获取所有可用的 input 元素	集合元素
:disabled	$("input:disabled")	获取所有不可用的 input 元素	集合元素
:checked	$("input:checked")	获取所有选中的复选框元素	集合元素
:selected	$("select option:selected")	获取所有选中的选项元素	集合元素

6．表单过滤器

jQuery 支持 10 种表单过滤器，详情如表 18-10 所示。

表 18-10 表单过滤器

过滤器名	jQuery 语法	解释	返回
:input	$(":input")	获取所有的 input 元素	集合元素
:text	$(":text")	获取所有文本框	集合元素
:password	$(":password")	获取所有密码框	集合元素
:radio	$(":radio")	获取所有单选按钮	集合元素
:checkbox	$(":checkbox")	获取所有复选框	集合元素
:submit	$(":submit")	获取所有提交按钮	集合元素
:image	$(":image")	获取所有图像域	集合元素
:reset	$(":reset")	获取所有重置按钮	集合元素
:button	$(":button")	获取所有按钮	集合元素
:file	$(":file")	获取所有文件域	集合元素

7．其他过滤器

除上述过滤器之外，jQuery 还支持一些其他过滤器，详情如表 18-11 所示。

表 18-11 其他过滤器

方法名	jQuery 语法	说明	返回
is(s/o/e/f)	$('li').is('.red')	传递选择器、DOM、jQuery 对象或是方法来匹配元素结合	集合元素
hasClass(class)	$('li').eq(2).hasClass('red')	其实就是 is("."+class)	集合元素
slice(start,end)	$('li').slice(0,2)	选择从 start 到 end 位置的元素，如果是负数，则从后开始	集合元素
filter(s/o/e/f)	$('li').filter('.red')	获取 li 标签下类为 red 的元素	集合元素
end()	$('div').find('p').end()	获取当前元素前一次状态	集合元素
contents()	$('div').contents()	获取某元素下面所有元素节点，包括文本节点，如果是 iframe，则可以查找文本内容	集合元素

18.3.2 页面中的经典导航条

综合使用上面章节所介绍的各种选择器，实现某网站一个关于"品牌分类"导航条的展示效果，用户进入该页面时，品牌分类默认效果如图 18-11 所示。

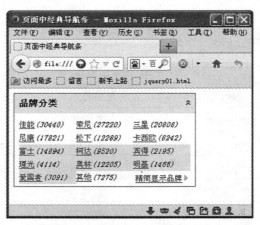

图 18-11 "品牌分类"导航条

在"品牌分类"导航条中，单击"品牌分类"标题，可以伸缩导航条的内容，同时该标题中的提示图片也随之改变，具体效果如图 18-12 所示。如果再次单击标题，则会返回图 18-11 所示的效果。在"品牌分类"导航条中，单击"精简显示品牌"超级链接时，将隐藏指定的内容，同时该"精简显示品牌"字样变成"显示全部品牌"（如图 18-13 所示），单击"显示全部品牌"链接时，返回初始状态，并改变指定显示元素的背景色。

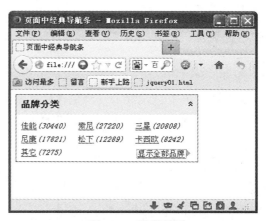

图 18-12 单击标题效果　　　　　　　　　　图 18-13 隐藏效果

下面通过应用 jQuery 库实现经典导航条，具体内容见【范例 18-1】。先设计一个页面，具体代码如下：

【范例 18-1 承载 js 文件的 HTML 文件】

```
1.    <body>
2.    <div id="divFrame">
3.      <div class="clsHead">
4.        <h3>品牌分类</h3>
5.        <!--标题名称-->
6.        <span><img src="Images/a2.gif" alt=""/></span> </div>
7.        <!--标题提示图片-->
8.        <div class="clsContent">
9.        <!--品牌列表-->
10.       <ul>
11.        <li ><a href="#">佳能</a><i>(30440) </i></li>
12.        <li ><a href="#">索尼</a><i>(27220) </i></li>
13.        <li ><a href="#">三星</a><i>(20808) </i></li>
14.        <li ><a href="#">尼康</a><i>(17821) </i></li>
15.        <li ><a href="#">松下</a><i>(12289) </i></li>
16.        <li ><a href="#">卡西欧</a><i>(8242) </i></li>
17.        <li ><a href="#">富士</a><i>(14894) </i></li>
18.        <li ><a href="#">柯达</a><i>(9520) </i></li>
19.        <li ><a href="#">宾得</a><i>(2195) </i></li>
20.        <li ><a href="#">理光</a><i>(4114) </i></li>
21.        <li ><a href="#">奥林</a><i>(12205) </i></li>
22.        <li ><a href="#">明基</a><i>(1466) </i></li>
23.        <li ><a href="#">爱国者</a><i>(3091) </i></li>
24.        <li ><a href="#">其他</a><i>(7275) </i></li>
25.       </ul>
26.       <div class="clsBot"><a href="#">精简显示品牌</a><img src="Images/
          a5.gif" alt=""/></div>
```

311

```
27.        <!--显示/隐藏内容-->
28.      </div>
29.    </div>
30.    </body>
```

在上述代码中，设置了一个包含标题和品牌列表信息的<div>容器标签对象。

下面编写 jQuery 代码实现经典导航栏，具体代码如下。

```
1.  $(function(){                                      //页面加载事件
2.    $(".clsHead").click(function(){                 //图片单击事件
3.      if($(".clsContent").is(":visible")){          //如果内容可见
4.        //改变图片
5.        $(".clsHead span img").attr("src","Images/a1.gif");
6.        $(".clsContent").css("display","none"); //隐藏内容
7.      }else{
8.        //改变图片
9.        $(".clsHead span img").attr("src","Images/a2.gif");
10.        $(".clsContent").css("display","block");//显示内容
11.      }
12.    });
13.    $(".clsBot" > a).click(function(){                    //链接单击事件
14.   if($(".clsBot" > a).text()=="精简显示品牌"){
          //如果内容为"精简显示品牌"字样
15.        $("ul li:gt(5):not(:last)").hide();
                //隐藏 index 号大于 5 且不是最后一项的元素
16.      $(".clsBot" > a).text("显示全部品牌");    //将字符内容更改为"显示全部品牌"
17.      }else{
18.        //显示所选元素且增加样式
19.        $("ul li:gt(5):not(:last)").show().addClass("GetFocus");
20.        $(".clsBot" > a).text("精简显示品牌");
                //将字符内容更改为"精简显示品牌"字样
21.      }
22.    });
23.  });
```

在上述代码中：

- 第 1~12 行实现伸缩导航条的功能，其中第 5 行和第 9 行代码实现图片的变换，".clsHead span img"表示获取类型 clsHead 中<span>标签元素下的<img>标签元素，即图片元素；其中第 6 行和第 10 行代码获取类名称为 clsContent 的元素集合，并实现内容的显示或隐藏。
- 第 13~23 行主要通过判断超级链接元素的内容是否为"精简显示品牌"字样，实现品牌信息的显示和隐藏。其中第 14 行代码检查单击的内容，".clsBot > a"获取超级链接元素对象；text()方法用来实现获取元素对象的内容。第 15 行代码实现指定内容的

隐藏，其中 gt(5)和 not(:last)分别为两个并列的过滤条件，即选择索引大于 5 并且不是最后一个元素的集合。hide()方法用来实现隐藏元素功能。

18.4 操作 DOM 对象

DOM 全称为 Document Object Model，意思是文档对象模型。该模型为文档提供了一种结构化表示方法，通过这些方法可以改变文档的内容和展示形式。在实际运用中，DOM 起到了桥梁的作用，通过它可以实现跨平台、跨语言的标准访问和操作。

18.4.1 jQuery 关于元素的操作

在具体设计页面时，经常需要与页面中的元素进行交互操作。在具体操作时，经常需要进行元素的操作，主要包含操作元素内容、操作元素属性和操作元素样式等。

1．操作元素内容

通过各种选择器、过滤器可以获取到所要操作的元素，然后可以对这些元素进行 DOM 的操作。那么，最常用的操作就是对元素内容的获取和修改，jQuery 库提供的方法如表 18-12 所示。

表 18-12　操作元素内容的方法

方法名	描述
html()	获取元素中的 HTML 内容
html(value)	设置元素中的 HTML 内容
text()	获取元素中的文本内容
text(value)	设置元素中的文本内容
val()	获取表单中的文本内容
val(value)	设置表单中的文本内容

2．操作元素属性

除对元素内容进行设置和获取之外，通过 jQuery 库也可以对元素本身的属性进行操作，包括获取属性的属性值、设置属性的属性值，并且可以删除属性。jQuery 库提供的方法如表 18-13 所示。

表 18-13 操作元素属性的方法

方法名	描述
attr(key)	获取某个元素 key 属性的属性值
attr(key,value)	设置某个元素 key 属性的属性值
attr({key1:value2,key2:value2...})	设置某个元素多个 key 属性的属性值
attr(key,function(index,value) {})	通过匿名方法设置某个元素 key

3．操作元素样式

元素样式操作包括直接设置 CSS 样式、增加 CSS 类别、类别切换、删除类别这几种操作。而在整个 jQuery 库使用频率上来看，CSS 样式的操作也是极高的。jQuery 库提供的方法如表 18-14 所示。

表 18-14 操作元素样式的方法

方法名	描述
css(name)	获取某个元素行内的 CSS 样式
css([name1,name2,name3])	获取某个元素行内的多个 CSS 样式
css(name,value)	设置某个元素行内的 CSS 样式
css(name,function(index,value))	设置某个元素行内的 CSS 样式，通过匿名方法来设置
css({name1:value1,name2:value2})	设置某个元素行内的多个 CSS 样式
addClass(class)	给某个元素添加一个 CSS 类
addClass(class1class2class3...)	给某个元素添加多个 CSS 类
removeClass(class)	删除某个元素的一个 CSS 类
removeClass(class1class2class3...)	删除某个元素的多个 CSS 类
toggleClass(class)	来回切换默认样式和指定样式
toggleClass(class1class2class3...)	来回切换多个默认样式和指定样式
toggleClass(class,switch)	来回切换样式的时候设置切换频率
toggleClass(function() {})	通过匿名方法设置切换的规则
toggleClass(function() {},switch)	在匿名方法设置时也可以设置频率
toggleClass(function(i,c,s) {},switch)	在匿名方法设置时传递 3 个参数

4．其他方法

对于元素样式的操作，jQuery 库不但提供了核心操作方法，如.css()、.addClass()等，还封装了一些特殊功能的元素样式操作方法。相应方法如表 18-15 所示。

表 18-15 特殊方法

方法名	描述
width()	获取某个元素的宽度
width(value)	设置某个元素的宽度
width(function(index,width) {})	通过匿名方法设置某个元素的宽度
height()	获取某个元素的高度
height(value)	设置某个元素的高度
height(function(index,width) {})	通过匿名方法设置某个元素的高度
innerWidth()	获取元素宽度，包含内边距 padding
innerHeight()	获取元素高度，包含内边距 padding
outerWidth()	获取元素宽度，包含边框 border 和内边距 padding
outerHeight()	获取元素高度，包含边框 border 和内边距 padding
outerWidth(ture)	获取元素宽度，且包含外边距
outerHeight(true)	获取元素高度，且包含外边距
offset()	获取某个元素相对的偏移位置
position()	获取某个元素相对于父元素的偏移位置
scrollTop()	获取垂直滚动条的值
scrollTop(value)	设置垂直滚动条的值
scrollLeft()	获取水平滚动条的值
scrollLeft(value)	设置水平滚动条的值

18.4.2 关于表的经典效果

项目的页面中经常会包含许多信息，为了便于展示，经常会通过<table>标签来实现。为了让页面显得更人性化，在各行间经常采用"隔行变色"的效果展示每一行的数据，同时还经常提供"全选/取消"功能，如图 18-14 所示。 

选项	编号	姓名	性别	薪资
☐	1001	李小明	男	3560 元
☐	1002	刘明明	女	3780 元
☐	1003	张小星	女	4560 元
☐ 全选				

图 18-14 展示员工信息

下面通过应用 jQuery 库实现表的经典效果，具体内容见【范例 18-2】。在具体实现时，要设计一个通过<table>标签来展示员工薪资信息的页面，其 HTML 代码如下。

315

【范例 18-2 展示员工薪资信息】

```
1.      <body>
2.      <table>
3.       <tr>                                                      <!--表的标题-->
4.         <th>选项</th>
5.         <th>编号</th>
6.         <th>姓名</th>
7.         <th>性别</th>
8.         <th>薪资</th>
9.       </tr>
10.      <tr id="0">                                               <!--展示员工信息-->
11.         <td><input id="Checkbox1" type="checkbox" value="0"/></td>
12.         <td>1001</td>
13.         <td>李小明</td>
14.         <td>男</td>
15.         <td>3560 元</td>
16.      </tr>
17.      ……
18.      </table>
19.      <table>
20.       <tr>
21.         <td style="text-align:left;height:28px"><span> <!--"全选/取消"复选框-->
22.          <input id="chkAll" type="checkbox" />
23.          全选</span> </td>
24.       </tr>
25.      </table>
26.      </body>
```

在上述代码中，第 2~18 行的<table>元素用来展示员工薪资信息，第 19~25 行的<table>元素用来显示"全选/取消"复选框

下面编写 jQuery 代码，实现"隔行变色"效果和"全选/取消"功能，具体代码如下：

```
1.      $(function() {
2.      $("table tr:nth-child(odd)").css("background-color","#eee");      //隔行变色
3.        //全选复选框单击事件
4.        $("#chkAll").click(function() {
5.           if (this.checked) {                          //如果自己被选中
6.              $("table tr td input[type=checkbox]").attr("checked", true);
7.           }
8.           else {                                        //如果自己没有被选中
9.              $("table tr td input[type=checkbox]").attr("checked", false);
10.          }
11.       })
12.    })
```

在上述代码中：

- 第 2 行实现隔行变色功能，其中 "table tr:nth-child(odd)" 为子元素过滤器，即选择表中奇数行元素的集合，方法 css()用来设置元素样式。
- 第 4~11 行实现复选框的单击事件，其中 "table tr td input[type=checkbox]" 为表单过滤器，即选择表中单元格里复选框标签元素。attr()方法用来设置复选框属性。

18.4.3 jQuery 关于节点的操作

DOM 中有一个非常重要的功能，即节点模型，也就是 DOM 中的 M。页面中的标签元素结构就是通过这种节点模型来互相对应的，在具体开发项目时，只需要通过这些节点关系，就可以实现创建、插入、替换、克隆、删除等一系列的节点操作。

1. 创建节点元素

页面中的各种标签元素，通过 DOM 模型中节点的相互关联形成树状，如果要在页面中增加一个节点元素，只需要找到该元素的上级节点，然后通过$()方法完成节点元素的创建，最后通过 append()方法添加所创建的节点元素到上级节点中。

创建节点元素的具体语法如下：

```
$(html)
```

其中，参数 html 表示用于创建 DOM 节点元素的 HTML 标签字符串。该方法会创建一个 DOM 对象，并将该 DOM 对象封装成一个 jQuery 对象返回。

2. 插入节点元素

创建节点元素并没有实际用处，最重要的是还需要将新创建的节点插入到文档中。对于上述功能，jQuery 提供了两种方式来实现，分别为内部插入节点方式和外部插入节点方式。jQuery 库提供的相关方法如表 18-16 和表 18-17 所示。

表 18-16 内部插入节点方法

方法名	描述
append(content)	向指定元素内部后面插入节点 content
append(function(index,html) {})	使用匿名方法向指定元素内部后面插入节点
appendTo(content)	将指定元素移到指定元素 content 内部后面
prepend(content)	向指定元素 content 内部的前面插入节点
prepend(function(index,html) {})	使用匿名方法向指定元素内部的前面插入节点
prependTo(content)	将指定元素移到指定元素 content 内部前面

表 18-17 外部插入节点方法

方法名	描述
after(content)	向指定元素的外部后面插入节点 content
after(function(index,html) {})	使用匿名方法向指定元素的外部后面插入节点
before(content)	向指定元素的外部前面插入节点 content
before(function(index,html) {})	使用匿名方法向指定元素的外部前面插入节点
insertAfter(content)	将指定节点移到指定元素 content 外部的后面
insertBefore(content)	将指定节点移到指定元素 content 外部的前面

3．包裹节点元素

在 jQuery 库中，不仅可以通过上述方法创建和插入节点元素，还可以根据具体要求包裹某个指定的节点，与包裹节点相关的方法如表 18-18 所示。

表 18-18 与包裹节点相关的方法

方法名	描述
wrap(html)	向指定元素包裹一层 HTML 代码
wrap(element)	向指定元素包裹一层 DOM 对象节点
wrap(function(index) {})	使用匿名方法向指定元素包裹一层自定义内容
unwrap()	移除一层指定元素包裹的内容
wrapAll(html)	用 HTML 将所有元素包裹到一起
wrapAll(element)	用 DOM 对象将所有元素包裹在一起
wrapInner(html)	向指定元素的子内容包裹一层 HTML
wrapInner(element)	向指定元素的子内容包裹一层 DOM 对象节点
wrapInner(function(index) {})	用匿名方法向指定元素的子内容包裹一层自定义内容

4．节点其他操作

在 jQuery 库中，还存在一些关于节点的其他操作方法，如表 18-19 所示。

表 18-19 节点其他操作

方法名	描述
clone()	表示复制元素和内容，但不复制事件行为
remove()	表示删除对象选择器指定的元素
detach()	表示删除对象选择器指定的元素
empty()	表示清空对象选择器指定的元素
replaceWith(content)	表示替换功能

18.4.4 超级链接提示效果

在项目的所有页面中，经常会看到超级链接的影子。如果要让超级链接自带提示，只需要在超级链接标签里设置 title 属性即可，具体语法如下：

```
<a href="#" title="超级链接提示信息">提示</a>
```

上述代码虽然可以实现提示效果，但是提示效果的响应速度非常缓慢。为了实现良好的人机交互，需要手动实现提示效果。

具体要求为当鼠标移动到超级链接上时，快速地出现提示。下面通过应用 jQuery 库实现上述要求，具体内容见【范例 18-3】。

在具体实现时，要设计一个包含两个超级链接对象的页面，其 HTML 代码如下：

```
<body>
<!--超级链接-->
<p><a href="#" class="tooltip" title="超链接提示 1">提示 1.</a></p>
<p><a href="#" class="tooltip" title="超链接提示 2">提示 2.</a></p>
</body>
```

设置关于超级链接的类样式 tooltip，修改超级链接的相关样式，具体代码如下：

```
#tooltip{
    position:absolute;
    border:1px solid #333;
    background:#f7f5d1;
    padding:1px;
    color:#333;
    display:none;
}
```

下面编写 jQuery 代码，实现超级链接提示功能，具体代码如下。

【范例 18-3 实现超级链接提示功能】

```
1.      $(function(){
2.          var x = 10;
3.          var y = 20;
4.          $("a.tooltip").mouseover(function(e){
5.              this.myTitle = this.title;
6.              this.title = "";
7.              var tooltip = "<div id='tooltip'>"+ this.myTitle
                +"<\/div>"; //创建 div 元素
8.              $("body").append(tooltip);        //把它追加到文档中
9.              $("#tooltip")
10.                 .css({
```

```
11.                              "top": (e.pageY+y) + "px",
12.                              "left": (e.pageX+x)  + "px"
13.                      }).show("fast");              //设置 x 坐标和 y 坐标，并且显示
14.              }).mouseout(function(){
15.                      this.title = this.myTitle;
16.                      $("#tooltip").remove();                         //移除
17.              }).mousemove(function(e){
18.                      $("#tooltip")
19.                          .css({
20.                              "top": (e.pageY+y) + "px",
21.                              "left": (e.pageX+x)  + "px"
22.                          });
23.              });
24.      })
```

在上述代码中：

- 第 4~13 行设置鼠标滑入超级链接时的处理方法，其中第 7 行创建一个包含 title 属性值的提示框（<div>标签元素对象），第 8 行将所创建的提示框对象追加到文档中，剩下的代码主要用来设置 x 和 y 坐标，使得提示框显示在鼠标位置的旁边。
- 第 14~16 行设置鼠标滑出超级链接时的处理方法，即移除提示框。
- 第 17~23 行设置鼠标在超级链接上移动时的处理方法，即通过 css()方法设置提示效果的坐标，以达到提示效果跟随鼠标一起移动的效果。

在浏览器中运行页面，效果如图 18-15 所示；当鼠标滑入超级链接时，就会快速出现提示，效果如图 18-16 所示；当鼠标滑出超级链接时，提示效果就会消失。

图 18-15 浏览页面

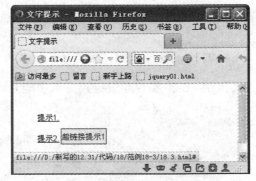

图 18-16 鼠标滑入时的效果

18.4.5 图片预览效果

为了让项目中的页面更漂亮，经常会看到图片的影子。对于页面中的图片来说，经常需

要实现图片的预览效果。

　　具体要求为如果将鼠标移动到图片上，将在该图片的右下角出现一张与之相对应的大图片，以达到图片预览的效果。下面通过应用 jQuery 库实现上述要求，具体内容见【范例 18-4】。

　　在具体实现时，要设计一个包含 4 张图片对象的页面，其 HTML 代码如下：

```
<body>
<ul>
  <!--插入 4 张图片-->
  <li><a href="images/apple_1_bigger.jpg" class="tooltip" title="苹果
  iPod"><img src="images/apple_1.jpg" alt="苹果 iPod" /></a></li>
  <li><a href="images/apple_2_bigger.jpg" class="tooltip" title="苹果 iPod
  nano"><img src="images/apple_2.jpg" alt="苹果 iPod nano"/></a></li>
  <li><a href="images/apple_3_bigger.jpg" class="tooltip" title="苹果
  iPhone"><img src="images/apple_3.jpg" alt="苹果 iPhone"/></a></li>
  <li><a href="images/apple_4_bigger.jpg" class="tooltip" title="苹果
  Mac"><img src="images/apple_4.jpg" alt="苹果 Mac"/></a></li>
</ul>
</body>
```

　　在上述代码中，用超级链接标签包含 4 张图片。设置列表和图片的相关样式，以达到预期的排列顺序，具体代码如下：

```
ul,li{
    margin:0;
    padding:0;
}
li{
    list-style:none;
    float:left;
    display:inline;
    margin-right:10px;
    border:1px solid #AAAAAA;
}
img{border:none;
}
```

　　下面编写 jQuery 代码，实现图片预览功能，具体代码如下。

【范例 18-4　实现图片预览功能】

```
1.      $(function(){
2.          var x = 10;
3.          var y = 20;
4.          $("a.tooltip").mouseover(function(e){
5.              this.myTitle = this.title;
6.              this.title = "";
```

```
7.                     var imgTitle = this.myTitle? "<br/>" + this.myTitle : "";
8.                     //创建 div 元素
9.                     var tooltip = "<div id='tooltip'><img  src='"+ this.href
+"' alt='产品预览图'/>"+imgTitle+"<\/div>";
10.                 $("body").append(tooltip);              //把它追加到文档中
11.                 $("#tooltip")
12.                     .css({
13.                         "top": (e.pageY+y) + "px",
14.                         "left": (e.pageX+x)  + "px"
15.                     }).show("fast");              //设置 x 坐标和 y 坐标，并且显示
16.         }).mouseout(function(){
17.             this.title = this.myTitle;
18.             $("#tooltip").remove();                    //移除
19.         }).mousemove(function(e){
20.             $("#tooltip")
21.                 .css({
22.                     "top": (e.pageY+y) + "px",
23.                     "left": (e.pageX+x)  + "px"
24.                 });
25.         });
26.     })
```

在上述代码中：

- 第 4~15 行设置鼠标滑入图片时的处理方法，其中第 9 行创建一个包含大图片的提示框（<div>标签元素对象），第 10 行将所创建的提示框对象追加到文档中，剩下的代码主要用来设置 x 和 y 坐标，使得提示框显示在鼠标位置的旁边。
- 第 16~18 行设置鼠标滑出图片时的处理方法，即移除提示框。
- 第 19~25 行设置鼠标在图片上移动时的处理方法，即通过 css()方法设置提示效果的坐标，以达到提示效果跟随鼠标一起移动的效果。

在浏览器中运行页面，效果如图 18-17 所示；当鼠标滑过小图片时就会快速出现图片的预览提示效果，如图 18-18 所示；当鼠标离开小图片时，图片预览提示效果就会消失。

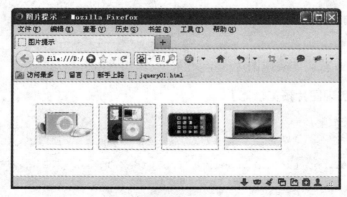

图 18-17 浏览页面

图 18-18 鼠标滑入图片时的效果

18.5 响应事件

JavaScript 中有一个非常重要的功能，就是事件驱动。当页面完全加载后，用户通过鼠标或键盘选择页面中的标签，就可以触发所绑定的事件。jQuery 库为开发者提供了更有效的事件编写行为，封装了大量有益的事件方法供开发人员使用。

18.5.1 绑定和删除事件

所谓事件，就是被对象识别的操作，即操作对象对环境变化的感知和反应，例如单击按钮或者敲击键盘上的按键。所谓事件流，是指由于 HTML 文档使用的是 DOM 模型，而该模型是从上到下一级一级的结构，就会触发一连串的对象，例如，在单击 HTML 页面上的某个按钮时，不仅会触发该按钮的单击事件，还将触发安装所属容器（div）的单击事件，同时还将触发父级别容器的单击事件。

一个操作会造成一连串的事件触发，就会形成一个事件流。所谓冒泡型事件流，就是事件激活顺序从出发点元素开始向上层逐级冒泡，直到 document 为止。在前面单击按钮的例子中，首先会触发按钮的单击事件，接着再触发容器 div 的单击事件，再触发 body 的单击事件，再触发 html 的单击事件，最后触发 document 的单击事件。jQuery 库对事件的支持，也采用冒泡型事件流。

JavaScript 拥有很多事件，常用的事件有 click、dblclick、mousedown、mouseup、mousemove、mouseover、mouseout、change、select、submit、keydown、keypress、keyup、blur、focus、load、resize、scroll 和 error 等。

在 jQuery 库中，通过 on()方法来为元素绑定上述事件，具体语法如下：

```
on(events [,selector] [,data],fn)
```

其中，参数 type 表示一个或多个事件名字符串；[selector]是可选的选择器字符串；[data]是可选的，可以为 event.data 属性值传递一个额外的数据，该数据的类型可以是一个字符串、数字、数组或对象；fn 表示事件的处理方法。

下面的实例实现单击按钮弹出一个对话框，其 HTML 代码如下：

```
<body>
<input type="button" value="弹出对话框"/>
</body>
```

通过 jQuery 库处理单击事件，需要在 JavaScript 文件中编写如下代码：

```
//绑定单击事件
$('input').on('click',function() {              //单击按钮后执行匿名方法
    alert('点击! ');
});
```

在上述代码中，内容"$('input')"首先获取 input 类型对象，然后通过 on()方法为该对象的单击事件绑定处理方法，在处理方法里实现弹出一个对话框。

查看 HTML 页面，单击"弹出对话框"按钮则会弹出对话框，运行效果如图 18-19 所示。

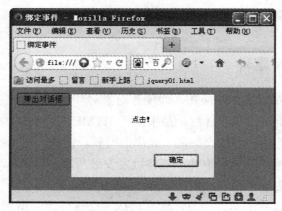

图 18-19　运行结果

通过 jQuery 库绑定事件时，所绑定事件的处理方法除可以使用上述例子中的匿名方法之

外，还可以绑定普通方法，例如：

```
//普通处理方法
$('input').on('click',fn);                          //执行普通方法时无须圆括号
function fn() {
    alert('单击! ');
}
```

除上述情况之外，jQuery 库中的 on()方法还可以同时绑定多个事件，例如下面的代码：

```
//可以同时绑定多个事件
$('input').on('mouseout mouseover',function() {   //同时绑定移出和滑入事件
    $('div').html(function(index,value) {
        returnvalue+'1';
    });
});
```

在 jQuery 库中，既然可以通过 on()方法绑定事件，那么就应该存在一个方法实现删除事件的功能，该方法的具体语法如下：

```
off(events [,selector],[fn])
```

其中，两个参数都是可选的，如果该方法没有任何表示删除绑定的所有事件；参数 events 表示删除指定类型的事件；fn 表示删除指定类型事件的指定处理方法。

下面的实例实现删除单击事件，需要在 JavaScript 文件里编写如下代码：

```
$('input').off('click');                            //删除当前元素的 click 事件
```

在上述代码中，通过使用 off()方法中的 events 参数删除指定类型事件，除上述方式之外，还可以通过如下两个方式来实现：

```
//使用 off()删除绑定的事件
$('input').off();                                   //删除所有当前元素的事件
```

或者

```
//使用 off 参数删除指定处理方法的事件
$('input').off('click',fn1);                        //只删除 fn1 处理方法的事件
```

18.5.2 jQuery 所支持的事件和事件类型

JavaScript 虽然提供了非常强大的事件机制，但是由于浏览器处理事件机制的差异，在编写 JavaScript 程序时不得不编写很多代码以满足各种浏览器之间的兼容性需求。万幸的是，jQuery 库对 JavaScript 中的事件进行封装，不必再考虑各种浏览器之间的差异。

为了使开发者更加方便地绑定事件，jQuery 库封装了 JavaScrpit 常用的事件以便省略更

多的代码，这些事件被称为简单事件，关于简单事件的绑定方法如表 18-20 所示。

表 18-20　简单事件的绑定方法

方法名	触发条件	描述
click(fn)	鼠标	触发每一个匹配元素的 click（单击）事件
dblclick(fn)	鼠标	触发每一个匹配元素的 dblclick（双击）事件
mousedown(fn)	鼠标	触发每一个匹配元素的 mousedown（单击后）事件
mouseup(fn)	鼠标	触发每一个匹配元素的 mouseup（单击弹起）事件
mouseover(fn)	鼠标	触发每一个匹配元素的 mouseover（鼠标移入）事件
mouseout(fn)	鼠标	触发每一个匹配元素的 mouseout（鼠标移出）事件
mousemove(fn)	鼠标	触发每一个匹配元素的 mousemove（鼠标移动）事件
mouseenter(fn)	鼠标	触发每一个匹配元素的 mouseenter（鼠标穿过）事件
mouseleave(fn)	鼠标	触发每一个匹配元素的 mouseleave（鼠标穿出）事件
keydown(fn)	键盘	触发每一个匹配元素的 keydown（键盘按下）事件
keyup(fn)	键盘	触发每一个匹配元素的 keyup（键盘按下弹起）事件
keypress(fn)	键盘	触发每一个匹配元素的 keypress（键盘按下）事件
unload(fn)	文档	当卸载本页面时绑定一个要执行的方法
resize(fn)	文档	触发每一个匹配元素的 resize（文档改变大小）事件
scroll(fn)	文档	触发每一个匹配元素的 scroll（滚动条拖动）事件
focus(fn)	表单	触发每一个匹配元素的 focus（获取焦点）事件
blur(fn)	表单	触发每一个匹配元素的 blur（失去焦点）事件
focusin(fn)	表单	触发每一个匹配元素的 focusin（焦点激活）事件
focusout(fn)	表单	触发每一个匹配元素的 focusout（焦点丢失）事件
select(fn)	表单	触发每一个匹配元素的 select（文本选定）事件
change(fn)	表单	触发每一个匹配元素的 change（值改变）事件
submit(fn)	表单	触发每一个匹配元素的 submit（表单提交）事件

除上述简单事件之外，jQuery 库还组合一些简单事件合成复合事件，比如切换功能、智能加载等。jQuery 库所支持的复合事件如表 18-21 所示。

表 18-21　复合事件

方法名	描述
ready(fn)	当 DOM 加载完毕触发事件
hover([fn1,]fn2)	当鼠标移入触发 fn1，移出触发 fn2
toggle(fn1,fn2[,fn3..])	已废弃，当鼠标单击触发 fn1，再单击触发 fn2……

在具体使用事件时，如果想要在事件处理程序里获取关于事件的信息，就需要使用事件对象。在 JavaScript 里，因为不同浏览器对事件对象的获取以及事件对象的属性有差异，所以开发人员很难使用事件对象实现跨浏览器的操作。不过 jQuery 库在遵循 W3C 标准的同时，又对事件对象进行了一次封装，使得事件对象的使用具有更好的兼容性。

关于事件对象的属性如表 18-22 所示。

表 18-22 事件对象的属性

属性名称	描述
type	事件类型，如果使用一个事件处理方法来处理多个事件，可以使用此属性获得事件类型
target	获取事件触发者 DOM 对象
data	事件调用时传入额外参数
relatedTarget	对于鼠标事件，标识触发事件时离开或者进入的 DOM 元素
currentTarget	冒泡前的当前触发事件的 DOM 对象，等同于 this
pageX/Y	鼠标事件中，事件相对于页面原点的水平/垂直坐标
result	上一个事件处理方法返回的值
timeStamp	事件发生时的时间戳
altKey	Alt 键是否被按下，如果按下则返回 true
ctrlKey	Ctrl 键是否被按下，如果按下则返回 true
metaKey	Meta 键是否被按下，按下返回 true。Meta 键就是 PC 机器的 Ctrl 键，或者 Mac 机器的 Command 键
shiftKey	Shift 键是否被按下，按下返回 true
keyCode	对于 keyup 和 keydown 事件返回被按下的键，不区分大小写，例如 a 和 A 都返回 65。对于 keypress 事件请使用 which 属性，因为 which 属性跨浏览器时依然可靠
which	对于键盘事件，返回触发事件的键的数字编码。对于鼠标事件，返回鼠标按键号（1 左键，2 中键，3 右键）
screenX/Y	对于鼠标事件，获取事件相对于屏幕原点的水平/垂直坐标

关于事件对象的方法如表 18-23 所示。

表 18-23 事件对象的方法

方法名称	说明
preventDefault()	取消可能引起任何语意操作的事件，比如<a>标签元素的 href 链接加载、表单提交以及 click 引起复选框的状态切换
isDefaultPrevented()	是否调用过 preventDefault()方法
stopPropagation()	取消事件冒泡
isPropagationStopped()	是否调用过 stopPropagation()方法
stopImmediatePropagation()	取消执行其他的事件处理方法并取消事件冒泡。如果同一个事件绑定了多个事件处理方法，在其中一个事件处理方法中调用此方法后将不会继续调用其他的事件处理方法
isImmediatePropagationStopped()	是否调用过 stopImmediatePropagation()方法

18.5.3 表单动态效果

在项目的所有页面中，经常会看到表单的影子。为了让表单实现动态效果，jQuery 库封装了许多关于表单的事件，本节将介绍关于表单事件的一些经典应用。

1. 表单标签元素焦点的获取和失去

在表单中一般都会有文本框、密码框和文本域等标签元素，在实际开发中通常使用焦点事件改变标签的样式，让控件突出显示。该效果可以极大地提升用户体验，使用户的操作得到及时的反馈。下面通过应用 jQuery 库实现上述要求，具体内容见【范例 18-5】。

在具体实现时，要设计一个包含文本框和密码框的页面，其 HTML 代码如下：

```
1.<form >
2.      <fieldset>
3.            <legend>登录页面</legend>
4.                  <div>                                  <!--用户文本框-->
5.                        <label   for="username">用户:</label>
6.                        <input id="username" type="text" />
7.                  </div>
8.                  <div>                                  <!--密码文本框-->
9.                        <label for="pass">密码:</label>
10.                       <input id="pass" type="password" />
11.                 </div>
12.     </fieldset>
13.</form>
```

设置一个类样式，作为标签突出显示的样式，具体代码如下：

```
.focus {
    border: 1px solid #f00;
    background: #fcc;
}
```

下面编写 jQuery 代码，实现在标签触发焦点事件时使用上述样式，具体代码如下：

【范例 18-5 实现超级链接提示功能】

```
1.$(function(){
2.    $(":input").focus(function(){                    //获取焦点
3.            $(this).addClass("focus");
4.    })
5.    .blur(function(){                                //失去焦点
6.            $(this).removeClass("focus");
7.    });
8.})
```

在上述代码中，为<input>标签绑定了获取焦点事件 focus 和失去焦点事件 blur，当获取焦点后，则添加 focus 类样式，如果失去焦点，则移除 focus 类样式。

在浏览器中运行页面，效果如图 18-20 所示；单击用户文本框，获取焦点，效果如图 18-21

所示；单击页面空白处，使文本框失去焦点。

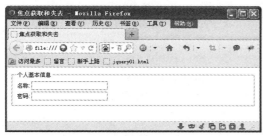

图 18-20 加载页面

图 18-21 标签突出显示

2．文本域高度的动态变化

在许多网站中，特别是论坛、评论类网站，都存在一个在线文本编辑器，在该组件中一般都存在两个功能（"+"和"-"）按钮，用来控制内容输入区域的高度。内容输入区域的动态变化是一个非常经典的效果。下面通过应用 jQuery 库实现上述要求，具体内容见【范例 18-6】。

在具体实现时，在页面表单中通过文本域来代替在线文本编辑器，然后添加两个按钮实现文本域高度的动态变化，其 HTML 代码如下：

```
1.    <form action="" method="post">
2.      <div class="msg">
3.        <div class="msg_caption">
4.           <span class="bigger" >向下(+)</span>
5.        <!--增加高度-->
6.        <span class="smaller" >向上(-)</span> </div>
7.          <!--减少高度-->
8.        <div>                                          <!--文本域-->
9.        <textarea id="comment" rows="8" cols="25">
10.              在线文本编辑器.在线文本编辑器.在线文本编辑器.
11.              在线文本编辑器.在线文本编辑器.在线文本编辑器.
12.              在线文本编辑器.在线文本编辑器.在线文本编辑器.
13.              在线文本编辑器.在线文本编辑器.在线文本编辑器.
14.        </textarea>
15.      </div>
16.    </div>
17.   </form>
```

下面编写 jQuery 代码，当单击"向下(+)"按钮后，如果文本域的高度小于 500px，则在原来高度的基础上增加 50px；当单击"向上(-)"按钮后，如果文本域的高度大于 50px，则在原来的基础上减去 50px，具体代码如下。

【范例 18-6 实现超级链接提示功能】

```
1.$(function(){
2.    var $comment = $('#comment');              //获取文本域
3.    $('.bigger').click(function(){             //向下按钮绑定单击事件
```

```
4.         if(!$comment.is(":animated")){        //判断是否处于动画状态
5.             if( $comment.height() < 500 ){
6.                   $comment.animate({height:"+=50"},400);
                                        //重新设置高度，在原有的基础上加 50px
7.             }
8.         }
9.     })
10.    $('.smaller').click(function(){    //向上按钮绑定单击事件
11.        if(!$comment.is(":animated")){        //判断是否处于动画状态
12.            if( $comment.height() > 50 ){
13.                   $comment.animate({height:"-=50"},400);
                                        //重新设置高度，在原有的基础上减 50px
14.            }
15.        }
16.    });
17.});
```

在上述代码中：

- 第 2 行代码获取文本域对象$comment。
- 第 3~9 行获取向下按钮，然后绑定单击事件，在处理单击事件时，首先在第 4 行判断是否处于动画状态，然后在第 5 行判断文本域对象的高度是否小于 500，如果小于则需要重新设置高度，即在原来高度的基础上增加 50。
- 第 10~16 行获取向上按钮，然后绑定单击事件，在处理单击事件时，首先在第 11 行判断是否处于动画状态，然后在第 12 行判断文本域对象的高度是否大于 50，如果大于则需要重新设置高度，即在原来高度的基础上减少 50。

在浏览器中运行页面，效果如图 18-22 所示；单击"向下(+)"按钮后，效果如图 18-23 所示；单击"向上(-)"按钮后，效果如图 18-24 所示。

图 18-22 加载页面

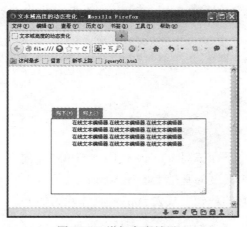

图 18-23 增加高度效果

图 18-24 降低高度效果

3. 表单验证

在项目开发中，不仅需要进行前台验证，还需要进行后台验证。所谓前台验证，有时也叫表单验证或者页面验证。表单验证的作用非常重要，它能使表单更加灵活、美观和丰富。下面通过应用 jQuery 库实现上述要求，具体内容见【范例 18-7】。

在具体实现时，设计一个包含邮箱地址验证文本框的页面，其 HTML 代码如下：

```
1.    <form id="form1" action="#">
2.       <div id="email" class="divInit">邮箱:
3.          <span id="spnTip" class="spnInit"></span>
4.          <input id="txtEmail"type="text"class="txtInit"/><!--邮箱输入框-->
5.       </div>
6.    </form>
```

在上述代码中，包含 3 个元素，分别为文本框类型的邮箱输入框、提示信息的 span 元素和外层的 Div 元素。

下面为页面中的 3 个元素设置各种状态下的样式，具体代码如下：

```
body{font-size:13px}
/* 元素初始状态样式 */
.divInit{width:390px;height:55px;line-height:55px;padding-left:20px}
.txtInit{border:#666 1px solid;padding:3px;background-image:url('Images/
bg_email_input.gif')}
.spnInit{width:179px;height:40px;line-height:40px;float:right;margin-top:
8px;padding-left:10px;background-repeat:no-repeat}
/* 元素丢失焦点样式 */
.divBlur{background-color:#FEEEC2}
.txtBlur{border:#666 1px solid;padding:3px;background-image:url('Images/
bg_email_input2.gif')}
.spnBlur{background-image:url('Images/bg_email_wrong.gif')}
```

```
/* div 获取焦点样式 */
.divFocu{background-color:#EDFFD5}
/* 验证成功时 span 样式 */
.spnSucc{background-image:url('Images/pic_Email_ok.gif');margin-top:20px}
```

在上述代码中，设置了页面中 3 个元素处于初始状态、丢失焦点和获取焦点的样式。

下面编写 jQuery 代码，实现邮箱地址验证功能，具体代码如下。

【范例 18-7 实现邮箱地址验证功能】

```
1.$(function() {
2.          $("#txtEmail").trigger("focus");           //默认时文本框获取焦点
3.          $("#txtEmail").focus(function() {          //文本框获取焦点事件
4.              $(this).removeClass("txtBlur").addClass("txtInit");
5.              $("#email").removeClass("divBlur").addClass("divFocu");
6.              $("#spnTip").removeClass("spnBlur")
7.              .removeClass("spnSucc").html("请输入您常用邮箱地址！");
8.          })
9.          $("#txtEmail").blur(function() {           //文本框丢失焦点事件
10.             var vtxt = $("#txtEmail").val();        //获取文本框对象
11.             if (vtxt.length == 0) {                 //检测邮箱内容是否为空
12.                 $(this).removeClass("txtInit").addClass("txtBlur");
13.                 $("#email").removeClass("divFocu").addClass("divBlur");
14.                 $("#spnTip").addClass("spnBlur").html("邮箱地址不能
                        为空！");
15.             }
16.             else {
17.                 if (!chkEmail(vtxt)) {              //检测邮箱格式是否正确
18.                     $(this).removeClass("txtInit").addClass("txtBlur");
19.                     $("#email").removeClass("divFocu").addClass
                            ("divBlur");
20.                     $("#spnTip").addClass("spnBlur").html("邮箱格式
                            不正确！");
21.                 }
22.                 else {                                      //如果正确
23.                     $(this).removeClass("txtBlur").addClass("txtInit");
24.                     $("#email").removeClass("divFocu");
25.                     $("#spnTip").removeClass("spnBlur").addClass
                            ("spnSucc").html("");
26.                 }
27.             }
28.         })
29.     })
```

在上述代码中：

- 第 2 行代码实现文本框默认获取焦点。
- 第 3~8 行设置文本框获取焦点时的处理方法,主要涉及 3 个元素的样式变化。其中第 4 行代码表示文本框对象获取焦点时的样式变化,由于该对象获取焦点时,有可能来源于丢失焦点,因此需要先通过 removeClass()方法删除失去焦点的样式 txtBlur,然后再通过 addClass()方法添加获取焦点的样式 txtInit。其中第 5 行代码实现外层 DIV 区域获取焦点时的样式变化。其中第 6 行和第 7 行实现提示信息<span>对象获取焦点时的样式变化。
- 第 9~28 行设置文本框失去焦点时的处理方法,与获取焦点时的处理方法非常类似,即先删除原先加载过的页面样式,然后增加本身事件中的样式。不过第 11 行对邮箱内容是否为空进行判断,第 17 行对邮箱格式进行判断,通过调用判断邮箱格式的方法 chkEmail()来实现。

自定义方法 chkEmail()实现判断邮箱地址的格式功能,具体内容如下。

```
/*
 *验证邮箱格式是否正确
 *参数 strEmail,需要验证的邮箱
*/
function chkEmail(strEmail) {
    if (!/^\w+([-+.]\w+)*@\w+([-.]\w+)*\.\w+([-.]\w+)*$/.test(strEmail))
    {
        return false;
    }
    else {
        return true;
    }
}
```

当加载页面时,邮箱输入框默认获取焦点。当文本框元素获取焦点时,不仅样式发生变化,同时提示用户输入邮箱的方法,运行效果如图 18-25 所示。

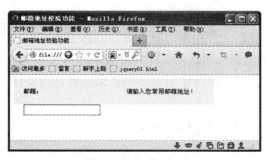

图 18-25 加载页面

当用户输入邮箱地址丢失焦点后,将检查邮箱输入框中的内容是否为空。如果不为空或者邮箱地址格式不正确,样式将再次发生变化,同时提示出错信息,运行效果分别如图 18-26 和图 18-27 所示。

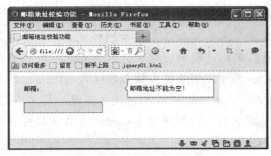 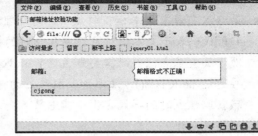

<table>
<tr><td>图 18-26 邮箱地址内容为空效果</td><td>图 18-27 邮箱格式不正确效果</td></tr>
</table>

　　如果邮箱地址格式正确，样式将返回初始状态，并显示一个打勾的图片，运行效果如图 18-28 所示。

图 18-28 邮箱格式正确效果

18.6 实现动态效果

　　所有页面设计师对动画都非常头疼，但是只要拥有了 jQuery 库，就会成为别人（那些不知道 jQuery 的人）眼里的动画高手。jQuery 库中提供了众多动画与特性方法，通过少量的几行代码就可以实现元素的飞动、淡入淡出等动画效果，而且还支持各种自定义动画效果。

18.6.1 jQuery 库所支持的动画方法

　　在着手给页面添加很酷的动画效果之前，首先要了解一下 jQuery 库所支持的动画方法，这些方法主要分为 3 类，即基本动画方法、滑动动画方法和淡入淡出方法。

1. 基本动画方法

jQuery 支持 7 种基本动画方法，详情如表 18-24 所示。

表 18-24 基本动画方法

名称	说明
show( )	显示隐藏的匹配元素。 这个就是 show(speed, [callback])无动画的版本。如果选择的元素是可见的,这个方法将不会改变任何东西。无论这个元素是通过 hide()方法隐藏的还是在 CSS 中设置了 display:none,这个方法都将有效
show(speed, [callback])	以优雅的动画显示所有匹配的元素,并在显示完成后可选地触发一个回调方法。 可以根据指定的速度动态地改变每个匹配元素的高度、宽度和不透明度。在 jQuery 1.3 中,padding 和 margin 也会有动画,效果更流畅
hide( )	隐藏显示的元素。 这个就是 hide(speed, [callback])的无动画版。如果选择的元素是隐藏的,这个方法将不会改变任何东西
hide(speed, [callback])	以优雅的动画隐藏所有匹配的元素,并在显示完成后可选地触发一个回调方法。 可以根据指定的速度动态地改变每个匹配元素的高度、宽度和不透明度。在 jQuery 1.3 中,padding 和 margin 也会有动画,效果更流畅
toggle( )	切换元素的可见状态。 如果元素是可见的,切换为隐藏的;如果元素是隐藏的,切换为可见的
toggle(switch)	根据 switch 参数切换元素的可见状态(true 为可见,false 为隐藏)。 如果 switch 设为 true,则调用 show()方法来显示匹配的元素,如果 switch 设为 false 则调用 hide()来隐藏元素
toggle(speed, [callback])	以优雅的动画切换所有匹配的元素,并在显示完成后可选地触发一个回调方法。 可以根据指定的速度动态地改变每个匹配元素的高度、宽度和不透明度。在 jQuery 1.3 中,padding 和 margin 也会有动画,效果更流畅

2．滑动动画方法

jQuery 支持 3 种滑动动画方法,详情如表 18-25 所示。

表 18-25 滑动动画方法

名称	说明
slideDown(speed, [callback])	通过高度变化(向下增大)来动态地显示所有匹配的元素,在显示完成后可选地触发一个回调方法。 这个动画效果只调整元素的高度,可以使匹配的元素以"滑动"的方式显示出来。在 jQuery 1.3 中,上下的 padding 和 margin 也会有动画,效果更流畅
slideUp(speed, [callback])	通过高度变化(向上减小)来动态地隐藏所有匹配的元素,在隐藏完成后可选地触发一个回调方法
slideToggle(speed, [callback])	通过高度变化来切换所有匹配元素的可见性,并在切换完成后可选地触发一个回调方法

3．淡入淡出动画方法

jQuery 支持 3 种淡入淡出动画方法，详情如表 18-26 所示。

表 18-26　淡入淡出动画方法

名称	说明
fadeIn(speed, [callback])	通过不透明度的变化来实现所有匹配元素的淡入效果，并在动画完成后可选地触发一个回调方法。 这个动画只调整元素的不透明度，也就是说所有匹配的元素的高度和宽度不会发生变化
fadeOut(speed, [callback])	通过不透明度的变化来实现所有匹配元素的淡出效果，并在动画完成后可选地触发一个回调方法
fadeTo(speed, opacity, [callback])	把所有匹配元素的不透明度以渐进方式调整到指定的不透明度，并在动画完成后可选地触发一个回调方法

18.6.2　实现可折叠的列表

浏览计算机中的文件系统时，经常会采用一种"渐进式公开"的形式，即会以层次结构列表形式展示所有文件。同样，为了避免用户迷失在页面的海量信息中，也会以"渐进式公开"的形式展示信息，也就是所谓"可折叠列表"效果。

下面通过应用 jQuery 库实现"可折叠列表"效果，具体内容见【范例 18-8】。在具体实现时，要设计一个包含列表信息的页面，其 HTML 代码如下：

```
1.      <fieldset>
2.      <legend>可折叠的列表</legend>                         <!--标题-->
3.      <ul>                                                <!--列表信息-->
4.       <li>列表 1</li>
5.       <li>列表 2</li>
6.       <li>
7.        列表 3
8.        <ul>
9.         <li>列表 3.1</li>
10.        <li>
11.         列表 3.2
12.         <ul>
13.          <li>列表 3.2.1</li>
14.          <li>列表 3.2.2</li>
15.          <li>列表 3.2.3</li>
16.         </ul>
17.        </li>
18.        <li>列表 3.3</li>
19.       </ul>
```

```
20.        </li>
21.        <li>
22. ……
23.      </ul>
24.    </fieldset>
25. </body>
```

下面编写 jQuery 代码，实现可折叠效果功能，具体代码如下：

【范例 18-8 实现可折叠功能】

```
1.    $(function(){
2.      $('li:has(ul)')                              //选择拥有子列表的所有列表项
3.        .click(function(event){                    //绑定单击事件
4.          if (this == event.target) {
5.            if ($(this).children().is(':hidden')) {      //展开列表信息
6.              $(this)
7.                .css('list-style-image','url(Images/minus.gif)')
8.                .children().show();
9.            }
10.           else {
11.             $(this)                              //折叠列表信息
12.               .css('list-style-image','url(Images/plus.gif)')
13.               .children().hide();
14.           }
15.         }
16.         return false;
17.       })
18.       .css('cursor','pointer')
19.       .click();
20.     $('li:not(:has(ul))').css({                  //设置叶子项元素的样式
21.       cursor: 'default',
22.       'list-style-image':'none'
23.     });
24.   }));;
```

在上述代码中：

- 第 2 行代码通过 li:has(ul)获取拥有子列表的所有列表项。
- 第 4~19 行实现展开和折叠列表的功能，其中第 4~9 行实现展开列表信息，第 4 行代码实现获取发生单击事件的列表项（父列表元素），第 5 行通过$(this).children().is(':hidden')代码获取父列表元素对象中的所有子列表，第 7 行代码通过 css()方法重新设置列表图片，第 8 行通过 ".children().show()" 代码实现子列表元素显示。其中第 11~19 行实现折叠列表信息。
- 第 20~23 行设置叶子项元素的样式。

● 在浏览器中运行页面，效果如图 18-29 所示；单击"列表 3"列表元素后，效果如图 18-30 所示；单击"列表 3.2"列表元素后，效果如图 18-31 所示。

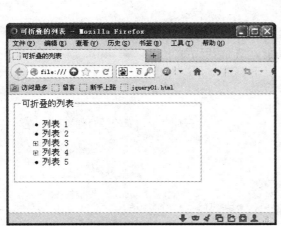

图 18-29 加载页面

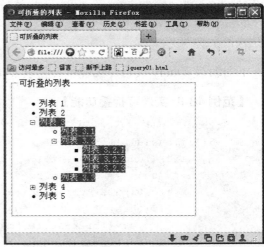

图 18-30 单击"列表 3"

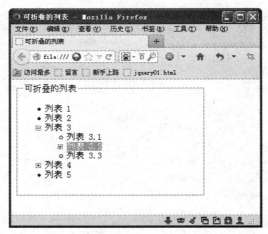

图 18-31 单击"列表 3.2"

18.6.3 淡入淡出效果

所谓淡入淡出效果，就是通过元素渐渐变换背景色的动画效果来显示或隐藏元素，通过 jQuery 所提供的淡入淡出方法可以容易地实现该效果。下面通过应用 jQuery 库实现上述要求，具体内容见【范例 18-9】。

在具体实现时，要设计一个包含两个按钮和显示内容 DIV 标签元素的页面，其 HTML 代码如下：

```
1.<body>
2.    <div class="divFrame">
3.                  <!--两个操作按钮-->
4.        <div class="divTitle">
5.          <input id="Button1" type="button" value="淡入按钮" class="btn" />
6.          <input id="Button2" type="button" value="淡出按钮" class="btn" />
7.        </div>
8.              <!--显示图片-->
9.        <div class="divContent">
10.           <div class="divTip"></div>
11.           <img src="Images/img05.jpg" alt="" title="设备图片" />
12.       </div>
13.    </div>
14.</body>
```

下面编写 jQuery 代码，实现淡入淡出效果功能，具体代码如下：

【范例 18-9 实现淡入淡出功能】

```
1.     $(function() {
2.        $img = $("img");                        //获取图片元素对象
3.        $tip = $(".divTip");                    //获取提示信息对象
4.        $("input:eq(0)").click(function() {     //第一个按钮单击事件
5.           $tip.html("");                       //清空提示内容
6.           //在 3000 毫秒中淡入图片，并执行一个回调方法
7.           $img.fadeIn(3000, function() {
8.               $tip.html("淡入成功！");
9.           })
10.       })
11.       $("input:eq(1)").click(function() {     //第二个按钮单击事件
12.          $tip.html("");                       //清空提示内容
13.          //在 3000 毫秒中淡出图片，并执行一个回调方法
14.          $img.fadeOut(3000, function() {
15.              $tip.html("淡出成功！");
16.          })
17.       })
18.    })
```

在上述代码中：

- 第 2~3 行获取图片元素对象和提示信息对象。
- 第 4~10 行设置单击"淡入按钮"按钮的处理方法，其中第 5 行清空提示内容，然后调用 fadeIn()方法对图片对象实现淡入效果。
- 第 11~17 行设置单击"淡出按钮"按钮的处理方法，其中第 12 行清空提示内容，然后调用 fadeOut()方法对图片对象实现淡出效果。

在浏览器中运行页面，效果如图 18-32 所示；单击"淡出按钮"按钮后，效果如图 18-33 所示；单击"淡入按钮"按钮后，效果如图 18-34 所示。

图 18-32 加载页面

图 18-33 单击"淡出按钮"

图 18-34 单击"淡入按钮"

18.7 相关参考

- jQuery 库——http://jquery.com/。
- jQuery 库 API——http://api.jquery.com/。
- jQuery 库博客园——http://kb.cnblogs.com/zt/jquery/。

第 19 章 用户交互操作、进度条和
滑动条美化页面

美的形象是丰富多彩的，而美也是到处出现的。人类本性中就有普遍的爱美的要求。

——黑格尔

设计合理、内容丰富和页面漂亮的网站，总会受到浏览者的喜欢和光顾。本章将详细介绍如何通过 jQuery UI 插件中的拖动和拖放组件、进度条和滑动条组件来美化页面。

本章主要知识点：

- 拖动组件
- 拖放组件
- 进度条工具集
- 滑动条工具集

19.1 页面中的交互操作

在任何项目的界面中，与鼠标指针交互都是设计中的核心组成部分。虽然许多简单鼠标交互都内建在界面里（例如单击等），但是并不支持高级交互方式。

在 Windows 系统中，经常会涉及一些与鼠标的交互操作——拖动和拖放。例如在文件夹之间拖动文件或在文件系统中四处移动文件，甚至把文件拖放到回收站以实现删除文件功能。那么在浏览器中也可以实现这些效果吗？答案是肯定的，不过需要利用 jQuery UI 框架中的拖动和拖放组件。

19.1.1 jQuery UI 所支持的拖动组件

jQuery UI 插件的拖动组件，可以实现在页面中拖来拖去的效果。只要单击页面中的拖动组件对象，并拖动鼠标就可以将其移动到浏览器区域内的任意位置。

在页面中使用 jQuery UI 插件的拖动组件，需要经过如下步骤。

步骤01 在页面代码的 head 标签元素中添加拖动组件支持的类库、样式表等资源，具体内容如下：

```
<script src="jquery-3.2.1.js"></script>
<script src="jquery-ui.js"></script>
<link href="jquery-ui.css" rel="stylesheet">
<script src="jquery-ui.css"></script>
```

步骤02 通过 draggable()方法封装 DOM 对象为 jQuery 对象，该方法的具体语法如下：

```
$(selector). draggable();
```

其中，selector 是选择器，用于选择将被封装成拖动组件的对象。

步骤03 根据具体需求，通过方法 draggable(options)设置拖动组件对象的配置选项，以达到预期的效果。拖动组件的配置选项内容如表 19-1 所示。

表 19-1 拖动组件的常见配置选项

名称	属性值	说明
addClasses	boolean	是否为可拖动元素应用 ui-draggale 类
appendTo	element	为可拖动元素指定到一个容器
axis	string	限制可拖动元素沿着一个轴移动，可以为 x（水平）或者 y（垂直）
cancel	selector	指定不能被拖动的元素
connectToSortable	selector	是否关联到一个可排序列表上，使之成为排序元素
containment	Selector, element, string, array	阻止将元素拖出指定元素或区域的边界
cursor	string	指定光标指针位于可拖动元素上时使用的 CSS cursor 属性
cursorAt	object	指定一个默认的相对位置，拖动对象时光标将在这里出现
delay	integer	指定开始拖动时延时多少毫秒
distance	integer	按下光标后开始拖动前必须移动鼠标的距离
grid	array	使可拖动元素对齐页面上的一个虚拟网格
handle	elment,selector	在可拖动元素中指定用于放置拖动指针的特定区域
helper	string,function	指定拖动时显示的辅助元素
iframeFix	boolean,selector	是否阻止 iframe 元素在拖动时捕获 mousemove 事件
opacity	float	指定拖动过程中辅助元素的不透明度
refreshPositions	boolean	是否在每次拖动的 mousemove 事件中重新计算位置
revert	boolean,string	是否在拖动之后自动回到原始位置

（续表）

名称	属性值	说明
revertDuration	integer	指定元素返回其原始位置时所需要的毫秒数
scope	string	用来指定一个拖放元素组合，通常与 droppable 集合使用
scroll	boolean	指定是否在拖动容器时元素自动滚动
scrollSensitivity	integer	指定可拖动元素在距离容器边缘多远时容器开始滚动
scrollSpeed	integer	指定容器元素的滚动速度
snap	boolean,selector	指定可拖动元素在靠近元素时是否自动对齐到边缘
snapMode	string	指定自动对齐目标元素的方式
snapTolerance	integer	指定可拖动元素距离目标元素多远时开始自动对齐
stack	object	确保当前拖动对象总是位于同一组中其他拖动对象的上方
zIndex	integer	设置拖动过程中辅助元素的 z-index 值

如果想在页面中灵活地使用拖动组件，除要了解该组件的使用步骤和配置选项之外，还需要了解它的方法和事件，请见表 19-2 和表 19-3。

表 19-2 拖动组件的常用方法

名称	说明
destroy	禁止可拖动元素的拖动功能
disable	从一个拖动容器中完全删除可拖动元素并使该对象返回到初始化状态
enable	重新激活可拖动元素的可拖动功能
option	获取或者设置可拖动元素的配置属性

表 19-3 拖动组件的常用事件

名称	说明
drag	在拖动可拖动元素过程中移动鼠标时触发
start	开始拖动可拖动元素时触发
stop	停止拖动可拖动元素时触发

19.1.2 jQuery UI 所支持的拖放组件

在 jQuery UI 插件中，除可以使用拖动组件对页面中的元素进行拖动之外，还可以通过拖放组件保存拖动组件操作的对象。也就是说，拖放组件主要用来为拖动组件所操作的元素提供存放位置。

在页面中使用 jQuery UI 插件的拖放组件，需要经过如下步骤。

步骤 01 在页面代码的 head 标签元素中添加拖动组件支持的类库、样式表等资源，具体内容如下：

```
<script src="jquery-3.2.1.js"></script>
<script src="jquery-ui. js"></script>
<link href="jquery-ui.css" rel="stylesheet">
```

步骤 02 通过 droppable()方法封装 DOM 对象为 jQuery 对象，该方法的具体语法如下：

```
$(selector).droppable();
```

其中，selector 是选择器，用于选择将被封装成拖放组件的对象。

步骤 03 根据具体需求，通过方法 droppable(options)设置拖放组件对象的配置选项，以达到预期的效果。拖放组件的配置选项内容如表 19-4 所示。

表 19-4 拖放组件的常见配置属性

名称	属性值	说明
accept	selector function	设置拖放元素可接受的元素
activeClass	string	设置可接受的元素处于拖动状态时应用的 CSS 类
addClasses	boolean	设置是否允许对拖放元素添加 ui-droppable 类
greedy	boolean	设置是否在嵌套的拖放元素中阻止事件的传播
hoverClass	string	设置拖放元素在拖动对象移动到其中应用的 CSS 类
scope	string	设置拖动对象和拖放目标集
tolerance	string	设置可接受的拖动元素完成拖放的触发模式

如果想在页面中灵活地使用拖放组件，除要了解该组件的使用步骤、配置选项之外，还需要了解它的方法和事件。拖放组件的方法与拖动组件所支持的方法区别不大，此处不再赘述，该组件所支持的事件如表 19-5 所示。

表 19-5 拖放组件的常用事件

事件名	说明
activate	当所接受的对象开始拖动时触发
create	开始拖动元素时触发
deactivate	当所接受的对象停止拖动时触发
drop	当所接受的对象放置在目标对象上方时触发
out	当所接受的对象移出目标对象时触发
over	当所接受的对象位于目标对象上方时触发

19.1.3 模拟 Windows 系统"回收站"

若要模仿 Windows 系统的"回收站"功能，具体要求如下：

- 对于列表中的图片，可以通过拖动或单击"删除"链接，以动画方式移至"回收站"。
- 对于"回收站"中的图片，可以通过拖动或单击"还原"链接，以动画方式"还原"到图片列表。

该案例的初始效果如图 19-1 所示。在图片列表里，当鼠标单击图片（第一张）时，出现移动鼠标样式后，就可以直接拖动该图片到"回收站"。或者直接单击图片（第二张）下面的"删除"链接，也可以达到上述效果，删除后的效果如图 19-2 所示。

图 19-1　加载页面

图 19-2　删除后的效果

在"回收站"里，当鼠标单击图片（第一张）时，出现移动鼠标样式后，就可以直接拖动该图片到图片列表里（效果如图 19-3 所示）。或者直接单击图片（第二张）下面的"还原"链接，也可以达到上述效果。

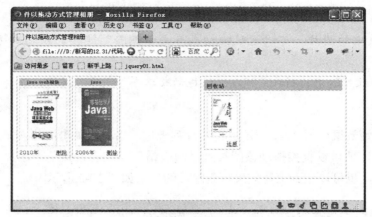

图 19-3 还原效果

在具体实现时，要设计一个包含图片列表和"回收站"的页面，其 HTML 代码如下：

```
1.    <body>
2.    <div class="phframe">
3.      <!--图片列表-->
4.      <ul id="photo" class="photo">
5.        <li class="photoframecontent photoframetr">
6.          <h5 class="photoframeheader">java</h5>
7.          <!--图片标题-->
8.          <img src="Images/img01.jpg" alt="2006 年图书作品" width="85"
             height="120" />
9.          <!--加载图片-->
10.         <span>2006 年</span>
11.         <!--显示图片信息-->
12.         <a href="#" title="放入回收站" class="phtrash">删除</a>
13.         <!--删除链接-->
14.       </li>
15.       <li class="photoframecontent photoframetr">
16.         <h5 class="photoframeheader">java web</h5>
17.         <img src="Images/img02.jpg" alt="2008 年图书作品"  width="85"
            height="120" /> <span>2008 年
18.     </span> <a href="#" title="放入回收站" class="phtrash">删除</a> </li>
19.       <li class="photoframecontent photoframetr">
20.         <h5 class="photoframeheader">java web 模块</h5>
21.         <img src="Images/img03.jpg" alt="2010 年图书作品"  width="85"
            height="120" /> <span>2010 年
22.     </span> <a href="#" title="放入回收站" class="phtrash">删除</a> </li>
23.     </ul>
```

```
24.        <!--回收站-->
25.        <div id="trash" class="photoframecontent">
26.          <h4 class="photoframeheader">回收站</h4>
27.        </div>
28.      </div>
29.    </body>
```

在上述代码中，第 4~23 行用来实现图片列表；第 25~27 行用来实现"回收站"。

为了便于实现拖动和拖放功能，需要引入 jQuetry UI 插件中的如下 js 文件：

```
<script src="jquery-3.2.1.js"></script>
<script src="jquery-ui.js"></script>
<link href="jquery-ui.css" rel="stylesheet">
```

上述导入的 js 文件中，jquery-ui.js 为 jQuery UI 的核心库，jquery-ui.css 为核心样式文件。

下面编写 jQuery 代码，实现图片管理功能，具体代码如下。

【范例 19-1 实现图片管理功能】

```
1.    $(function() {
2.        //使用变量缓存 DOM 对象
3.        var $photo = $("#photo");
4.        var $trash = $("#trash");
5.        //可以拖动包含图片的表项标记
6.        $("li", $photo).draggable({
7.            revert: "invalid", //在拖动过程中，停止时将返回原来位置
8.            helper: "clone", //以复制的方式拖动
9.            cursor: "move"
10.       });
11.       //将图片列表的图片拖动到回收站
12.       $trash.droppable({
13.           accept: "#photo li",
14.           activeClass: "highlight",
15.           drop: function(event, ui) {
16.               deleteImage(ui.draggable);
17.           }
18.       });
19.       //将回收站中的图片还原至图片列表
20.       $photo.droppable({
21.           accept: "#trash li",
22.           activeClass: "active",
23.           drop: function(event, ui) {
24.               recycleImage(ui.draggable);
25.           }
26.       });
27.       //自定义图片从图片列表中删除拖动到回收站的函数
```

```
28.        var recyclelink = "<a href='#' title='从回收站还原' class=
           'phrefresh'>还原</a>";
29.        function deleteImage($item) {
30.            $item.fadeOut(function() {
31.                var $list = $("<ul class='photo reset'/>").appendTo($trash);
32.                $item.find("a.phtrash").remove();
33.                $item.append(recyclelink).appendTo($list).fadeIn(function() {
34.                    $item
35.                        .animate({ width: "61px" })
36.                            .find("img")
37.                                .animate({ height: "86px" });
38.                });
39.            });
40.        }
41.        //自定义图片从回收站还原至图片列表时的函数
42.        var trashlink = "<a href='#' title='放入回收站' class= 'phtrash'>删除
           </a>";
43.        function recycleImage($item) {
44.            $item.fadeOut(function() {
45.                $item
46.                        .find("a.phrefresh")
47.                        .remove()
48.                        .end()
49.                        .css("width", "85px")
50.                        .append(trashlink)
51.                        .find("img")
52.                        .css("height", "120px")
53.                        .end()
54.                        .appendTo($photo)
55.                        .fadeIn();
56.            });
57.        }
58.        //根据图片所在位置绑定删除或还原事件
59.        $("ul.photo li").click(function(event) {
60.            var $item = $(this),
61.         $target = $(event.target);
62.            if ($target.is("a.phtrash")) {
63.                deleteImage($item);
64.            } else if ($target.is("a.phrefresh")) {
65.                recycleImage($item);
66.            }
67.            return false;
68.        });
69.    });
```

在上述代码中：

- 第 2~4 行代码获取图片列表和回收站对象。
- 第 6~10 行代码首先在$photo 对象里查找<li>元素集对象，然后通过 draggable()方法设置获取的对象集可以进行拖动。
- 第 12~18 行代码实现将图片拖入到"回收站"，主要通过 droppable()方法来实现，首先通过 accept 设置对象$trash 的接受对象为"#photo li",然后通过 drop 设置图片拖动到"回收站"时触发的函数 deleteImage()；第 29~40 行定义了 deleteImage()方法，主要实现将图片从图片列表里删除拖动到"回收站"。
- 第 20~26 行代码实现将"回收站"里的图片还原到图片列表里，主要通过 droppable()方法来实现，首先通过 accept 设置对象$photo 的接受对象为"#trash li"，然后通过 drop 设置图片拖动到图片列表时触发的函数 recycleImage()；第 43~57 行定义了 recycleImage()方法，主要实现将图片从"回收站"还原至图片列表。
- 第 59~68 行代码主要实现将两个自定义函数 deleteImage()和 recycleImage()绑定到删除和还原事件。

19.2 页面中的进度条效果

在项目开发的页面中，在处理一些比较复杂的业务操作时，往往需要用户等待。为了防止用户在等待时焦躁不安，最好对业务的操作进行提示。例如，在 Windows 系统中复制文件、下载文件时，都会使用进度条，让用户明确知道任务执行的进度。所谓进度条，就是随着时间的推移，用动画的形式显示该组件的更新过程。

19.2.1 jQuery UI 所支持的进度条工具集

jQuery UI 插件的进度条工具集不仅界面简单、美观，而且可以显示百分比进度，同时还可以通过 CSS 样式设置该工具集的样式。不过需要注意，jQuery UI 插件中的进度条工具集只能用于系统更新当前状态，或者用于显示长度比例的情况。

在页面中使用 jQuery UI插件的进度条工具集，需要经过如下步骤。

步骤01 在页面代码的 head 标签元素中添加进度条工具集所支持的类库、样式表等资源，具体内容如下：

```
<script type="text/javascript" src="jquery-3.2.1.js"></script>
<script type="text/javascript" src="jquery-ui.js"></script>
<link href="jquery-ui.css" rel="stylesheet">
```

步骤02 通过 progressbar()方法封装 DOM 对象为 jQuery 对象，该方法的具体语法如下：

```
$(selector). progressbar();
```

其中，selector 是选择器，用于选择将被封装成进度条工具集的对象。

步骤03 根据具体需求，通过方法 progressbar(options)设置进度条工具集的配置选项，以达到预期的效果。进度条工具集的配置选项内容如表 19-6 所示。

表 19-6 进度条工具集的常见配置选项

名称	属性值	说明
disabled	boolean	设置是否禁用进度条
max	interger	设置进度条的最大值
value	interger	设置进度条的值

如果想在页面中灵活地使用进度条工具集，除要了解该工具集的使用步骤、配置选项之外，还需要了解它的方法和事件，该工具集所支持的事件内容如表 19-7 所示。

表 19-7 进度条工具集的常用事件

名称	说明
change	当该工具集的值改变时触发
complete	当该工具集完成后触发
create	当创建该工具集时触发

对于该工具集所支持的方法，除 destroy()、disable()、enable()、option()和 widget()方法之外，还提供了一个 value()方法，该方法可以获取或者设置进度条组件的当前值。

19.2.2 实现进度条效果

本节通过应用 jQuery UI 插件中的进度条（Progressbar）工具集实现进度条效果，具体内容见【范例 19-2】。

该案例的初始效果如图 19-4 所示。经过 3 秒后，该进度条的值就会自动改变，如图 19-5 所示。当执行完后，该进度条就会显示"Complete!"字符串，如图 19-6 所示。

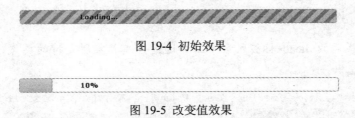

图 19-4 初始效果

图 19-5 改变值效果

```
Complete!
```

图 19-6 执行完效果

在具体实现时，要设计一个包含进度条和显示进度条信息的页面，其 HTML 代码如下：

```
<div id="progressbar" style="width: 37%;" >          <!--进度条-->
    <div class="progress-label">Loading...</div>       <!--显示进度条信息-->
</div>
```

为了便于实现日期输入框功能，需要引入 jQuetry UI 插件里的如下 js 文件：

```
<script type="text/javascript" src="jquery-3.2.1.js"></script>
<script type="text/javascript" src="jquery-ui.js"></script>
<link href="jquery-ui.css" rel="stylesheet">
```

上述所导入的 js 文件中，jquery-ui.js 为 jQuery UI 的核心库，jquery-ui.css 为核心样式文件。

下面编写 jQuery 代码，实现进度条值改变功能，具体代码如下：

【范例 19-2 实现进度条值改变功能】

```
1.$(function() {
2.    //获取进度条对象且显示进度条信息对象
3.    var progressbar = $( "#progressbar" ),
4.    progressLabel = $( ".progress-label" );
5.    progressbar.progressbar({
6.        value: false, //禁用滑动条的值
7.        change: function() { //当进度条的值改变后触发的事件
8.            progressLabel.text(progressbar.progressbar("value")+"%");
9.        },
10.       complete: function() { //当进度条执行完后触发的事件
11.           progressLabel.text( "Complete!" );
12.       }
13.   });
14.   function progress() {//实现改变进度条值的方法
15.       //初始化进度的值
16.       var val = progressbar.progressbar( "value" ) || 0;
17.        //设置进度的值增加1
18.       progressbar.progressbar( "value", val + 1 );
19.
20.       if ( val < 99 ) {
21.           setTimeout( progress, 100 );//每隔0.1秒执行方法progress
22.       }
23.   }
24.   setTimeout( progress, 3000 ); //3秒后执行方法progress
25.});
```

在上述代码中：

351

- 第 3~4 行代码获取进度条对象 progressbar 并显示进度条信息对象 progressLabel。
- 第 5~13 行代码设置进度条对象选项，其中第 7~9 行代码实现当进度条的值改变后触发的事件，在该事件的处理方法中调用方法 progress()，第 10~12 行代码实现当进度条执行完后触发的事件。
- 第 14~23 行代码自定义了方法 progress()，实现改变进度条值。
- 第 24 行代码实现 3 秒后执行方法 progress()。

19.3 页面中滑动条效果

通过 jQuery UI 插件中的滑动条（Slider）工具集可以很容易地实现"滑动条"效果。所谓滑动条效果，就是背景条代表一系列值，可以通过移动背景条上的指针选择所需要的值。例如，Windows 系统中的声音调节控件（如图 19-7 所示）、Photoshop 软件里的颜色调色器、游戏中的记分板等，都会使用滑动条，以让用户更方便地选择相应的值。

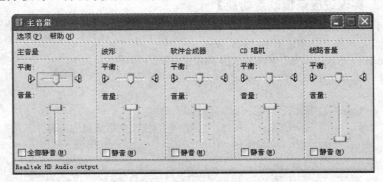

图 19-7 声音调节控件中的滑动条

19.3.1 jQuery UI 所支持的滑动条工具集

jQuery UI 插件的滑动条工具集由两个元素组成，分别为滑动柄和滑动轨道，其中滑动柄可以被鼠标拖动或者随着方向键移动。

在页面中使用 jQuery UI 插件的滑动条工具集，需要经过如下步骤。

步骤 01　在页面代码的 head 标签元素中添加滑动条工具集所支持的类库、样式表等资源，具体内容如下：

```
<script src="jquery-3.2.1.js"></script>
<script src="ui/jquery-ui.js"></script>
<link href="jquery-ui.css" rel="stylesheet">
```

步骤02 通过 slider()方法封装 DOM 对象为 jQuery 对象，该方法的具体语法如下：

```
$(selector).slider ();
```

其中，selector 是选择器，用于选择将被封装成滑动条工具集的对象。

步骤03 根据具体需求，通过方法 slider(options)设置滑动条工具集的配置选项，以达到预期的效果。滑动条工具集的配置选项内容如表 19-8 所示。

表 19-8 滑动条工具集的常见配置选项

名称	属性值	说明
animate	false	在单击滑动轨道时，为滑动柄的移动激活平滑效果的动画
disabled	boolean	是否禁用滑动条工具集
max	100	设置滑动条工具集滑动柄的最大值
min	0	设置滑动条工具集滑动柄的最小值
orientation		设置滑动条工具集的对齐方式
range	boolean	在两个滑动条工具集之间创建带有样式的区域
step		设置步数

如果想在页面中灵活地使用滑动条工具集，除要了解该工具集的使用步骤、配置选项之外，还需要了解它的方法和事件，如表 19-9 和表 19-10 所示。

表 19-9 滑动条工具集的常用方法

方法名	说明
destroy	将底层标记返回到原始状态
disable	禁用滑动条工具集
enable	激活滑动条工具集
value	获取滑动柄的值

表 19-10 滑动条工具集的常用事件

事件名	说明
chang	在滑动柄停止移动并且它的值发生改变时触发
slide	在滑动柄移动时触发
start	在滑动柄开始移动时触发
stop	在滑动柄停止移动时触发

19.3.2 实现图片滑块滚动条效果

本节通过应用 jQuery UI 插件中的滑动条（Slider）工具集实现图片滑块滚动条效果，具体内容见【范例 19-3】。该案例的初始效果如图 19-8 所示。通过鼠标或者方向键向右移动滑动柄，图片也会随着移动，具体效果如图 19-9 所示。

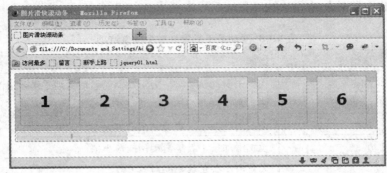

图 19-8 初始效果

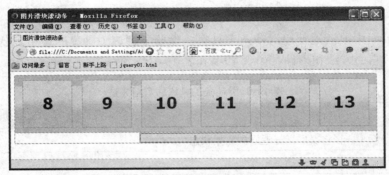

图 19-9 拖动滑动条效果

在具体实现时，要设计一个包含滑动条和图片的页面，其 HTML 代码如下：

```
<body>
<div class="scroll-pane ui-widget ui-widget-header ui-corner-all">
    <div class="scroll-content">                          <!--图片内容-->
          <div class="scroll-content-item ui-widget-header">1</div>
          <div class="scroll-content-item ui-widget-header">2</div>
……
    </div>
    <div class="scroll-bar-wrap ui-widget-content ui-corner-bottom">
        <!--滚动条对象-->
        <div class="scroll-bar"></div>
    </div>
</div>
</body>
```

```
</body>
```

为了便于实现图片滑块滚动条功能，需要引入 jQuetry UI 插件里的如下 js 文件：

```
<script type="text/javascript" src="jquery-ui.js"></script>
```

下面编写 jQuery 代码，实现图片滑块滚动条功能，具体代码如下。

【范例 19-3　实现图片滑块滚动条功能】

```
1.      //获取图片内容对象及包含图片内容和滑动条对象的 div 对象
2.      var scrollPane = $( ".scroll-pane" ),
3.          scrollContent = $( ".scroll-content" );
4.      //获取滑动条对象并进行相应的设置
5.      var scrollbar = $( ".scroll-bar" ).slider({
6.          //设置发生滑动柄事件时的触发事件
7.          slide: function( event, ui ) {//设置当用户滑动手柄时触发事件的处理方法
8.                  if ( scrollContent.width() > scrollPane.width() ) {
9.                          scrollContent.css( "margin-left", Math.round(
10.                                 ui.value / 100 * ( scrollPane.width()-
                                       scrollContent.width() )
11.                              ) + "px" );
12.                 } else {
13.                         scrollContent.css( "margin-left", 0 );
14.                 }
15.         }
16.     });
17.     //改变图片的处理
18.     var handleHelper = scrollbar.find( ".ui-slider-handle" )
19.     .mousedown(function() {
20.         scrollbar.width( handleHelper.width() );
21.     })
22.     .mouseup(function() {
23.         scrollbar.width( "100%" );
24.     })
25.     .append( "<span class='ui-icon ui-icon-grip-dotted-vertical'></span>" )
26.     .wrap( "<div class='ui-handle-helper-parent'></div>" ).parent();
27.     //设置超出的图片处于隐藏状态
28.     scrollPane.css( "overflow", "hidden" );
29.     //设置滚动条滚动距离的大小和处理的比例
30.     function sizeScrollbar() {
31.         var remainder = scrollContent.width() - scrollPane.width();
32.         var proportion = remainder / scrollContent.width();
33.         var handleSize = scrollPane.width() - ( proportion * scrollPane.
            width() );
34.         scrollbar.find( ".ui-slider-handle" ).css({
35.                 width: handleSize,
```

355

```
36.                              "margin-left": -handleSize / 2
37.                 });
38.                 handleHelper.width( "" ).width( scrollbar.width() - handleSize );
39.         }
40.     //获取滚动内容图片位置而设置滑动柄的值
41.     function resetValue() {
42.             var remainder = scrollPane.width() - scrollContent.width();
43.             var leftVal = scrollContent.css( "margin-left" ) === "auto" ? 0 :
44.                     parseInt( scrollContent.css( "margin-left" ) );
45.             var percentage = Math.round( leftVal / remainder * 100 );
46.                 scrollbar.slider( "value", percentage );
47.             }
48.     //根据窗口大小设置显示图片内容
49.     function reflowContent() {
50.             var showing = scrollContent.width() + parseInt( scrollContent.
            css( "margin-left" ), 10 );
51.             var gap = scrollPane.width() - showing;
52.             if ( gap > 0 ) {
53.                     scrollContent.css( "margin-left", parseInt( scrollContent
                    css( "margin-left" ), 10 ) + gap );
54.             }
55.         }
56.     //根据窗口大小调整滑动柄的位置
57.     $( window ).resize(function() {
58.             resetValue();
59.             sizeScrollbar();
60.             reflowContent();
61.     });
62.     setTimeout( sizeScrollbar, 10 ); //0.1 秒后执行方法 sizeScrollbar
63.         })
```

在上述代码中：

- 第 2~3 行代码实现获取图片内容对象和包含所有内容的 div 对象。
- 第 5~16 行代码获取滑动条对象，然后通过 slider()方法设置滑动条的各种选项，其中选项 slide 设置当用户滑动手柄时触发事件的处理方法。
- 第 18~26 行代码实现改变图片的处理，第 28 行主要用来实现设置超出的图片处于隐藏状态。
- 第 30~39 行代码主要用来设置滚动条滚动距离的大小和处理的比例。
- 第 41~47 行代码用来获取滚动内容图片位置且设置滑动柄的值。
- 第 49~56 行代码实现根据窗口大小设置显示图片内容。
- 第 57~61 行代码实现根据窗口大小调整滑动柄的位置。
- 第 62 行代码实现 0.1 秒后执行方法 sizeScrollbar。

19.3.3 实现简单颜色调色器

本节通过应用 jQuery UI 插件中的滑动条（Slider）工具集实现简单颜色调色器，具体内容见【范例 19-4】。该案例的初始效果如图 19-10 所示。通过鼠标或者方向键向右移动各色系的滑动柄，颜色块就会显示所设置的颜色，具体效果如图 19-11 所示。

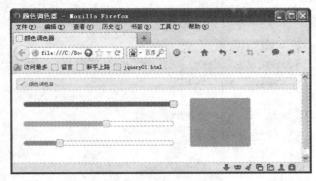

图 19-10 初始效果

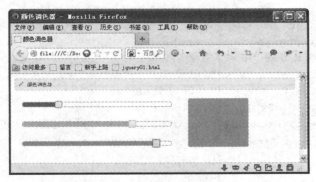

图 19-11 设置颜色后的效果

在具体实现时，要设计一个包含色系滑动条和颜色块的页面，其 HTML 代码如下：

```
1.    <body class="ui-widget-content" style="border:0;">
2.    <p class="ui-state-default ui-corner-all ui-helper-clearfix"
      style="padding:4px;">
3.          <span class="ui-icon ui-icon-pencil" style="float:left; margin:-
            2px 5px 0 0;"></span>
4.          //颜色调色器
5.    </p>
6.    <!--红、绿、蓝三种色系滑动条-->
7.    <div id="red"></div>
8.    <div id="green"></div>
9.    <div id="blue"></div>
10.   <!--颜色块-->
```

```
11.      <div id="swatch" class="ui-widget-content ui-corner-all"></div>
12.      </body>
```

下面编写 jQuery 代码，实现简单颜色调色器功能，具体代码如下：

【范例 19-4　实现简单的颜色调色器功能】

```
1.      //设置关于颜色的十六进制
2.      function hexFromRGB(r, g, b) {
3.              var hex = [
4.                      r.toString( 16 ),
5.                      g.toString( 16 ),
6.                      b.toString( 16 )
7.              ];
8.              $.each( hex, function( nr, val ) {
9.                      if ( val.length === 1 ) {
10.                         hex[ nr ] = "0" + val;
11.                     }
12.             });
13.             return hex.join( "" ).toUpperCase();
14.     }
15.     //设置颜色块的颜色
16.     function refreshSwatch() {
17.             //获取三大色系的滑动条对象
18.             var red = $( "#red" ).slider( "value" ),
19.             green = $( "#green" ).slider( "value" ),
20.             blue = $( "#blue" ).slider( "value" ),
21.             hex = hexFromRGB( red, green, blue ); //获取三大色系的十六进制值
22.                     $( "#swatch" ).css( "background-color", "#" + hex );
                        //设置颜色块的背景颜色
23.     }
24.     $(function() {
25.             $( "#red, #green, #blue" ).slider({
26.                     orientation: "horizontal",  //设置色系滚动条竖向排列
27.                         range: "min",
28.                         max: 255,  //设置色系滚动条的最大值
29.                         value: 127, //设置色系滚动条的默认值
30.                         slide: refreshSwatch, //设置发生拖动手柄事件的处理方法
31.                         change: refreshSwatch //重新设置 value 后的处理方法
32.             });
33.             //设置各色系的默认值
34.             $( "#red" ).slider( "value", 255 );
35.             $( "#green" ).slider( "value", 140 );
36.             $( "#blue" ).slider( "value", 60 );
37.     })
```

在上述代码中：

- 第 2~23 行代码为自定义的两个方法 hexFromRGB()和 refreshSwatch()，第一个方法主要用来实现把各个色系的值转换成表示颜色的十六进值，而第二个方法用于设置颜色块的颜色。
- 第 24~37 行设置页面加载时的执行过程，其中第 25~32 行通过 slider()方法设置各色系的各种选项， orientation 设置各个颜色系滑动块的排列方向，range 设置各个颜色系滑动块之间是否需要相互感应，min 表示感应最小值，max 设置各个颜色系滑动块的最大值，slide 设置各个颜色系滑动块发生拖动手柄事件的处理方法，change 设置各个颜色系滑动块重新设置 value 后的处理方法，最后通过 slider()方法设置各个颜色系滑动块的值。

19.4 相关参考

- jQuery UI 插件——http://jqueryui.com/。
- jQuery UI 插件 API—— http://api.jqueryui.com/。
- jQuery 中文网—— http://www.jquerycn.cn/。

第 20 章 用工具集实现酷炫的页面

十全十美虽无法达到，但却值得追求。

———罗·布坎南

本章在上一章的基础上，通过 jQuery UI 插件中的工具集继续进一步丰富和美化页面，主要涉及的内容有通过折叠面板实现手风琴效果、通过对话框工具集实现各种漂亮的对话框、通过日期选择器来处理页面中的日期以及通过选项卡实现幻灯和分页效果。

本章主要知识点：

- 折叠面板工具集
- 对话框工具集
- 日期选择器工具集
- 选项卡工具集

20.1 实现"手风琴"效果

jQuery UI 插件中的折叠面板（Accordion）工具集可以很容易地实现"手风琴"效果。所谓"手风琴"效果，就是单击面板的标题栏时，就会展开相应的内容；当再次单击面板的标题栏时，已展开的内容就会自动关闭，也就是页面中经常遇到的一种折叠效果。

20.1.1 jQuery UI 所支持的折叠面板工具集

jQuery UI 插件的折叠面板工具集是一种由一系列内容容器所组成的工具集，这些容器在同一时刻只能有一个被打开。每个容器都有一个与之关联的标题元素，用来打开该容器并显示内容。该工具集不仅对于页面访问者来说易于使用，而且对于开发者来说也易于实现。

在页面中使用 jQuery UI 插件的折叠面板工具集，需要经过如下步骤：

步骤 01　在页面代码的 head 标签元素中添加折叠面板工具集所支持的类库、样式表等资源，具体内容如下：

```
<script src="jquery-3.2.1.js"></script>
<script src="ui/jquery-ui. js"></script>
<link href="jquery-ui.css" rel="stylesheet">
```

步骤02 通过方法 accordion()封装 DOM 对象为折叠面板工具集对象，该方法的具体语法如
下：

```
$(selector).accordion();
```

其中，selector 是选择器，用于选择将被封装成折叠面板工具集对象的容器。

步骤03 根据具体需求，通过方法 accordion(options)设置折叠面板工具集对象的配置选项，
以达到预期的效果。折叠面板工具集的配置选项内容如表 20-1 所示。

表 20-1 折叠面板的常见配置选项

名称	说明
active	设置初始时打开的折叠面板内容
animate	设置打开折叠面板内容时的动画
disabled	设置是否禁用折叠面板对象
event	标题事件，触发打开折叠面板内容
header	选择折叠面板的标题
icon	设置小图片
autoHeight	内容高度是否设置为自动增高
fillSpace	设置内容是否充满父元素的高度

如果想在页面中灵活地使用折叠面板工具集，除要了解该工具集的使用步骤、配置选项
之外，还需要了解它的方法和事件。该工具集常用方法具体内容如表 20-2 所示；change 事件
表示在折叠面板改变的时候触发。

表 20-2 折叠面板的常用方法

名称	说明
destroy	返回页面 DOM 元素封装成折叠面板前的状态
disable	禁用折叠面板
enable	启用折叠面板
option	获取或设置折叠面板选项
widget	获取页面中的折叠面板对象

20.1.2　实现经典的导航菜单

在项目的页面中，总少不了导航菜单。众多的导航菜单样式中，最流行、最漂亮的莫过于手风琴样式导航菜单。本节通过应用 jQuery UI 插件中的折叠面板（Accordion）工具集来实现导航菜单功能，具体内容见【范例 20-1】。

该案例的初始效果如图 20-1 所示。在导航菜单里，当鼠标移动到"菜单二"上时，就会出现该菜单的菜单选项，效果如图 20-2 所示。

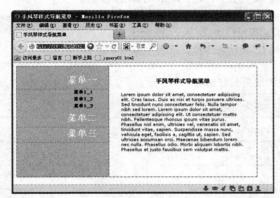

图 20-1　加载页面　　　　　　　　　　图 20-2　显示菜单二子菜单

在具体实现时，要设计一个包含导航菜单和内容区域的页面，其 HTML 代码如下：

```
1.    <body>
2.    <div id="container">
3.      <div id="navCol">                              <!--设计导航菜单-->
4.        <ul id="navAccordion">
5.          <li> <a class="heading" href="#me" title="菜单一">菜单一</a>
6.            <div> <a href="bio.html#me" title="菜单1_1">菜单1_1</a> <a href=
               "contact.html#me" title="菜单
7.    1_2">菜单1_2</a> <a href="contact.html#me" title="菜单1_3">菜单1_3</a>
      <a href="resume.html#me"
8.    title="Resume"></a> </div>
9.          </li>
10.   ……
11.       </ul>
12.     </div>
13.     <div id="contentCol">                          <!--设置内容区域-->
14.       <h1>
15.         <center>
16.           手风琴样式导航菜单
17.         </center>
18.       </h1>
19.   ……
```

```
20.        </div>
21.        <div id="clear"></div>
22.    </div>
23.    </body>
```

在上述代码中，第 2~12 行用来设计导航菜单；第 13~20 行用来实现内容区域。

为了便于实现导航菜单功能，需要引入 jQuetry UI 插件里的如下 js 文件：

```
<script type="text/javascript" src="jquery-3.2.1.js"></script>
<script type="text/javascript" src="jquery-ui.js"></script>
<link href="jquery-ui.css" rel="stylesheet">
```

上述导入的 js 文件中，jquery-ui.js 为 jQuery UI 的核心库，jquery-ui.css 为 jQuery UI 的核心样式库。

下面编写 jQuery 代码，实现导航菜单功能，具体代码如下：

【范例 20-1 实现导航菜单功能】

```
1.     $(function() {
2.         //实现折叠效果
3.         $("#navAccordion").accordion({
4.                 header: ".heading",              //设置样式类
5.                 event: "mouseover",             //设置触发事件
6.                 autoHeight: true,               //预防不必要的空白
7.                 alwaysOpen: false,              //设置标题内容是否可以被关闭
8.                 active:false,
9.         });
10.    });
```

在上述代码中，主要通过 accordion()方法实现导航菜单。其中属性 header 用来实现设置样式类；属性 event 用来实现设置触发的事件，设置为鼠标移动事件；属性 autoHeight 的值为 true，用来防止在一个内容片段里的内容大于其他内容片段时，菜单中出现不必要的空白。属性 alwaysOpen 的值为 flase，用来设置所有标题内容都可以被关闭。

20.2 设计页面中各种对话框效果

如果要在项目的网页中显示简短信息或向访问者发问，通常会通过两种方式来实现，一种是对话框，另一种是打开新的预先定义好尺寸、设置为类对话框风格的页面。虽然可以通过 JavaScript 原生对话框（例如 alert 和 comfirm 等）来实现，但是这种方式既不灵活也不巧妙。值得庆幸的是，jQuery UI 插件专门提供了关于对话框的组件。

20.2.1 jQuery UI 所支持的对话框工具集

jQuery UI 插件的对话框工具集不仅可以显示信息、附加内容（图片或多媒体），甚至还包含交互性内容（表单），同时为该组件增加按钮也非常容易，并且还可以随意地在页面内拖动和调整大小。

在页面中使用 jQuery UI 插件的对话框工具集，需要经过如下步骤。

步骤01 在页面代码的 head 标签元素中添加对话框工具集所支持的类库、样式表等资源，具体内容如下：

```
<script type="text/javascript" src="jquery-3.2.1.js"></script>
<script type="text/javascript" src="jquery-ui.js"></script>
<link href="jquery-ui.css" rel="stylesheet">
```

步骤02 通过 dialog()方法封装 DOM 对象为 jQuery 对象，该方法的具体语法如下：

```
$(selector).dialog();
```

其中，selector 是选择器，用于选择将被封装成 jQuery 对象的容器。

步骤03 根据具体需求，通过 dialog(options)方法设置对话框对象的配置选项，以达到预期的效果。对话框的配置选项内容如表 20-3 所示。

表 20-3 对话框工具集的常见配置选项

名称	属性值	说明
autoOpen	boolean	如果设置为 true，则默认页面加载完毕后，就自动弹出对话框；相反则处于 hidden 状态
buttons	object{}	为对话框添加相应的按钮及处理函数
closeOnEscape	boolean	设置当对话框打开的时候，用户按 Esc 键是否关闭对话框
dialogClass	string	设置指定的类名称，它将显示于对话框的标题处
draggable	boolean	设置对话框是否可以拖动
height	number	设置对话框的高度（单位：像素）
hide	string	使对话框关闭（隐藏），可添加动画效果
maxHeight	number	设置对话框的最大高度（单位：像素）
maxWidth	number	设置对话框的最大宽度（单位：像素）
minHeight	number	设置对话框的最小高度（单位：像素）
minWidth	number	设置对话框的最小宽度（单位：像素）
modal	boolean	是否为模式窗口。如果设置为 true，则在页面所有元素之前有个屏蔽层
position	string,array	设置对话框的初始显示位置
Resizable	boolean	设置对话框是否可以调整大小
show	string	用于显示对话框
title	string	指定对话框的标题，也可以在对话框附加元素的 title 属性中设置标题
width	number	设置对话框的宽度（单位：像素）

如果想在页面中灵活地使用对话框工具集，除要了解该工具集的使用步骤、配置选项之外，还需要了解它的方法和事件，请见表 20-4 和表 20-5。

表 20-4 对话框工具集的常用方法

名称	说明
close	关闭对话框对象
destroy	销毁对话框对象
isOpen	用于判断对话框是否处于打开状态
moveToTop	将对话框移至最顶层显示
open	打开对话框
option	获取或设置对话框的属性
widget	返回对话框对象

表 20-5 对话框工具集的常用事件

名称	说明
beforeClose	当对话框关闭之前，触发此事件。如果返回 false，则对话框仍然显示
close	当对话框关闭时，触发此事件。如果返回 false，则对话框仍然显示
create	当创建对话框时，触发此事件
drag	当拖曳对话框移动时，触发此事件
dragStart	当开始拖曳对话框移动时，触发此事件
dragStop	当拖曳对话框动作结束时，触发此事件
focus	当拖曳对话框获取焦点时，触发此事件
open	当对话框打开后，触发此事件
resize	当对话框大小改变时，触发此事件
resizeStart	当开始改变对话框大小时，触发此事件
resizeStop	当对话框大小改变结束时，触发此事件
beforeClose	当对话框关闭前，触发此事件

20.2.2 实现弹出和确认信息对话框效果

在项目的页面中，经常要与用户进行交互。在提交页面表单时，如果用户名（文本框）为空，则通过提示框提示用户输入内容；如果要删除记录，同样也需要确认是否删除。如果直接通过 JavaScript 语言中的 alert()方法和 confirm()方法来实现，不仅达不到预期效果，代码还比较复杂。本节将通过 jQuery UI 插件的对话框工具集来实现，具体内容见【范例 20-2】。

该案例的初始效果如图 20-3 所示。如果用户没有在输入框中输入任何信息，就直接单击"提交"按钮，则会弹出提示信息对话框，如图 20-4 所示。如果要删除用户信息 cjgong，单击"删除"按钮则会先弹出确认对话框，效果如图 20-5 所示。

图 20-3 加载页面

图 20-4 弹出提示信息对话框

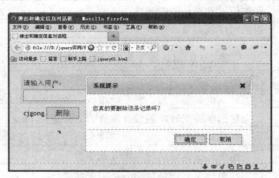

图 20-5 删除确认信息对话框

在具体实现时，要设计一个包含用户输入框和删除按钮的页面，其 HTML 代码如下：

```
1.    <body>
2.    <div class="demo-description">
3.        <!--文本输入框-->
4.        <div style="background-color:#eee;padding:5px;width:260px">
5.        请输入用户：<br />
6.            <input id="txtName" type="text" class="txt" />
7.            <input id="btnSubmit" type="button" value="提交" class="btn" />
8.        </div>
9.        <!--确认删除-->
10.       <div style="padding:5px;width:260px">
11.           <span id="spnName">cjgong</span>
12.           <input id="btnDelete" type="button" value="删除" class="btn" />
13.       </div>
14.       <div id='dialog-modal'></div>
15.   </div>
16.   </body>
```

下面编写 jQuery 代码，实现弹出和确定信息对话框功能，具体代码如下。

【范例 20-2 实现弹出和确认信息对话框功能】

```
1.    $(function() {
2.        $("#btnSubmit").on("click", function() {              //检测按钮事件
3.            if ($("#txtName").val() == "") {                  //如果文本框为空
```

```
4.             sys_Alert("姓名不能为空! 请输入姓名");
5.         }
6.     });
7.     $("#btnDelete").on("click", function() {          //询问按钮事件
8.         if ($("#spnName").html() !=null) {            //如果对象不为空
9.             sys_Confirm("您真的要删除该条记录吗? ");
10.            return false;
11.        }
12.    });
13.  });
14.  function sys_Alert(content) {                      //弹出提示信息对话框
15.      $("#dialog-modal").dialog({
16.              height: 140,
17.              modal: true,
18.              title: '系统提示',
19.              hide: 'slide',
20.              buttons: {
21.                  Cancel: function() {
22.                      $(this).dialog("close");
23.                  }
24.              },
25.              open: function(event, ui) {
26.                  $(this).html("");
27.                      $(this).append("<p>" + content + "</p>");
28.              }
29.      });
30.  }
31.  function sys_Confirm(content) {                    //弹出确认信息窗口
32.      $("#dialog-modal").dialog({
33.              height: 140,
34.              modal: true,
35.              title: '系统提示',
36.              hide: 'slide',
37.              buttons: {
38.                  '确定': function() {
39.                      $("#spnName").remove();
40.                      $(this).dialog("close");
41.                  },
42.                  '取消': function() {
43.                      $(this).dialog("close");
44.                  }
45.              },
46.              open: function(event, ui) {
47.                  $(this).html("");
48.                  $(this).append("<p>" + content + "</p>");
49.              }
50.      });
51.  }
```

在上述代码中:

- 第 2~6 行代码为提交按钮绑定单击事件,其中第 3~5 行代码获取 id 值为 txtName 的元
  素对象,然后判断该对象的内容是否为空,如果为空则调用自定义方法 sys_Alert()。

- 第 7~12 行代码为删除按钮绑定单击事件，其中第 8~11 行代码获取 id 值为 spnName 的元素对象,然后判断该对象的内容是否为空，如果不为空则调用自定义方法 sys_Confirm()。
- 在自定义方法 sys_Alert()中，通过 dialog()方法实现弹出提示信息对话框，而在自定义方法 sys_Confirm()中，通过 dialog()方法实现弹出确认信息对话框。

20.3 处理页面中的日期

在项目开发的页面中，处理日期类型的输入是一个非常让人头疼的问题。因为用户使用者会根据个人习惯，输入各种各样的样式。为了便于用户使用，程序开发人员需要设计各种样式的日期选择器。为了解决上述问题，jQuery UI 提供了高度可配置且非常易于实现和定制的日期选择器工具集。

20.3.1 jQuery UI 所支持的日期选择器工具集

jQuery UI 插件的日期选择器不仅可以自定义日期格式和语言、限制可选日期的范围，还可以轻松地添加按钮和其他导航选项。无论表单中哪个控件需要输入日期，都可以为之添加一个日期选择器。同时该控件还支持键盘操作，当按下 Ctrl 键时，使用键盘上的箭头就能选择一个日期单元格，然后按回车键就可以选中该日期。

在页面中使用 jQuery UI 插件的日期选择器，需要经过如下步骤。

步骤 01 在页面代码的 head 标签元素中添加日期选择所支持的类库、样式表等资源，具体内容如下：

```
<script src="jquery-3.2.1.js"></script>
<script src="jquery-ui.js"></script>
<link href="jquery-ui.css" rel="stylesheet">
```

步骤 02 通过 datepicker()方法封装 DOM 对象为 jQuery 对象，该方法的具体语法如下：

```
$(selector).datepicker();
```

其中，selector 是选择器，用于选择将被封装成日期选择器工具集的对象。

步骤 03 根据具体需求，通过 datepicker(options)方法设置日期选择器对象的配置选项，以达到预期的效果。日期选择器工具集的配置选项内容如表 20-6 所示。

表 20-6 日期选择器工具集常见配置选项

名称	属性值	说明
altField	string	将选择的日期同步到另一个域中，配合 altFormat 可以显示不同格式的日期字符串

（续表）

名称	属性值	说明
altFormat	string	在设置了 altField 的情况下，显示在另一个域中的日期格式
appendText	string	在日期插件的所属域后面添加指定的字符串
buttonImage	string	设置弹出按钮的图片，如果非空，则按钮的文本将成为 alt 属性，不直接显示
buttonText	string	设置触发按钮的文本内容
calculateWeek	boolean	设置允许通过下拉框列表选取星期
changeMonth	boolean	设置允许通过下拉框列表选取月份
changeYear	boolean	设置允许通过下拉框列表选取年
constrainInput	boolean	如果设置为 true，则约束当前输入的日期格式
currentText	string	设置当前按钮的文本内容，此按钮需要通过 showButtonPane（参数）的设置才显示
dateFormat	string	设置日期字符串的显示格式
dayNames	array	设置一星期中每天的名称，从星期天开始。此内容用于 dateFormat 时显示，以及日历中当鼠标移至行头时显示
dayNamesMin	array	设置一星期中每天的缩语，从星期天开始，此内容用于 dateFormat 时显示，以及日历中的行头显示
dayNamesShort	array	设置一星期中每天的缩语，从星期天开始，此内容用于 dateFormat 时显示，以及日历中的行头显示
defaultDate	Date, number, string	设置默认加载完后第一次显示时选中的日期
duration	Date, number	设置日期控件展开动画的显示时间
firstDay	number	设置一周中的第一天。星期天为 0，星期一为 1，以此类推
gotoCurrent	boolean	如果设置为 true，则单击当天按钮时，将移至当前已选中的日期，而不是今天
hideIfNoPrevNext	boolean	设置当没有上一个或下一个可选择的情况下，隐藏掉相应的按钮（默认为不可用）
isRTL	boolean	如果设置为 true，则所有文字都是从右自左
maxDate	Date, number, string	设置一个最大的可选日期
minDate	Date, number, string	设置一个最小的可选日期
monthNames	array	设置所有月份的名称
monthNamesShort	array	设置所有月份的缩写
navigationAsDateFormat	boolean	如果设置为 true，则 formatDate 函数将应用到 prevText、nextText 和 currentText 的值中显示，例如显示为月份名称
nextText	string	设置"下个月"链接的显示文字
numberOfMonths	Number, array	设置一次要显示多少个月份。如果为整数则显示月份的数量，如果是数组，则显示行与列的数量
prevText	string	设置"上个月"链接的显示文字

（续表）

名称	属性值	说明
shortYearCutoff	String, number	设置截止年份的值。如果是数字（0~99）则以当前年份开始算起，如果为字符串，则相应地转为数字后再与当前年份相加。当超过截止年份时，则被认为是 20 世纪
showAnim	string	设置显示、隐藏日期插件的动画的名称
showButtonPanel	boolean	设置是否在面板上显示相关的按钮
showCurrentAtPos	number	设置当多月份显示的情况下，当前月份显示的位置。自顶部/左边开始第 x 位
showMonthAfterYear	boolean	是否在面板的头部年份后面显示月份
showOn	string	设置什么事件触发显示日期插件的面板
showOptions	options	如果使用 showAnim 来显示动画效果，可以通过此参数来增加一些附加的参数设置
showOtherMonths	boolean	是否在当前面板显示上、下两个月的一些日期数（不可选）
showWeek	boolean	是否在当前面板显示上、下两个星期的一些日期数（不可选）
stepMonths	number	当单击上一月或下一月时，一次翻几个月
yearRange	string	控制年份的下拉列表中显示的年份数量，可以是相对当前年（-nn:+nn），也可以是绝对值（-nnnn:+nnnn）

如果想在页面中灵活地使用日期选择器工具集，除要了解该工具集的使用步骤和配置选项之外，还需要了解它的方法和事件，请见表 20-7 和表 20-8。

表 20-7 日期选择器工具集常用方法

名称	说明
destroy	从元素中移除拖曳功能
dialog	在 dialog 插件中打开一个日期插件
getDate	返回当前日期插件选择的日期
hide	隐藏（关闭）之前已经打开的日期面板
isDisabled	确认日期插件是否已被禁用
option	获取参数配置集合或某个参数配置
setDate	设置日期插件当前的日期
show	显示日期插件

表 20-8 日期选择器工具集常用事件

事件名	说明
beforeShow	在日期控件显示面板之前，触发此事件，并返回当前触发事件的控件的实例对象
beforeShowDay	在日期控件显示面板之前，每个面板上的日期绑定时都触发此事件，参数为触发事件的日期
onChangeMonthYear	当年份或月份改变时触发此事件，参数为改变后的年份、月份和当前日期插件的实例
onClose	当日期面板关闭后触发此事件（无论是否有选择日期），参数为选择的日期和当前日期插件的实例
onSelect	当在日期面板选中一个日期后触发此事件，参数为选择的日期和当前日期插件的实例

20.3.2 实现日期输入框

在项目的页面中,当单击日期输入框(文本框标签)时,就会弹出日期选择窗口。在该窗口中可以使用下拉列表框的方式选择年、月,同时还会显示与日期相对应的星期。本节通过应用 jQuery UI 插件中的日期选择器(Datepicker)工具集,实现日期输入框功能,具体内容见【范例 20-3】。

该案例的初始效果如图 20-6 所示。在"输入日期"文本框里单击鼠标,就会出现日期选择器界面,具体效果如图 20-7 所示。

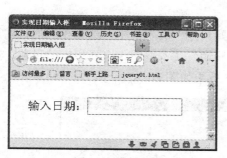

图 20-6 加载页面

图 20-7 日期选择器界面

在具体实现时,要设计一个包含日期输入框的页面,其 HTML 代码如下:

```html
<body>
<div class="demo-description">
  <div>
      输入日期: <input name="txtDate" id="txtDate" class="txt" />
      <!--关于输入日期的文本框-->
  </div>
</div>
</body>
```

下面编写 jQuery 代码,实现日期输入框功能,具体代码如下:

【范例 20-3 实现日期输入框功能】

```
1.      $(function() {
2.         $("#txtDate").datepicker({
3.             changeMonth: true,        //显示下拉列表月份
4.             changeYear: true,         //显示下拉列表年份
5.             showWeek: true,           //显示日期对应的星期
6.             showButtonPanel: true,    //显示"关闭"按钮面板
7.             closeText: 'Close'        //设置关闭按钮的文本
8.         });
9.      })
```

在上述代码中:

- 第 2 行代码获取 id 值为 txtDate 的元素对象。
- 第 3~8 行实现设置日期选择器功能，其中属性 changeMonth 用来设置显示下拉列表月份；属性 changeYear 用来设置显示下拉列表年份；属性 showWeek 用来设置显示下拉列表日期对应的星期；属性 showButtonPanel 用来设置显示"关闭"按钮面板。

20.3.3 实现选取时间段功能

在项目的页面中，经常需要选择日期段，即先通过"开始日期"输入框选择开始日期，然后通过"结束日期"输入框选择结束日期，并且结束时间必须在大于或等于开始时间里选择。本小节通过应用 jQuery UI 插件中的日期选择器（datepicker）组件，实现选取时间段功能，具体内容见【范例 20-4】。

该案例的初始效果如图 20-8 所示。在"开始日期"文本框中，选择相应的日期（这里为 2013-12-10），效果如图 20-9 所示。在"结束日期"文本框中，选择相应的日期，注意在该日期选择器里只能选择 12 月 10 日以后的日期，效果如图 20-10 所示。

图 20-8 加载页面

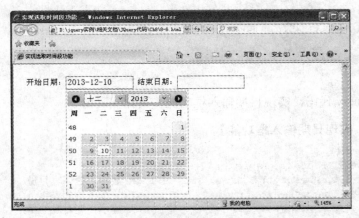

图 20-9 选择开始日期

图 20-10 选择结束日期

在具体实现时，要设计一个包含两个日期输入框的页面，其 HTML 代码如下：

```
<body>
<!--日期输入框-->
<div class="demo-description">
  <div>
      开始日期: <input name="txtStart" id="txtStart" class="txt" />
      结束日期: <input name="txtEnd" id="txtEnd" class="txt" />
  </div>
</div>
```

下面编写 jQuery 代码，实现选取时间段功能，具体代码如下。

【范例 20-4 选取时间段功能】

```
1.     $(function() {
2.         $("#txtStart").datepicker(              //绑定开始日期
3.             { changeMonth: true,                //显示下拉列表月份
4.                 changeYear: true,               //显示下拉列表年份
5.                 showWeek: true,                 //显示日期对应的星期
6.                 firstDay: "1",
7.                 onSelect: function(dateText, inst) {
8.                     //设置结束日期的最小日期
9.                     $('#txtEnd').datepicker('option', 'minDate', new
                        Date(dateText.replace('-', ',')))
10.                }
11.        })
12.        $("#txtEnd").datepicker(                //绑定结束日期
13.            { changeMonth: true,                //显示下拉列表月份
14.                changeYear: true,               //显示下拉列表年份
15.                showWeek: true,                 //显示日期对应的星期
16.                firstDay: "1",
17.                onSelect: function(dateText, inst) {
18.                    //设置开始日期的最大日期
19.                    $('#txtStart').datepicker('option', 'maxDate', new
                       Date(dateText.replace('-', ',')))
20.                }
21.        })
22.    })
```

在上述代码中：

- 第 2~11 行实现设置开始日期选择器功能，其中第 9 行代码设置结束日期的最小日期。
- 第 12~21 行实现设置结束日期选择器功能，其中第 19 行代码设置开始日期的最大日期。

20.4 实现幻灯和分页效果

通过 jQuery UI 插件中的选项卡（Tab）工具集可以很容易地实现"选项卡"效果。"选项卡"效果跟前面所介绍的折叠面板工具集非常类似，主要用于在一组不同容器之间切换视角。具体效果如图 20-11 所示。

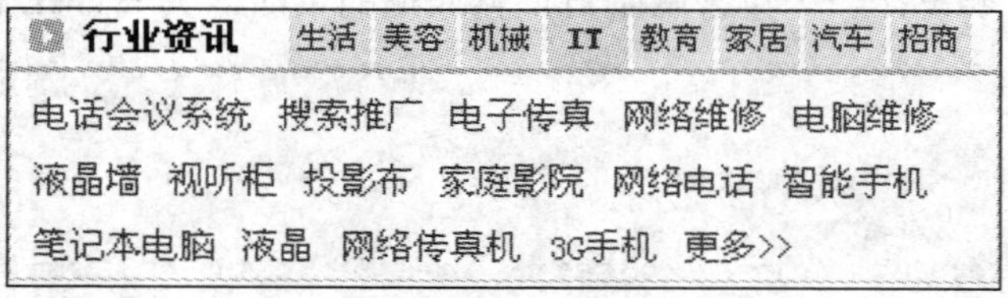

图 20-11 选项卡效果

20.4.1 jQuery UI 所支持的选项卡工具集

jQuery UI 插件的选项卡也是一种由一系列容器所组成的工具集，这些容器在同一时刻只能有一个被打开。每个内容容器由标题和内容构成，当单击内容容器的标题时，就可以访问该容器包含的内容，每个标题都作为独立的选项卡出现。对于每个容器来说，都有与之相关联的选项卡。该工具集不仅对于页面访问者来说易于使用，对于开发者来说也易于实现。

在页面中使用 jQuery UI 插件的选项卡工具集，需要经过如下步骤。

步骤01 在页面代码的 head 标签元素中添加选项卡工具集所支持的类库、样式表等资源，具体内容如下：

```
<script src="jquery-3.2.1.js"></script>
<script src="jquery-ui.js"></script>
<link href="jquery-ui.css" rel="stylesheet">
```

步骤02 通过 tabs()方法封装 DOM 对象为 jQuery 对象，该方法的具体语法如下：

```
$(selector).tabs();
```

其中，selector 是选择器，用于选择将被封装成选项卡工具集对象的容器。

步骤03 根据具体需求，通过 tabs(options)方法设置选项卡工具集的配置选项，以达到预期的效果。选项卡工具集的配置选项内容如表 20-9 所示。

表 20-9　选项卡工具集的常见配置选项

名称	属性值	说明
active	Selector,element,boolea,number	设置折叠面板的初始活动
collapsible	boolean	意思是可折叠的，默认选项是 false，不可以折叠。如果设置为 true，则允许用户将已经选中的选项卡内容折叠起来
disabled	arrary	设置哪些选项卡不可用
event	事件	切换选项卡的事件，默认为 click，单击切换选项卡

如果想在页面中灵活地使用选项卡工具集，除要了解该工具集的使用步骤和配置选项之外，还需要了解它的方法和事件，请见表 20-10 和表 20-11。

表 20-10　选项卡工具集的常用方法

名称	说明
destroy	完全删除折叠面板的特征
disable	禁用折叠面板
enable	启用折叠面板
option	获取或设置折叠面板选项
refresh	重新计算并设置折叠面板的大小
widget	返回折叠面板对象

表 20-11　选项卡工具集的常用事件

名称	说明
activate	选项卡的内容初始化完成后触发该事件
beforeActivate	选项卡的内容初始化之前触发该事件
beforeLoad	选项卡的内容被加载完成前触发该事件
load	选项卡的内容被加载完成后触发该事件

20.4.2　经典的选项卡效果

在项目的页面中，为了能够更多地显示信息，总少不了选项卡。本小节通过应用 jQuery UI 插件中的选项卡（Tab）组件，实现选项卡功能，具体内容见【范例 20-5】。

该案例的初始效果如图 20-12 所示。当鼠标移动到标题 cjgong3 上时，选项卡的内容就会显示该标题所对应的内容，效果如图 20-13 所示。

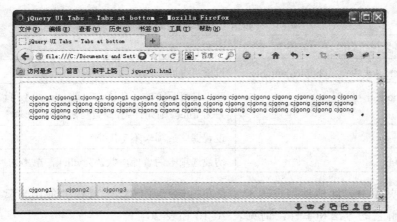

图 20-12　加载页面

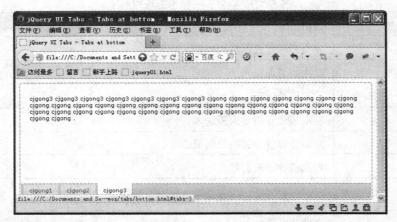

图 20-13　鼠标移动到标题 cjgong3 上的效果

在具体实现时，要设计一个包含选项卡的页面，其 HTML 代码如下：

```
1.      <body>
2.      <div id="tabs" class="tabs-bottom">
3.        <!--设置选项卡组件-->
4.        <ul>
5.          <li><a href="#tabs-1">cjgong1</a></li>
6.          <li><a href="#tabs-2">cjgong2</a></li>
7.          <li><a href="#tabs-3">cjgong3</a></li>
8.        </ul>
9.        <div class="tabs-spacer"></div>
10.       <!--设置选项卡的内容-->
11.       <div id="tabs-1">
12.    <p>cjgong1 cjgong1 cjgong1 cjgong1 cjgong1 cjgong1 cjgong1 cjgong
cjgong cjgong cjgong cjgong
13.    cjgong cjgong cjgong cjgong cjgong cjgong cjgong cjgong cjgong cjgong
cjgong cjgong cjgong cjgong cjgong
14.    cjgong cjgong cjgong cjgong cjgong cjgong cjgong cjgong cjgong cjgong
cjgong cjgong cjgong cjgong cjgong
```

```
15.      cjgong cjgong cjgong cjgong .</p>
16.     </div>
17.     <div id="tabs-2">
18.       <p>......</p>
19.     </div>
20.     <div id="tabs-3">
21.       <p>......</p>
22.     </div>
23.   </div>
24.   </body>
```

下面编写 jQuery 代码，实现选项卡功能，具体代码如下。

【范例 20-5 实现选项卡功能】

```
1.      $(function() {
2.          $( "#tabs" ).tabs();
3.          //移除和添加样式
4.          $( ".tabs-bottom .ui-tabs-nav, .tabs-bottom .ui-tabs-nav > *" )
5.              .removeClass( "ui-corner-all ui-corner-top" )
6.              .addClass( "ui-corner-bottom" );
7.          // 设置标题到下面
8.          $( ".tabs-bottom .ui-tabs-nav" ).appendTo( ".tabs-bottom" );
9.              $( "#tabs" ).tabs({
10.             event: "mouseover"
11.         });
12.
13.     });
```

在上述代码中：

- 第 2 行代码通过 tabs()方法将对象 tabs 封装成选项卡对象。
- 第 4~6 行设置相关样式。
- 第 8~11 行设置选项卡的标题在下面，同时通过选项 event 设置选项卡切换内容的事件为 mouseover。

20.4.3 实现幻灯效果

在项目的页面中，经常通过选项卡的幻灯效果来包含多张图片。所谓幻灯效果，是指所有选项卡中的内容自动轮流显示，这样不仅拥有很好的视觉效果，还能确保所有访问者能够看到所有的选项卡内容。

本节通过应用 jQuery UI 插件中的选项卡（Tab）组件，实现幻灯效果，具体内容见【范例 20-6】。该案例的初始效果如图 20-14 所示。每隔一段时间，选项卡就会自动切换。如果想查看标题为 cjgong4 的内容，也可以直接单击该标题，具体效果如图 20-15 所示。

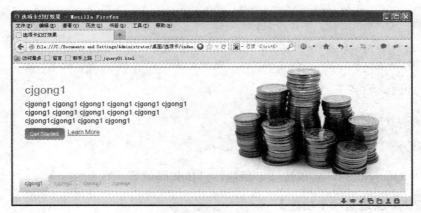

图 20-14 加载页面

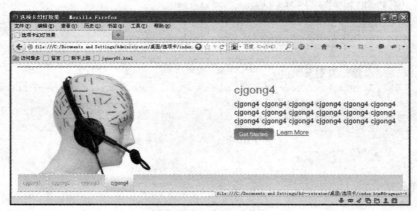

图 20-15 显示子菜单

在具体实现时，要设计一个包含选项卡的页面，其 HTML 代码如下：

```
<body>
<div id="wrapper">
    <div id="rotator">
        <!-- 选项卡标题-->
        <ul class="ui-tabs-nav">
            <li class="ui-tabs-nav-item ui-tabs-selected" id="nav-fragment-
            1"><a href="#fragment-1"><span>cjgong1</span></a></li>
            <li class="ui-tabs-nav-item" id="nav-fragment-2"><a href=
            "#fragment-2"><span>cjgong2</span></a></li>
            <li class="ui-tabs-nav-item" id="nav-fragment-3"><a href=
            "#fragment-3"><span>cjgong3</span></a></li>
            <li class="ui-tabs-nav-item" id="nav-fragment-4"><a href=
            "#fragment-4"><span>cjgong4</span></a></li>
    </ul>
    <!-- 第一个标题所对应的内容 -->
    <div id="fragment-1" class="ui-tabs-panel" style="">
        <h2>cjgong1</h2>
        <p>cjgong1 cjgong1 cjgong1 cjgong1 cjgong1 cjgong1 cjgong1
```

```
                cjgong1 cjgong1 cjgong1 cjgong1 cjgong1cjgong1 cjgong1
                cjgong1</p>
                <p><a class="btn_get_started" href="#">Get Started</a> <a class=
                "btn_learn_more" href="#">Learn More</a></p>
        </div>
        <!-- 第二个标题所对应的内容 -->
        <div id="fragment-2" class="ui-tabs-panel ui-tabs-hide" style="">
        ……

        </div>
        <!-- 第三个标题所对应的内容 -->
        <div id="fragment-3" class="ui-tabs-panel ui-tabs-hide" style="">
        ……

        </div>
        <!-- 第四个标题所对应的内容 -->
        <div id="fragment-4" class="ui-tabs-panel ui-tabs-hide" style="">
        ……

        </div>
</div>
</body>
```

下面编写 jQuery 代码，实现选项卡功能，具体代码如下：

【范例 20-6 实现幻灯效果功能】

```
1.      $(document).ready(function(){
2.          $("#rotator")                                  //获取选项卡标题对象
3.              .tabs({fx:{opacity: "toggle"}})            //转换成选项卡对象
4.              .tabs("rotate", 4000, true);               //设置选项卡每隔 4 秒进行切换
5.      })
```

在上述代码中：

- 第 2 行获取选项卡标题对象，然后在第 3 行通过 tabs()方法获取选项卡对象，最后在第 4 行通过设置 rotate 选项，实现每隔 4 秒进行切换。
- 对于方法 rotate()，需要两个额外的参数，第一个参数是整数，用于指定每个选项卡在被下一个选项卡取代之前所显示的毫秒数。第二个参数是布尔型值，用于指示选项卡切换时是一次性还是持续不断。

20.4.4 实现分页效果

在项目的页面中，对于所展示的信息，如果数目比较多，一般都会通过分页进行展示。例如，百度页面和 Google 页面中展示搜索结果的效果，如图 20-16 和图 20-17 所示。所谓分页，就是将一个页面的内容分成两个或多个以上的页面进行展示。

图 20-16 百度分页效果

图 20-17 google 分页效果

jQuery UI 插件中的选项卡（Tab）组件也可以实现分页效果功能，具体代码见【范例 20-7】。该案例的初始效果如图 20-18 所示，单击"下一页"，可以显示第二分页的内容，如图 20-19 所示；然后单击"上一页"，则显示第 1 分页的内容；单击标题"3"，可以显示第三分页的内容，如图 20-20 所示，以此类推。

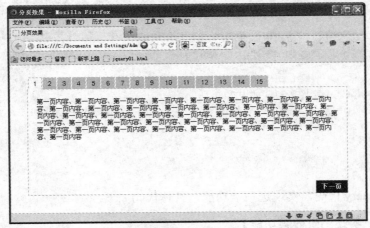

图 20-18 加载页面

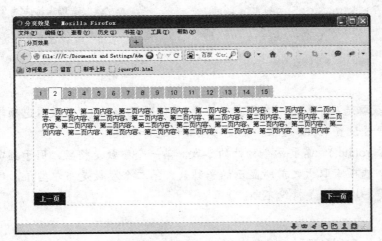

图 20-19 单击标题"2"的效果

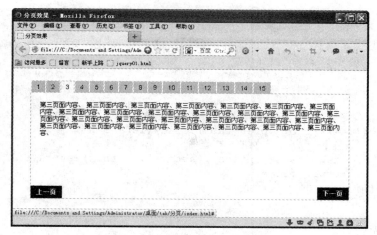

图 20-20 单击"下一页"效果

在具体实现时，要设计一个包含选项卡的页面，其 HTML 代码如下：

```
1.      <body>
2.          <div id="page-wrap">
3.              <div id="tabs">
4.                  <!--选项卡标题-->
5.                  <ul>
6.                      <li><a href="#fragment-1">1</a></li>
7.                      <li><a href="#fragment-2">2</a></li>
8.                      <li><a href="#fragment-3">3</a></li>
9.                      ......
10.                     <li><a href="#fragment-15">15</a></li>
11.         </ul>
12.             <!--选项卡内容-->
13.             <div id="fragment-1" class="ui-tabs-panel">
14.                 <p>第一页内容、第一页内容、第一页内容......</p>
15.             </div>
16.             ......
17.             <div id="fragment-15" class="ui-tabs-panel ui-tabs-hide">
18.                 <p>最后一个页面、最后一个页面、最后一个页面</p>
19.             </div>
20.         </div>
21.     </div>
22. </body>
```

下面编写 jQuery 代码，实现选项卡功能，具体代码如下：

【范例 20-7 实现分页效果功能】

```
1.      $(function() {
2.          var $tabs = $('#tabs').tabs();//获取选项卡对象
3.          $(".ui-tabs-panel").each(function(i){
4.              var totalSize = $(".ui-tabs-panel").length ;//获取分页总页数
5.              if (i != totalSize){   //是否显示"下一页"
6.                  next = i + 2;
7.                  $(this).append("<a href='#' class='next-tab mover' rel=
```

```
                              '" + next + "'>下一页</a>");
8.               }
9.               if (i != 0) {                    //是否显示"上一页"
10.                  prev = i;
11.                  $(this).append("<a href='#' class='prev-tab mover' rel=
                     '" + prev + "'>上一页</a>");
12.              }
13.          });
14.          $('.next-tab, .prev-tab').click(function() {
            //设置下一页和上一页的单击事件
15.              $tabs.tabs('option','active', $(this).attr("rel"));
16.              return false;
17.          });
18.      })
```

在上述代码中：

- 第 2 行通过 tabs()方法获取选项卡对象。
- 第 3~13 行实现分页效果，其中第 4 行获取分页总页数，第 5~8 行实现是否显示"下一页"内容，第 9~12 行实现是否显示"上一页"内容。
- 第 14~18 行为字符串"上一页"和"下一页"绑定单击事件，在事件处理函数中，通过选项卡的 tabs()方法显示相应内容。

20.5 相关参考

- jQuery UI 插件——http://jqueryui.com/。
- jQuery UI 插件 API——http://api.jqueryui.com/。
- jQuery UI 框架——http://www.open-open.com/lib/list/318。

第五篇

Node.js
实战篇

第 21 章 Node.js 简介

如果没有 *Node.js*，*JavaScript* 将只能绑定在 *Web* 客户端上，其备受指责的文档对象模型以及其他一些历史遗留问题将会日益突出。*Node.js* 帮助 *JavaScript* 摆脱了客户端的限制。

——Brendan Eich，JavaScript 之父布兰登·艾奇

如果你已在互联网入门几年，可能知道 Node.js，因为它的名气很大。JavaScript 之父都曾赞誉 Node.js，到底是为何呢？本章就来介绍这款强大、流行而又神秘的 Node.js。

本章是入门章节，将从 Node.js 的历史及安装配置讲起，本章主要知识点：

- Node.js 是平台
- Node.js 不是万能的
- Node.js 的安装和使用

21.1 什么是 Node.js

Node.js 不只是一个简单的 JavaScript 框架，它提供的是一种"语言级"高度的开发模式，是一种新思维，还没有哪种语言能够像它这样可以做到前后端通用而且如此漂亮。

21.1.1 Node.js 是平台

Node.js 的发明者是 Ryan Dahl（见图 21-1），在 2008 年的时候，他想通过一个编程平台做一个网站，能够从服务器端把数据主动推送给用户。要把事件推送到浏览器，该平台需要能够持续处理大量打开的网络连接，而这其中有许多连接其实是空闲的。

Ryan Dahl 在采访时说："开始我没有那么做（没有用 JavaScript），我用 C、Lua 和 Haskell 做了几个失败的小项目。Haskell 很不错，但是还不足够聪明可以去玩通 GHC（Haskell 的编译器）。Lua 是一种不

图 21-1 帅气的 Ryan Dahl

太理想，但是很可爱的语言，我并不喜欢它，因为它已经有了大量的包含阻塞代码的库。无论我做了什么，有些人总是愿意去读取有阻塞的 Lua 库。C 语言和 Lua 有一些相似的问题，而且它的开发门槛有些高。我开始的确想写一种像 Node.js 的 libc，我也的确做了一段时间。这个时候 V8 出来了，我也做了一些研究，我突然意识到，JavaScript 的确是一种完美的语言，它有我想要的一切：单线程，没有服务端的 IO 处理，没有各种历史存在的库。"

于是，Node.js 就这样诞生在一个只是想做个网站的牛人手中，它公布至今不过才 8 年多，但是已经在全球被众多公司所使用，包括创业公司、淘宝、沃尔玛、微软等大公司，互联网上每天用 Node.js 处理的请求多以亿计。

打开 Node.js 官网就可看到它简洁的 Logo（如图 21-2 所示），接着就是这样一段话：

Node.js is a platform built on Chrome's JavaScript runtime for easily building fast, scalable network applications. Node.js uses an event-driven, non-blocking I/O model that makes it lightweight and efficient, perfect for data-intensive real-time applications that run across distributed devices.

——*nodejs.org（Node.js 官网）*

图 21-2 Node.js 新版 Logo

不知情的人说 Node.js 是一种新语言，更多迷茫的人认为它是 JavaScript 的框架，其实官网的解释非常清楚，它是一个基于 Chrome's JavaScript runtime 可快速构建网络应用的平台。

21.1.2 Node.js 不是万能的

在各种媒体的推介下，Node.js 如同 "江南 Style" 一样在短短的时间里成为大家耳熟能详的神物，我们不禁要问——Node.js 到底能做什么？

使用 Node.js 可以轻松地开发：

- 超大型网站——如 cnodejs.org 完全用 Node.js 搭建，包括它们的 NAE（Node App Engine）。
- 高并发响应式 Web 应用——这是 Node.js 作者最初的想法，也是 Web 最擅长的。
- Web 服务器——几行代码就可以搭建一个 Web 服务器，想必它算是世界上最简单、快速的可自定义 Web 服务器搭建平台。
- 编写 GUI 图形用户界面程序——Node-Qt 就是基于 Node.js 的项目，开源且跨平台。
- 单元测试工具——支付宝前端团队就以此开发了一个非常小巧的工具 totoro。

- 客户端 JavaScript 编译器——有人还用 JavaScript 实现了一个 Java 虚拟机，叫作 Orto。
- TCP/UDP 套接字应用程序。
- 命令行工具。

Node.js 主要应用范围是网络，而网络应用的性能瓶颈之一在于 I/O 处理，这已是业界公认的事实。表 21-1 来自于 Ryan Dahl 为 JSConf 大会作讲演时，对比在不同介质上进行 I/O 操作所花费的 CPU 时间。

表 21-1 不同介质下 I/O 操作花费对比

I/O 设备介质	CPU 时间消耗
L1-cache	3
L2-cache	14
RAM	250
Disk	41000000
Network	240000000

从表 21-1 能够清楚地发现，访问磁盘及网络数据所花费的 CPU 时间是访问内存时的数十万倍，而现在的网络应用需要经常访问磁盘及网络，比如数据库查询、访问互联网等。如何提高此时 CPU 的利用效率，便成为提升网络应用性能的关键。所以在高性能要求的项目中，常常需要各种缓存设计，其原因就是尽可能利用内存，虽然内存已经很廉价，但是其容量依然比磁盘小很多。

I/O 性能瓶颈产生的原因在于传统的阻塞式处理方式。这种情况类似于在火车站售票窗口排队买票，如果在春节期间去火车站排队买过票，绝不会认为这是一种好的处理方式。后来大家发现这种方式不好，于是在春节期间加开售票窗口，这好比以前用单线程处理业务，现在用多线程来处理。但就如读者所看到的，在春节期间各个售票窗口前还是人满为患。

为什么火车站不再多开一些售票窗口呢？因为成本。线程也一样，在 Java 和 PHP 这类语言中，服务器每创建一个新线程，这个新线程可能需要 2MB 的配套内存。在一个拥有 8 GB RAM 的系统上，理论上最大的瞬间并发连接数量是 4000 个用户。

第一届淘宝光棍节（11 月 11 日）那天全国亿万用户蜂拥而至，网页打开速度变得极慢，这就是瓶颈带来的不好的用户体验，这也是当年极具创意的秒杀现在不再成为大家热衷追捧对象的重要原因之一。

Node.js 解决了这个问题，它解决这个问题的方法是：更改连接到服务器的方式。每个连接发射一个在 Node.js 引擎的进程中运行的事件，而不是为每个连接生成一个新的 OS 线程，也不会为其分配配套内存，即 Node.js 只会占用很少的内存资源。这就是很多创业公司选择 Node.js 的主要理由之一——减少大量硬件设备开支，这对于刚起步的公司或项目来说生死攸关。

Node.js 是一个鼓励人们用非阻塞的模式处理 I/O，永远不允许用户锁上程序，它要求用户不断地处理新事物，因为在服务器上要与很多用户打交道，锁住或阻塞了，别的用户就不能做或需要等待。

Node.js 也可以说是一个服务器端的编程平台，它不像 Apache、IIS 或 Tomcat，本质上说这些服务器是安装就绪型，支持立即部署应用程序。而 Node.js 则不是这样的平台，最明显的区别是它实现的 Web 服务器很多功能都需要用户去创建，比如 Session 需要开发相应的模块，当然也可以直接使用别人写好的模块，比如 express 就是一个很好的 Node.js 模块。

Node.js 只提供了如何非阻塞处理 I/O，所以从 Web 请求那里获得任何原始的数据，都可以交由用户来处理，而其他如 Apache、IIS 或 Tomcat 这样的产品，有些是内置的，有些需要用其他语言来编写插件。比如你的程序是用 PHP 写的，而 IIS 的插件可能需要用 C++或 VB 来编写，而 Node.js 无论是公用的模块式插件还是处理业务的程序代码，都可以只用一种编程语言来编写，那就是 JavaScript。

Node.js 会做的事情很多，但是它也不是万能的，尤其是在某些的确需要同步或阻塞模式的情况下，比如 Node.js 不是特别擅长做计算。

Node.js 因为年轻，所以还没有像 IIS、Apache 那样完美支持 ASP 或 PHP 的虚拟主机产品，有一些实验性产品也需要申请，相信在不久的将来会普及，如果需要，可在本地搭建环境，也可以购买 VPS 或云服务器来搭建。

在什么情况下使用 Node.js 呢？一个比较简单的判定就是：使用 Node.js 都是为了避免去等待什么事情。

常有人说 Node.js 并不怎么样，其实如果一个框架只是为了解决任务 A 而设计，而你却抱怨它不能很好地完成任务 B，这是愚蠢而荒谬的，因为它们根本没有可比性。

做擅长的事情，这也是人类社会分工的基本原则，不必抱怨 Node.js 做不好它不擅长的事情。Node.js 不是银弹，但它仍然是颗子弹。

21.2 获取、安装和配置 Node.js

Node.js 的获取、安装和配置都极为简单，本节内容以 Windows 7 平台为基本环境来讲解，如果使用的是非 Windows 7 平台，那么也可以安装虚拟机运行 Windows 7 来练习本章节的内容。

21.2.1 Node.js 的获取

Node.js 的官方网站（nodejs.org）首页有很明显的安装按钮，单击它就可以下载最新版本的 msi 安装文件。

在官网 dist 目录（http://nodejs.org/dist/）下列出了 Node.js 发布的所有版本（如图 21-3 所示）。

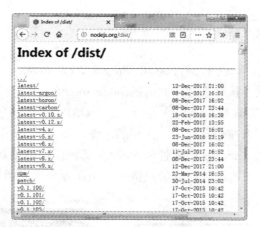

图 21-3　Node.js 发布的所有版本目录

　　单击版本目录可进入另一个目录列表，其中包括各种格式打包的 Node.js 文件，选择 msi 结尾格式的文件下载即可。如果是 64 位操作系统还可以选择 64 位版本的安装文件，不过部分早期版本不提供 64 位支持。

21.2.2　Node.js 的安装

　　以 Node.js 8.9.3 版本为例，双击下载的 node-v8.9.3-x64.msi 文件即可打开如图 21-4 所示的安装界面，连续单击 Next 按钮即可。

　　对于已经安装过旧版 Node.js 的用户，新版本会自动覆盖旧版本，无须任何手动设置。用命令 node-v 可查看当前 Node.js 的版本号，如图 21-5 所示，如果能正确看到版本号，则说明已经安装成功。

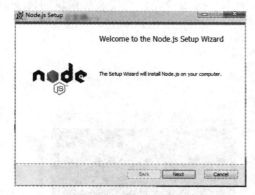

图 21-4　Node.js 的安装

图 21-5　查看 Node.js 当前版本

　　正常情况下，安装后 node -v 命令可以在任何目录下运行，如果发现不能运行，可以完全卸载 Node.js 后重新安装或重新安装一个不同的版本，如果仍然不行，可以考虑用虚拟机环境安装。

21.2.3 Node.js 的配置

安装完成后，Node.js 默认的路径为 C:\Program Files\nodejs，从图 21-6 可以看出，node.exe 是命令 node 的主要执行文件，此时的 node_modules 目录是 Node.js 安装时附带的内置模块，模块只有一个，那就是 npm。

模块 npm 也是一个可以在任意目录下执行的命令，图 21-7 执行了 npm –v 以查看当前版本，执行 npm -h 查看帮助。npm 是用来管理 Node.js 其他模块的工具，类似于 Linux 下的 apt-get、git 等命令，它延续了 Linux 软件安装风格——用命令来安装和管理。

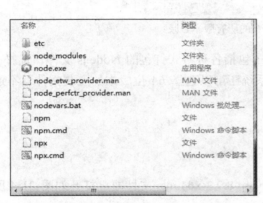

图 21-6 Node.js 安装目录内容

图 21-7 查看 npm 的版本和帮助信息

图 21-7 列举的命令中最常用的是 list、install 和 uninstall，顾名思义它们分别是查看当前已安装、安装和卸载功能，先来看一下执行 list 命令的效果，如图 21-8 所示，它展示了当前目录下的安装结构树，其中每一项@符号后是其模块的版本，图 21-9 是没有安装过模块的目录。

图 21-8 执行 npm list 命令

图 21-9 没有安装过模块的目录

因为 npm 可以在任意目录执行，所以 npm install 命令会把插件安装在当前路径下，这一点需要注意。下面以安装本书常提起的 express 模块为例来安装。

笔者计划安装在 C:\Program Files\nodejs 目录下，执行命令 npm install express，如图 21-10 所示表示正常，这时务必保证网络畅通，对于大模块或者网络不是很好的情况下，就需要多等待一段时间，直到命令自动提示错误信息为止。

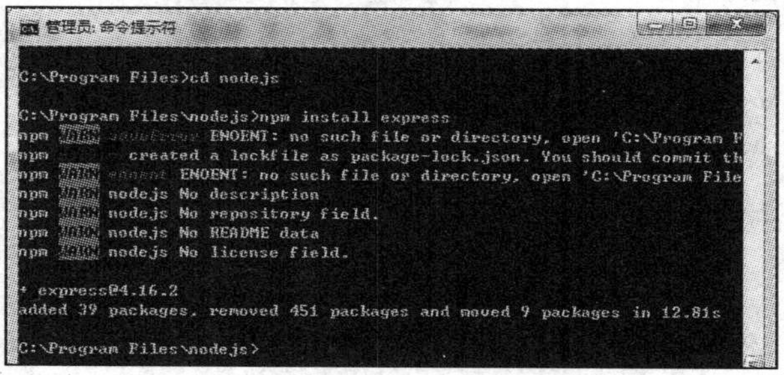

图 21-10 执行命令 npm install express

命令执行过程中可能会有一些警告信息，如果最终没有失败，可以忽略这些信息，安装成功后，在 nodejs\node_modules\express 中会看到 express 的内容，如图 21-11 所示。

图 21-11 安装 express 模块成功

卸载命令则相对简单，使用 npm uninstall express 和 npm remove express 都可以达到此目的。

21.3 Node.js 与其他服务器脚本语言的比较

1. Node.js 和 PHP 比较

（1）PHP 发展了十多年，由于历史原因，它夹杂了很多历史库包文件，因此很多常用功能都内置为函数，可以直接调用，而 Node.js 没有提供太多功能函数（随着日积月累可能也会越来越多），例如 session 这样的管理 PHP 里就是内置对象，而 Node.js 则需要安装插件或自己实现。

（2）PHP 代码允许和 HTML 代码混排书写（范例 21-1），而 Node.js 的代码是用 JavaScript 语法写的，严格遵守 JavaScript 的语法标准，不能够和其他语言混排书写。

【范例 21-1 PHP 代码的混排】

```
1.      <html>
2.      <body>
3.      <?php  //php 代码开始
4.      $i=1;            //给变量 i 赋值
5.      while($i<=5){
6.      ?>               <!--//php 代码结束-->
7.          The number is <?php echo $i?> <!--echo 方法输出变量 i 的值-->
8.      <?php
9.        $i++;          //变量 i 自增
10.     }
11.     ?>
12.     </body>
13.     </html>
```

（3）PHP 和 JavaScript 同样是松散类型语言，即在声明时不需要指定其数据类型，在调用时会自动转换成需要的数据类型。

（4）PHP 在 Windows 平台下也能得到良好支持，Node.js 也是如此。

2．Node.js 和 Java 比较

（1）Java 是编译型的静态语言，Node.js 使用的是动态语言 JavaScript。每次修改时，Java 需要让 Tomcat 这样的 Web 服务器去编译，而 Node.js 则需要重新启动应用（IIS 7 可以自动执行修改检测，然后自动重启）。

（2）Java 一般和 Linux 平台结合，少有 Windows 平台的应用，而 Node.js 在 Windows 平台下也能运行。

（3）Java 的上手成本比较高，而写过 JavaScript 的人都很容易使用 Node.js。

3．Node.js 和 ASP 比较

ASP 和 PHP 类似，只是 ASP 默认内置的是 VBScript 语言，但是 ASP 可以设置 JScript 语言作为其运行语言，JScript 是微软出品的类似 JavaScript 的编程语言，语法极其接近，也就是说在 IIS 服务端也可以运行熟悉的 JavaScript 风格的代码。

4．Node.js 和 Python 比较

Python 也是一种脚本语言，但是比其他脚本语言，从功能、易用性上更加强大。它诞生时间比 Node.js 更早，和 Node.js 一样也是跨平台的。

21.4 Node.js 与客户端 JavaScript 脚本的比较

Node.js 中的 JavaScript 和浏览器中客户端 JavaScript 虽然是一母所生，但是因后天环境的不同，还是有些区别的。

在 Node.js 中永远也见不到浏览器中的这些标签：

```
<script>.....</script>
```

从传统意义上说，JavaScript 由 ECMAScript、DOM 和 BOM 组成，这在第 1 章已有讲述，可以理解为：当 JavaScript 在客户端时，浏览器就是 JavaScript 的宿主，它为 JavaScript 提供了除核心 ECMAScript 部分以外的 DOM 和 BOM。当 JavaScript 在 Node.js 中时，Node.js 就是 JavaScript 的宿主，它也为 JavaScript 提供核心 ECMAScript，但是不包含 DOM、BOM，这是因为 Node.js 不运行在浏览器中，所以不需要使用浏览器中的许多特性。

Node.js 作者认为 JavaScript 在服务端运行，还需要诸如文件系统、模块、包、操作系统 API、网络通信等 ECMAScript 没有或者不完善的功能，于是在 Node.js 不断完善的过程中逐步增加了这些功能。它超越了浏览器提供给 JavaScript 的扩展，也提供了足够丰富的基本功能而无须像其他 Web 服务器那样需要另行开发扩展和插件。

浏览器提供的 console.log 方法在 Node.js 中也被实现了，解决了很多开发习惯的问题，相信这是很多前端开发人员最常使用的工具。

Node.js 不运行在浏览器中，所以也就不存在 JavaScript 的浏览器兼容性问题，可以放心地使用 JavaScript 语言的所有特性。

Node.js 和客户端浏览器都包含核心的 JavaScript，所以一些 JavaScript 的天生缺陷也一并存在，比如千年虫 Bug 问题，这是因为 JavaScript 作者在 1995 年 5 月，用了大概 10 天的时间开发了解释器，包括除 Date 对象以外的其他内置对象。但是在这期间，Netscape 的 Ken Smith 用 C 语言重写了 Java 的 java.util.Date 类，而 JavaScript 的 Date 对象是直接使用 Java 的，就这样千年虫 Bug 也在无意间被带进了 JavaScript。

21.5 相关参考

- 2009 年 2 月，Node.js 的作者 Ryan Dahl 在博客上宣布准备基于 V8 创建一个轻量级的 Web 服务器并提供一套库。
- 2009 年 5 月，Ryan Dahl 在 GitHub 上发布了最初版本的部分 Node.js 包，随后几个月里，有人开始使用 Node.js 开发应用。
- 2009 年 11 月和 2010 年 4 月，两届 JSConf 大会都安排了 Node.js 的讲座。
- 2010 年年底，Node.js 获得云计算服务商 Joyent 的资助，创始人 Ryan Dahl 加入 Joyent 全职负责 Node.js 的发展。
- 2011 年 7 月，Node.js 在微软的支持下发布 Windows 版本。

 GitHub 网址是 www.github.com，这是一个分布式的开源代码库以及版本控制系统。

第 22 章 构造一个最简单的 Web 服务器

Web 倒是可以给梦想者一个启示，你能够拥有梦想，而且梦想能够实现，网络是离你梦想最近的地方！

——图灵奖获得者文特·瑟夫

初步了解 Node.js 之后，下面带领大家构建一个最简单的 Node.js 应用——Web 服务器。说到 Web 服务器，必然涉及互联网。蒂姆·伯纳斯·李（Tim Berners-Lee）爵士就是万维网的发明者（如图 22-1 所示），他是互联网之父。第一个图形化 Web 浏览器是 World Wide Web，作者就是 Tim Berners-Lee。第一个开始运行的 Web 服务器是 nxoc01.cern.ch。

图 22-1 互联网之父

本章将实现 Node.js 之父最初的想法——构建新型 Web 应用编程平台，这个平台首先要有 Web 服务器，本章主要知识点：

- HTTP 协议
- Web 服务器基础
- Node.js 编程风格

22.1 Node.js 中脚本文件的组织

要让 JavaScript 这个"脚本"级的编程语言在服务端合理、高效地运行，首先要解决的问题就是源代码文件结构的组织和管理。

22.1.1 CommonJS 规范

和其他编程平台对比而言，原生 JavaScript 有以下不足。

- JavaScript 没有模块系统，没有原生的支持密闭作用域或依赖管理。
- JavaScript 没有标准库，除一些核心库之外，没有文件系统的 API、IO 流 API 等。
- JavaScript 没有标准接口，没有如 Web Server 或者数据库的统一接口。
- JavaScript 没有包管理系统，不能自动加载和安装依赖。

更多 ECMAScript 的 API 是由它的宿主程序/环境提供的，在 Node.js 出现之前，人们还没有意识到 JavaScript 能够存活于浏览器这个宿主环境之外，为了统一在浏览器之外的实现，CommonJS 就诞生了。

CommonJS 诞生于 2009 年 8 月，它试图定义一套普通应用程序使用的 API，从而填补 JavaScript 标准库过于简单的不足，其终极目标是希望 JavaScript 写的应用程序可以在不同环境中运行。它本身不参与实现，将其实现交给类似 Node.js 这样的项目，如图 22-2 所示。

图 22-2 基于 CommonJS 的产品

Node.js 是目前 CommonJS 规范最热门的一个实现，基于 CommonJS 的 Modules/1.0 规范，实现了 Node.js 的模块，使 Node.js 对其脚本文件的组织更加合理和规范。

22.1.2 Node.js 中的模块

在创建第一个 Web 服务器之前，有必要先了解一下 Node.js 是如何实现 CommonJS 模块规范的，这有助于理解后面的代码。

Node.js 自身实现了 require 方法作为其引入模块的方法，同时 npm 也基于 CommonJS 定义的包规范，实现了依赖管理和模块自动安装等功能。在第 21 章里已使用过 npm 命令。

Node.js 的模块分为两类：一类为原生内置模块；另一类为用户文件模块。原生模块在 Node.js 源代码编译的时候编译进了二进制执行文件，加载的速度最快；另一类文件模块是动态加载的，加载速度比原生模块慢。但是 Node.js 对原生模块和文件模块都进行了缓存，于是在第二次 require 时，是不会有重复开销的。

Node.js 的原生内置模块在调用的时候只需要其名称即可：

```
require('http')
```

Node.js 的用户文件模块通常指自行扩展的一些 js 文件、json 文件和.node 文件。在引用文件模块的时候要加上文件的路径：

```
require('./filename.js')
```

其中：

- /filename.js 表示绝对路径。
- ./filename.js 表示相对路径，从同一文件夹下开始计算。
- ../表示上一级目录。

 由于 Node.js 还在发展中，因此很多版本的 API 并不一致，网上提到的 require.paths 属性在高版本中是不存在的，最好参考官网的 API 说明。

22.1.3 HTTP 协议

在创建第一个 Web 服务器之前，还有一些知识需要了解，那就是 HTTP 协议，服务器是提供 Web 服务的，浏览器是访问 Web 服务的，那么服务器和浏览器之间到底是按照何种机制来相互通信的呢？这就是 HTTP 协议要解决的问题。

HTTP 是 Hyper Text Transfer Protocol（超文本传输协议）的缩写。它的发展是万维网协会（World Wide Web Consortium）和 Internet 工作小组 IETF（Internet Engineering Task Force）合作的结果，他们发布的 RFC 2616 就是今天最普遍使用的一个版本——HTTP 1.1。

HTTP 协议在 TCP/IP 协议栈中的位置如图 22-3 所示。

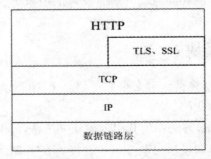

图 22-3 HTTP 协议在 TCP/IP 协议栈中的位置

图 22-4 展示了 HTTP 协议的工作模型，请求在先，响应在后，所以 HTTP 协议永远都是客户端发起请求，服务器回送响应。

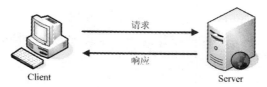

图 22-4 HTTP 的请求响应模型

这也是服务器无法将消息推送给客户端或者发布广播消息的原因，诸如聊天系统、网络游戏等应用。如果要在 HTTP 协议上实现，就需要做模拟操作或者嵌入 Flash 等来处理这种业务。

一次 HTTP 操作称为一个事务，其过程可分为 4 步。

步骤01 首先客户机与服务器需要建立连接。只要单击某个超级链接，HTTP 的工作即开始。

步骤02 建立连接后，客户机发送一个请求给服务器，请求方式的格式为：统一资源标识符（URL）、协议版本号，后边是 MIME 信息，包括请求修饰符、客户机信息和可能的内容。

步骤03 服务器接到请求后，给予相应的响应信息，其格式为一个状态行，包括信息的协议版本号、一个成功或错误的代码，后边是 MIME 信息，包括服务器信息、实体信息和可能的内容。

步骤04 客户端接收服务器所返回的信息并通过浏览器显示在用户的显示屏上，然后客户机与服务器断开连接。

通过 Capture Filter 和 HttpWatch 等工具可以非常清晰地看到客户端浏览器与服务器的交互过程。图 22-5 是 Firebug 工具提供的一些 HTTP 操作过程信息。

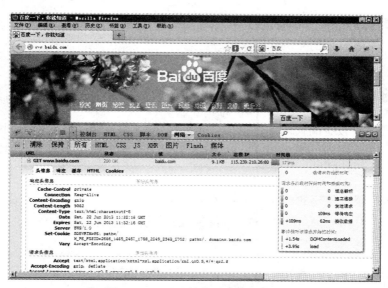

图 22-5 Firebug 提供的 HTTP 信息

因为 HTTP 协议基于 TCP/IP 协议，所以 DoS（Denial of Service，拒绝服务）攻击对基于 HTTP 协议的 Web 应用（网站是常见应用之一）是有效的，而且也是当下最严重的危害之一。目前主要有以下两种攻击。

- 一种攻击方式是使用大量符合协议的正常服务请求，由于每个请求耗费很大的系统资源，导致正常服务请求不能成功。HTTP 协议是无状态协议，攻击者构造大量搜索请求，这些请求耗费大量服务器资源，导致 DoS。对于这种方式的攻击比较好处理，由于是正常请求，暴露了正常的源 IP 地址，禁止这些 IP 就可以了，这就是很多 Web 网站会限制用户刷新网页速度的原因。
- 另一种攻击方式是在 HTTP 操作第 2 步时不断发送没有完成的 HTTP 头，在 HTTP 操作第 3 步的服务器端会等在那里准备接收余下的内容，一直到接收超时，然后关闭连接。服务器的资源是有限的，当服务器耗尽所有的资源时，那些正常的请求就接收不到了。

IP 被禁用还可以换 IP，或者同时使用多台设备，多个不同 IP 同时发起这些 DoS 请求，于是 DDoS（Distributed Denial of Service，分布式拒绝服务）攻击就诞生了。要执行 DDoS 攻击首要条件就是控制很多网络设备（一般是接入互联网的电脑设备），被控制的设备称为"肉鸡"。

作为程序开发者来说，保护程序安全、减少 Bug 是必须要做的事情。

22.2　建立服务、路径处理与响应

通过 Node.js 创建一个 Web 服务器，要写的代码可能不是最少的，但是一定是最容易理解的。现在就来看看具体的范例代码。

22.2.1　用 6 行代码创建的 Web 服务器

用熟悉的语言、较少的代码创建完全自定义的 Web 服务器，对于 Node.js 来说，相当简单。【范例 22-1】是一个经典的 Hello World 范例，当在浏览器中访问 http://127.0.0.1:1337 时会看到 Hello World 字样。

【范例 22-1　最少代码的自定义 Web 服务器】

```
1.    var http = require('http'); //require 引用内置模块 http
2.    http.createServer(function (req, res) {
3.        res.writeHead(200, {'Content-Type': 'text/plain'});       //设置头信息
4.        res.end('Hello World\n');        //输出内容
5.    }).listen(1337, '127.0.0.1');       //绑定 IP 和端口
```

```
6.      console.log('Server running at http://127.0.0.1:1337/'); //控制台输出提示
```

第 1 行用 require 内置方法调用 Node.js 内置模块 http，createServer 方法支持一个 callback
回调函数，这个函数是 Web 服务器主要的处理函数，程序员在这里做各种常见业务的处理和
控制，本例中只是响应一个文档头 Content-Type，并输出内容 Hello World\n。第 5 行是链式
写法，调用一个 listen 方法，将处理代码绑定在本机 IP 的 1337 端口上。网络上默认的 Web
服务器端口是 80。最后，在控制台输出一段提示信息。将【范例 22-1】保存为 js 文件放到某
个地方，在命令行提示符下运行后的效果如图 22-6 所示。

图 22-6 启动最少代码的自定义 Web 服务器

现在 Web 服务已经建立，只需要关闭 CMD 窗口或是直接按 Ctrl+C 快捷键即可停止 Web
服务器，是不是很简单？相比 IIS 和 Apache 这样的 Web 服务器来说，前者是蚂蚁而后者就是
大象。

22.2.2 让 Web 服务器响应和处理不同路径

细心的读者可能会发现【范例 22-1】构建的 Web 服务器无论网址后面的路径和参数是什
么，只要 IP 和端口是正确的，它始终只会做出一个反应——显示"Hello World"。

这样的服务器有什么用呢？一点实用价值都没有。一个正常的网站，哪怕是纯静态的网
站，都会有不同的路径，如何才能让它变得正常呢？比如首页显示"Hello World"，其他页
面就显示请求的网址。请看【范例 22-2】中的代码。

【范例 22-2 让 Web 服务器响应和处理不同路径】

```
1.      var http = require('http'); //require 引用内置模块 http
2.      var url = require('url'); //require 引用内置模块 url
3.      http.createServer(function (req, res) {
4.          res.writeHead(200, {'Content-Type': 'text/plain'});//设置头信息
5.          var pathname = url.parse(req.url).pathname; //把请求网址交给 url 对象处理
6.          var bodyStr ="";  //定义一个变量，用来存储要输出的内容
7.          if(pathname==="/"){ //如果是首页
8.              bodyStr = 'Hello World\n';
9.          }else{
10.             bodyStr = req.url;  //如果是其他路径
11.         }
```

```
12.        res.end(bodyStr);              //输出内容
13.    }).listen(9527, '127.0.0.1');        //绑定 IP 和端口
14.    console.log('Server running at http://127.0.0.1:9527/');//控制台输出提示
```

在命令行使用 node 22-2.js 启动这个范例的服务，然后在浏览器中输入 localhost:9527 和 localhost:9527/other 可以看到期望的效果，如图 22-7 所示。

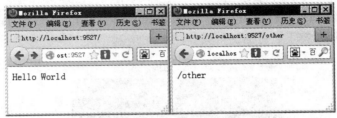

图 22-7 让 Web 服务器响应和处理不同路径

再改变一下业务需求，首页显示不变，增加一个/about 关于页面，显示一些联系信息，其他页面就提示 404 not found。随着请求路径的增长，用 if 判断的方式对代码组织很不友好，下面改用对象来尝试一下。请看【范例 22-3】。

【范例 22-3 可配置的路径】

```
1.    var http = require('http'); //require 引用内置模块 http
2.    var url = require('url');    //require 引用内置模块 url
3.    var webPath = {             //许可的路径
4.      "/":"Hello World\n",
5.      "/about":"ID:z3f\nQQ:10590916"
6.    }
7.    http.createServer(function (req, res) {
8.        res.writeHead(200, {'Content-Type': 'text/plain'});//设置文件头信息
9.        var pathname = url.parse(req.url).pathname;  //把请求网址交给 url 对象处理
10.       //如果访问路径没有被 webPath 指定就是 Not found
11.       var bodyStr = webPath[pathname] || "Not found! \n"+req.url+" was not found on this server.";
12.       res.end(bodyStr);                      //输出内容
13.   }).listen(9527, '127.0.0.1');        //绑定 IP 和端口
14.   console.log('Server running at http://127.0.0.1:9527/'); //控制台输出提示
```

运行代码之后，通过图 22-8 会发现之前请求的/other 路径现在提示 Not found，这是因为我们没有把它放到许可列表中。

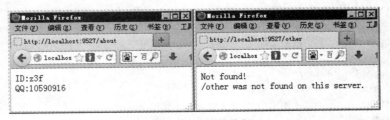

图 22-8 可配置的路径

22.3 异步与文件处理

前面的 Web 服务器已经能够响应不同的路径了，但是一般的普通文件都会提示 Not found，在这里，我们就给 Web 服务器添加文件请求的处理，由于文件的类型很多，Web 服务器要做的事情就更多了。

22.3.1 智能的 404 提示

从前面的例子可以知道，错误的请求还是很容易出现的，即使是互联网上成熟的网站也会出现，原因有很多，比如：

- 连接过期——对于搜索引擎连接过去的网页经常出现。
- 用户手误——用户可能打错网址。
- 程序 Bug——在动态网页下可能出现。

在实际项目中，404 提示是一个独立的 HTML 页面，而不是像上面那样把提示信息内置在程序里。也就是说，如果发生有文件找不到的情况，程序应该直接读取 404 提示页面，然后把其中的内容发送给客户端浏览器，如【范例 22-4】所示。

【范例 22-4 让 Web 服务器智能处理 404 错误】

```
1.    var http = require('http'); //require 引用内置模块 http
2.    var url = require('url');   //require 引用内置模块 url
3.    var fs = require('fs');      //require 引用内置模块 fs
4.    var webPath = {                   //许可的路径
5.       "/":"Hello World\n",
6.       "/about":"ID:z3f\nQQ:10590916"
7.    }
8.    var on200 = function(req,res,bodyStr){
9.        res.writeHead(200, {'Content-Type': 'text/plain'});//设置文件头信息
10.       res.end(bodyStr);              //对客户端输出内容后结束
11.   }
12.   var on404 = function(req,res){
13.       fs.readFile("server/404.html", "binary", function (err, file) {
          //用内置 fs 对象读取文件
14.          res.writeHead(404, {'Content-Type': 'text/html'});//设置文件头信息
15.          res.write(file, "binary");  //将读取的内容输出给客户端
16.          res.end();                  //结束输出
17.       });
18.   };
19.    http.createServer(function (req, res) {
20.       var pathname = url.parse(req.url).pathname;//把请求网址交给 url 对象处理
21.       var bodyStr = webPath[pathname];//如果访问路径没有被 webPath 指定会返回
undefined
```

```
22.        if(bodyStr){
23.            on200(req, res,bodyStr); //找到许可路径就让 on200 函数处理
24.        }else{
25.            on404(req, res);    //没找到就让 on404 函数处理
26.        }
27.    }).listen(9527, '127.0.0.1'); //绑定 IP 和端口
28.    console.log('Server running at http://127.0.0.1:9527/');//控制台输出提示
```

将 404 错误页面放在子目录 server 下，这样分离的好处是，如果只改变 404.html 文件的提示内容，那么服务器不用做任何改动，甚至重启都不用，相对于【范例 22-3】那样的设计来说，便利很多，减少了维护成本。

其中 fs.readFile 就是一个异步方法，该段代码的意思就是，用二进制 binary 的方式读取当前目录下的文件 server/404.html，当读取完成时执行回调函数，将错误信息 err 和文件内容 file 通过参数回传给回调函数进行进一步处理。如果要同步处理，官网上还提供了 fs.readFileSync 方法。

现在，这样的处理方式对于我们开发者来说是比较智能的，但是用户却体会不到，看看图 22-9 蘑菇街的 404 设计，在错误提示页面显示了一些公益信息。

图 22-9 蘑菇街设计的智能化公益广告

在这里，我们设计成简单地输出一条随机的名人名言，事实上的项目是读取数据库或是获取到的其他信息，把名人名言单独存为一个.json 用户自定义模块文件放到同级目录下，其内容是：

```
{
    "1": "设计是一个发现问题的过程，而不是发现解决方案的过程——Leslie Chicoine",
    "2": "一个好的程序员应该是那种过单行线都要往两边看的人——Doug Linder",
    "3": "解决问题大多数都很容易；找到问题出在哪里却很难——无名"
}
```

定义好后，在【范例 22-4】中的顶部添加一行引用：

```
var msgOf404 = require('./22-5.json');        //require 引用自定义模块
```

然后修改一下 on404 处理函数，如【范例 22-5】所示。

【范例 22-5 让 Web 服务器智能处理 404 错误 2】

```
1.    var on404 = function(req,res){
2.    fs.readFile("server/404.html", "utf-8", function (err, file) {
      //用内置 fs 对象读取文件
3.    res.writeHead(404, {'Content-Type': 'text/html'});      //设置文件头信息
4.         res.write(file
5.           .replace(/<!--{url}-->/g,req.url) //通过替换的方式把请求网址显示出来
6.           .replace(/<!--{msg}-->/g,msgOf404[1+parseInt(Math.random()*3)])
      //通过替换方式随机显示 1 条名言
7.         , "utf-8");   //用 utf-8 编码输出，这是为了和前面 readFile 时的编码一致
8.         res.end();    //结束输出
9.    });
10.   };
```

【范例 22-5】运行效果如图 22-10 所示，其中为了避免中文乱码问题，统一把编码设置为 utf-8，包括 404.html 文件的编码格式。下面来看一下 404.html 的 HTML 代码又是怎样的，如下所示。

注意：服务需要用到的 22-5.json 文件和 server/404.html 必须在当前运行的服务的同一路径下，否则执行 node 命令时可能提示找不到文件。

【404 文件的 HTML 代码】

```
1.    <!DOCTYPE html>
2.    <html>
3.    <head>
4.     <title>404 not found!</title>
5.    </head>
6.    <body>
7.     <h1>404 not found!</h1>
8.     <p>
9.          对不起！没有找到你请求的路径!<br />
10.         <!--{url}--><br /><br />
11.         <!--{msg}--><br />
12.    </p>
13.    <a href="/">返回首页</a>
14.   </body>
15.   </html>
```

图 22-10 智能的 404 错误页面

22.3.2 文件格式 MIME 协议

MIME 的英文全称是 Multipurpose Internet Mail Extensions，即多功能 Internet 邮件扩充协议。

在早期的 HTTP 协议中，并没有附加的数据类型信息，所有传送的数据都被客户程序解释为超文本标记语言 HTML 文档，而为了支持多媒体数据类型，HTTP 协议中就使用了附加在文档之前的 MIME 数据类型信息来标识数据类型。

每个 MIME 类型都由两部分组成，前面是数据的大类别，例如文本（text）、声音（audio）、图像（image）等，后面定义具体的种类。

文件类型的种类很多，常见的有：

- text/plain——普通文本。
- text/html——超文本标记语言文本。
- image/png——PNG 图像。
- image/gif——GIF 图形。
- image/jpeg——JPEG 图形。
- video/mpeg——MPEG 文件。
- video/x-msvideo——AVI 文件。
- application/iphone-package-archive——IPA 文件（IOS 系统）。
- application/vnd.android.package-archive——APK 文件（安卓系统）。

IANA（The Internet Assigned Numbers Authority，互联网数字分配机构）是负责协调使 Internet 正常运作事务的机构，是全球最早的 Internet 机构之一，其历史可以追溯到 1970 年。

确认标准的 MIME 类型也是 IANA 的工作之一，但是很多应用程序等不及 IANA 来确认，因此它们使用在类别中以 x-开头的方法标识这个类别还没有成为标准，如 x-gzip、x-tar、x-ms-wmv 等。事实上，这些类型运用得很广泛，已经成为事实性标准（相对于规范性标准）。只要客户端和服务器共同承认这个 MIME 类型，即使它是不标准的类型也没有关系。

这也是很多自定义的 MIME 类型和文件后缀的原因。在系统没有注册特定 MIME 信息时，系统会提示未知的文件类型，让用户选择打开的应用程序。由于 MIME 类型与文档的后缀相关，因此服务器使用文档的后缀来区分不同文件的 MIME 类型，服务器中必须定义文档后缀和 MIME 类型之间的对应关系。图 22-11 就是当我们试图打开未知注册 MIME 文件类型时 Windows 给出的提示和选择。

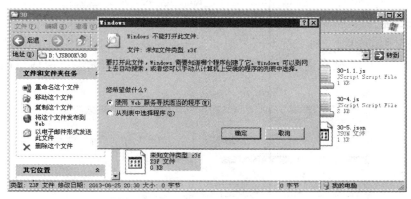

图 22-11 打开未知文件类型时的提示

图 22-12 是在文件夹上单击"菜单"工具，选择"文件夹选项"看到的当前系统已注册的文件类型。如果我们把扩展名为 z3f 的文件注册成文本类型，就可以用记事本软件打开该文件了。

图 22-12 已注册的文件类型

有效的类有 text、image、audio、video、applications、multipart 和 message。注意，任何一个二进制附件都应该被叫作 application/octet-stream。

22.3.3 响应不同类型的文件

前面的例子中只涉及一个静态 html 文件，即使是 404 页面也会包含很多 css、js 和图片文件，接下来还需要给 Web 服务器增加响应不同类型文件的功能。

根据前面学到的知识，要支持不同类型的文件，需要一张 MIME 协议配置表。IIS 服务器里遇到未知的文件类型也需要手动添加配置，Nginx 也是如此。下面通过图 22-13 和图 22-14 看一下。

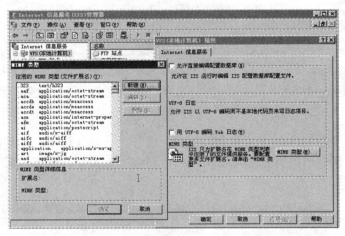

图 22-13 微软 IIS 6.0 服务器的 MIME 配置

图 22-14 Nginx Windows 版本的 MIME 配置

下面就是为 node.js 静态服务器准备的 MIME 映射表，更多的文件类型可以参考其他服务器来设置和完善。

```
{
    "txt": "text/plain",
    "css": "text/css",
    "htm": "text/html",
    "html": "text/html",
    "gif": "image/gif",
    "ico": "image/x-icon",
    "jpeg": "image/jpeg",
    "jpg": "image/jpeg",
    "js": "text/javascript",
    "json": "application/json",
    "pdf": "application/pdf",
    "png": "image/png",
    "svg": "image/svg+xml",
    "swf": "application/x-shockwave-flash",
    "tiff": "image/tiff",
    "wav": "audio/x-wav",
    "wma": "audio/x-ms-wma",
    "wmv": "video/x-ms-wmv",
    "xml": "text/xml"
}
```

将它保存为一个 json 配置文件，然后引用这个文件就可以在代码中方便地使用。

```
var MIME = require('./22-6.MIME.json');                //require 引用自定义模块
```

下面定义方法 onFiles 来处理客户端对不同路径的不同类型文件的请求，如【范例 22-6】所示。

【范例 22-6 处理不同类型的文件】

```
1.    var onFiles = function(req,res){
2.    var pathname = url.parse(req.url).pathname;   //把请求网址交给 url 对象处理
3.    pathname = path.normalize(pathname.replace(/\.\./g, ""));      //处理父路径
4.    if(pathname==="\\"){   //如果是根目录就用设置的默认首页
5.            pathname = cfg.index;
6.    }
7.    var filepath = cfg.root+pathname;                           //找到真实地址
8.    path.exists(filepath,function(exists){      //检查是否存在该文件
9.            if(!exists){
10.                on404(req,res);         //如果不存在就提示 404
11.           }else{
12.                fs.readFile(filepath,"binary",function(err,file){ //读取文件
```

```
13.                       if(err){  //如果读取过程失败则返回500服务端程序错误
14.                           res.writeHead(500,{"Content-Type":"text/plain"});
15.                           res.end(err);
16.                           return;
17.                       }
18.                       var ext = path.extname(filepath);      //获取文件后缀
19.                       ext = ext ? ext.slice(1) : 'unknown';
          //对于没有后缀的当作未知文件
20.                       var contentType =MIME[ext]||"application/octet-stream";
                          //对没定义的当作二进制处理
21.                       res.writeHead(200,{"Content-Type":contentType});
22.                       res.write(file,"binary");
23.                       res.end();
24.                   });
25.               }
26.       });
27. };
```

在范例中使用了一个 cfg.index 的值，cfg 是另外定义的一个服务器配置文件，一个服务器总是有很多参数配置的，比如默认首页、默认的主目录等。这个配置文件非常简单，其内容如下：

```
exports.root = "webroot/";                //主目录
exports.index = "index.html";             //默认主页
```

这个配置保存为一个 js 文件，同样可以用 require 引用：

```
var cfg = require('./22-6.config.js');       //require 引用自定义模块
```

这样【范例 22-6】就可以指定默认首页和根目录，其中的 on404 方法在前面已编写过，然后在 createServer 回调方法里简单调用一下即可。

```
http.createServer(function (req, res) {
    onFiles(req,res);
}).listen(9527, '127.0.0.1');
```

第 3 章中写过一个照片展示的范例，基本上是静态文件，这里修改一下配置就可以用来检测一下服务器是否工作正常。

```
exports.root = "../03/"
exports.index = "3-1.html"
```

打开 firebug，可以看到一般服务器都会在响应头信息里显示一个 Server 信息，比如 nginx 会显示：Server:nginx/1.5.1（版本号）。我们也来给自己的服务器加上一个标识，只需要在 onFiles 函数前添加如下的语句：

```
res.setHeader("Server","z3f nodejs web server/0.1");
```

如果能够看到如图 22-15 所示的画面，那么就成功了。

图 22-15 用 nodejs 写的最简单 Web 服务器

22.4 处理文件上传

分享是满足人们精神的一种重要方式，人们在分享中享受快乐、传播信息、学习知识。互联网最重要的一种功能就是分享，Web 应用中对分享的一种实现就是上传文件，无论是图片、文本还是视频、音乐。

22.4.1 安装并使用 Node.js 第三方模块

Node.js 有相当多的开源模块（或者叫插件），在实际项目中，很多时候需要赶时间或是没有能力或者精力去造轮子时就需要借助别人的力量，在无法保证功能安全性和完整性时最佳的选择就是选择成熟的第三方产品。在 Node.js 中如何使用一个第三方模块来完成任务呢？

首先，根据需求选择相应的模块，比如现在的任务是要做一个上传文件的功能，以上传图片为例，HTTP 协议中对 POST 的定义相当多，formidable 模块封装了对 form 表单操作的各种功能，它是 github 开源项目社区中口碑很棒的模块。下面通过图 22-16 来看看它的安装。

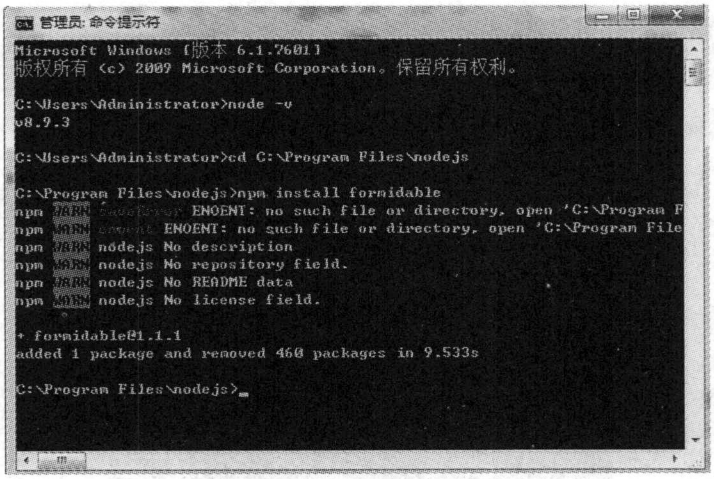

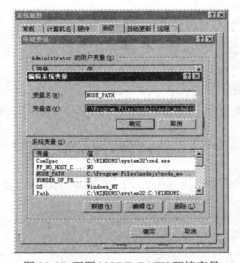

图 22-16 安装 node-formidable 模块

在使用第三方模块时，npm 会给出一些警告，比如对 node 引擎的最低需求是 6.8.0 版，如果本地安装的是 6.6.21 版，怎么办呢？选择一个低版本——指定版本号时只需要在后面追加"@版本号"即可，敲入 npm install formidable@1.1.0 回车。在某些时候或因网络原因或因 npm 远程服务器升级等意外情况时 npm 可能会运行不正常，这些不算是 npm 本身问题。

另外，为了便于引用，需要设置一下环境变量 NODE_PATH，这是为了编程时像系统内置模块一样引用，否则可能会提示模块无法找到，详情如图 22-17 所示，设置之后需要重启计算机才能生效。

图 22-17 配置 NODE_PATH 环境变量

22.4.2 用 node-formidable 处理上传图片

Node 这个模块 formidable 可以处理绝大多数上传业务，其项目在 Github 中的地址是 https://github.com/felixge/node-formidable，上面有最新的 API 详细参考，【范例 22-7】只用了其中比较主要的几个，相对来说比较简单，整合前面的代码，此处列出了全部代码和注释，以便了解其具体实现。

【范例 22-7 用 node-formidable 处理上传图片】

```
1.    var http = require('http');              //require 引用内置模块 http
2.    var url = require('url');                //require 引用内置模块 url
3.    var fs = require('fs');                  //require 引用内置模块 fs
4.    var path = require('path');              //require 引用内置模块 path
5.    var msgOf404 = require('./22-5.json');   //require 引用自定义模块
6.    var MIME = require('./22-8.MIME.json');  //require 引用自定义模块
7.    var cfg = require('./22-11.config.js');  //require 引用自定义模块
8.    var formidable = require('formidable');  //require 引用第三方模块
9.    var on404 = function(req,res){
10.       fs.readFile("server/404.html", "utf-8", function (err, file) {
          //用内置 fs 对象读取文件
11.           res.writeHead(404, {'Content-Type': 'text/html'});//设置文件头信息
12.           res.write(file
13.           .replace(/<!--{url}-->/g,req.url)//通过替换的方式把请求网址显示出来
14.           .replace(/<!--{msg}-->/g,msgOf404[1+parseInt(Math.random()*3)])
              //通过替换随机显示一条名言
15.           , "utf-8"); //用 utf-8 编码输出，这是为了和前面 readFile 的编码一致
16.           res.end(); //结束输出
17.       });
18.   };
19.   var upload = function(req,res){
20.   var form = new formidable.IncomingForm()
21.   var fields=[],files=[],fieldsDATA={},filesDATA={}
22.       form.uploadDir = cfg.root;                //指定目录
23.       form.keepExtensions=true;                 //保持上传文件的后缀
24.       form.maxFieldsSize = 2 * 1024 * 1024;     //最大限制 2MB
25.       form.on('field', function(field, value) { //监听有内容时
26.           fields.push([field, value]);          //获取表单字段信息
27.           })
28.           .on('file', function(field, file) {   //监听有上传文件时
29.           files.push([field, file]);            //获取表单上传文件信息
30.           })
31.           .on('end', function() {               //监听完成时
32.               console.log('-> upload done');    //控制台输出提示，可去掉
33.               for (var i=0; i<fields.length;i++){
34.                   fieldsDATA[fields[i][0]] = fields[i][1];
                      //数组转对象
35.               }
36.               for (var i=0; i<files.length;i++){
37.                   filesDATA[files[i][0]]=files[i][1];//数组转对象
38.               }
39.               var oldf = filesDATA.upfile.path;
```

```
40.                          var  newf  =  oldf.replace(/(\w+)\./,"z3f.").replace
                             (/\\/g,"/");
41.                          fs.renameSync(oldf,newf);                //异步修改文件名
42.                          res.writeHead(200, {'content-type': 'text/html'});
43.                          res.write('TEMP Name:'+oldf+'<br />');
44.                          res.write('NEW Name:'+newf+'<br />');
45.                          res.write('<br /><img src="'+newf.substr(newf.
                             lastIndexOf("/"))+'"/>');
46.                          res.end('ok');
47.                 });
48.             form.parse(req);                                      //主要方法
49.      };
50.      var onFiles = function(req,res){
51.      var pathname = url.parse(req.url).pathname;     //把请求网址交给 url 对象处理
52.             pathname = path.normalize(pathname.replace(/\.\./g, ""));
                 //处理父路径
53.             if(pathname==="\\"){                       //如果是根目录就用设置的默认首页
54.                 pathname = cfg.index;
55.             }
56.             if(pathname==="\\upload" && req.method.toLowerCase() == 'post'){
57.                 upload(req,res);
58.                 return;
59.             }
60.      var filepath = cfg.root+pathname;                //找到真实地址
61.      path.exists(filepath,function(exists){           //检查是否存在该文件
62.             if(!exists){
63.                 on404(req,res);                        //如果不存在就提示 404
64.             }else{
65.                 fs.readFile(filepath,"binary",function(err,file){//读取文件
66.                     if(err){       //如果读取过程失败则返回 500 服务端程序错误
67.                         res.writeHead(500,{"Content-Type":
                            "text/plain"});
68.                         res.end(err);
69.                         return;
70.                     }
71.                     var ext = path.extname(filepath);         //获取文件后缀
72.                     ext = ext ? ext.slice(1) : 'unknown';
                        //去点，对于没有后缀的当作未知文件
73.                     var  contentType  =  MIME[ext]||"application/octet-
                        stream";        //对没定义的当作二进制处理
74.                     res.writeHead(200,{"Content-Type":contentType});
75.                     res.write(file,"binary");
76.                     res.end();                          //完成输出，结束对浏览器的输出
77.                 });
78.             }
79.      });
80. };
81.      http.createServer(function (req, res) {
82.             res.setHeader("Server","z3f nodejs web server/0.1");
83.             onFiles(req,res);
84.      }).listen(9527, '127.0.0.1');                          //绑定 IP 和端口
85. console.log('Server running at http://127.0.0.1:9527/');//控制台输出提示
```

运行效果如图 22-18 所示，其中 22-7.config.js 的配置如下：

```
exports.root = "webroot/"
exports.index = "upload.html"
```

图 22-18　用 node-formidable 处理上传图片

而 upload.html 的代码也很简单，body 标签中主要是：

```
<form method="post" action="/upload" enctype="multipart/form-data">
    选择文件: <input type="file" name="upfile" /><input type="submit"
    value="上传" /><br /><br />
</form>
```

22.5　相关参考

- RingoJS 是一个用 Java 编写的 JavaScript 宿主环境，基于 Mozilla 的 Rhino 的 JavaScript 引擎，可用来开发 Web 应用程序，网址是 https://ringojs.org/。
- MongoDB 是一个基于分布式文件存储的数据库，旨在为 Web 应用提供可扩展的高性能数据存储解决方案，是一个介于关系数据库和非关系数据库之间的产品，它支持的数据结构非常松散，是类似 json 的 bson 格式，因此可以存储比较复杂的数据类型，它用 JavaScript 做 shell，网址是 https://www.mongodb.com/。
- Node.js 官网提供在线 API，本书所有内置模块对象的详细说明均可在上面查阅到，网址是 https://nodejs.org/api/。
- Node.js 的 fs 内置模块 API 的网址是 https://nodejs.org/api/fs.html。
- 范例中 req 和 res 由内置模块 http 提供，API 地址是 https://nodejs.org/api/http.html。

第 23 章 基于 Express 框架的 HTTP 服务器

让开发人员在新的平台上自如使用新的语法!

——Express 作者 TJ Holowaychuk

Express 现在非常流行,它是一个简洁而灵活的 node.js Web 应用框架,提供一系列强大特性帮助创建各种 Web 应用。

本章主要知识点:

- 中间件
- 路由
- 请求与响应

23.1 引入 Express 框架

这里所说的 Express 是指 Node.js 环境下的一个组件或插件,除此之外,它还是一种规范化的信息模型语言,很多软件还有 Express 版本,如 Microsoft Visual Studio Express 2012 for Web。

第 22 章讲述了 Node.js 搭建服务器的内容,那只是搭建了一个非常简单的 Web 服务器。Express 也是用于搭建 Web 服务器的工具,但 Express 能够做更多的事情。

23.1.1 Express 与 Connect

TJ Holowaychuk 常被称为 TJ,在 Github 上的排名甚至高于 jQuery 的作者 John Resig。Express 是 TJ 开发的一套 web application framework for node,即基于 Node 的 Web 应用框架,其模型如图 23-1 所示。

说到 Express 时不得不提到 Connect,其中一个原因是它们的作者都是同一个人,另一个

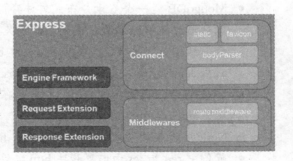

图 23-1 Express 模型

原因是 Express 利用了 Connect 中间件框架，整合了一些适合于 Web 应用中需要的东西，具体来说，Express 提供了：

- 强大的路由
- 视图系统
- 基于环境的配置
- 基于持久会话
- 内容协商
- 响应工具
- 重定向工具
- 能快速生成应用骨架的功能

23.1.2 在 Node.js 环境下安装 Express

接下来先介绍如何安装 Express 环境，安装 Node.js 之后会在开始菜单中创建一个 Node.js command prompt 的批处理快捷方式。

切换到你需要指定的目录（这里我们假设读者已经创建好了一个项目文件夹 G：\node），运行命令 npm install -g express（Express 4 版本以前使用这个命令），如图 23-2 所示。如果是安装 Express 4 以后版本，则使用命令 npm install -g express -generator。安装完成后可以使用 express –v 命令查看版本。

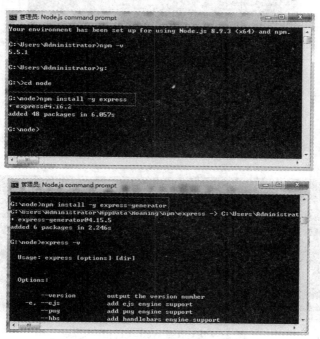

图 23-2 安装 Express

提醒：Express 和 Express 项目生成器不是一个概念，在 Express 4 版本以前，两者统一在一起，所以安装 Express 会自动全部安装，但从 4 版本开始，两者分开了，所以必须要添加 -generator 参数来安装 Express 项目生成器。

对于大多数计算机来说，都可能安装了很多软件，复杂的环境可能导致配置出错，这时建议在虚拟机中处理。

23.1.3 用 Express 搭建简单 Web 应用

用 Express 搭建 Web 应用是相当快速的，正如它的名字一般，这也是前面所说的：能快速生成应用骨架。

安装 Express 成功之后，键入命令 express -e mysite，就会创建一个名为 mysite 的 Web 应用项目的文件骨架，如图 23-3 所示。

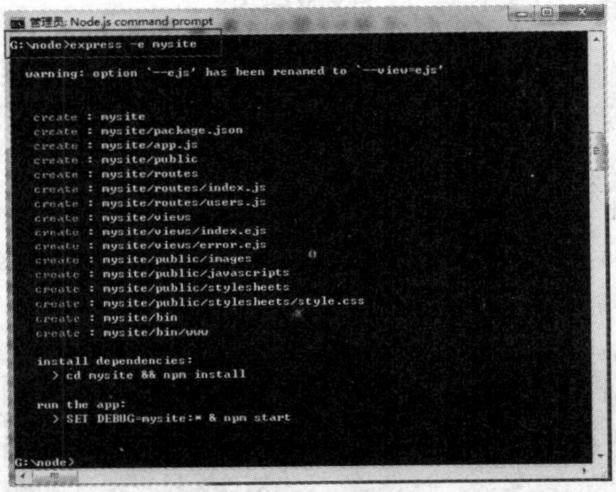

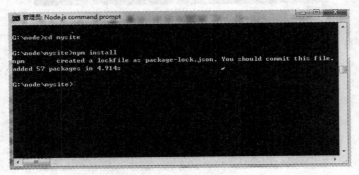

图 23-3 创建 Web 应用骨架

做到这里其实还并未完成，一些项目依赖的组件还没有安装完成，根据提示，需要切换到 mysite 目录中，并且还要运行命令 npm install，显示如图 23-4 所示的结果才算大功告成。

图 23-4 Express Web 项目搭建完成

至此，项目就搭建完成，但是还需要启动，图 23-3 中有提示，在项目 mysite 的根目录下，用命令 npm start 即可启动项目，最终在浏览器中就可以访问，如图 23-5 所示。当用浏览器打开这个界面时，服务器端（这就是 cmd 窗口）还有一些控制台输出，如图 23-6 所示。

提示：读者一定好奇这个端口 3000 是如何配置的呢？在使用 node start 命令后，会出现"./bin/www"的提示，这个 www 就是项目的配置文件，里面端口的默认设置是 3000。

现在再回头来看一下 Express 创建的文件结构（如图 23-7 所示），除 node_modules 是系统需要的以外，其他的目录和文件都不多，具体如表 23-1 所示。

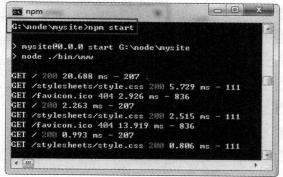

图 23-5 Express Web 项目运行效果　　　　　图 23-6 Express 服务端运行时

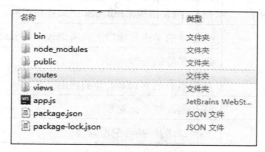

图 23-7 Express Web 项目目录结构

表 23-1 Express 创建的默认文件结构

文件/目录	说明
package.json	npm 依赖配置文件，类似 ruby 中的 Gemfile、java Maven 中的 pom.xml、ASP.NET 中的 web.config 文件
app.js	项目的入口文件，类似 index.php
/public/	静态文件目录
/views/	视图（模板）程序文件目录
/routes/	路由控制器程序文件目录

23.2 Express 的程序控制

前面熟悉了 Express 的文件结构，下面看看 Express 的源代码。Express 提供了一系列用于搭建 Web 应用程序的 API。表 23-2 列举了 Express 提供的一些 API，其中模板引擎和中间件是实际项目中比较重要的。

表 23-2 Express 相关 API

方法或属性	说明
set(name, value)	将设置项 name 的值设为 value
get(name)	获取设置项 name 的值
enable(name)	将设置项 name 的值设为 true
disable(name)	将设置项 name 的值设为 false
enabled(name)	检查设置项 name 是否已启用，返回 true 或 fasle
disabled(name)	检查设置项 name 是否已禁用，返回 true 或 fasle
use([path], function)	使用中间件 function，可选参数 path 默认为 "/"
engine(ext, callback)	注册模板引擎 callback 用来处理 ext 扩展名的文件
render(view, [options], callback)	渲染 view 模板，callback 用来处理返回的渲染后的字符串
listen()	在给定的主机和端口上监听请求，和 node 的 http.Server#listen() 一致
param([name], callback)	路由参数的处理
all(path, [callback...], callback)	匹配所有的 HTTP 动作的路由处理
locals	应用程序级数据对象
settings	Express 的一些可配设置
app.all(path, [callback...], callback)	匹配所有的 HTTP 动作
app.get(path, [callback...], callback)	匹配 GET 请求
app.post(path, [callback...], callback)	匹配 POST 请求

23.2.1 模板引擎 ejs

打开项目 mysite 根目录的 app.js 文件，可以看到它的代码很简洁，如【范例 23-1】所示。

【范例 23-1 app.js 全部代码】

```
1.  var express = require('express');
2.  var path = require('path');
3.  var favicon = require('serve-favicon');
4.  var logger = require('morgan');
```

```
5.  var cookieParser = require('cookie-parser');
6.  var bodyParser = require('body-parser');
7.
8.  var index = require('./routes/index');
9.  var users = require('./routes/users');
10.
11. var app = express();
12.
13. // view engine setup
14. app.set('views', path.join(__dirname, 'views'));
15. app.set('view engine', 'ejs');
16.
17. // uncomment after placing your favicon in /public
18. //app.use(favicon(path.join(__dirname, 'public', 'favicon.ico')));
19. app.use(logger('dev'));
20. app.use(bodyParser.json());
21. app.use(bodyParser.urlencoded({ extended: false }));
22. app.use(cookieParser());
23. app.use(express.static(path.join(__dirname, 'public')));
24.
25. app.use('/', index);
26. app.use('/users', users);
27.
28. // catch 404 and forward to error handler
29. app.use(function(req, res, next) {
30.   var err = new Error('Not Found');
31.   err.status = 404;
32.   next(err);
33. });
34.
35. // error handler
36. app.use(function(err, req, res, next) {
37.   // set locals, only providing error in development
38.   res.locals.message = err.message;
39.   res.locals.error = req.app.get('env') === 'development' ? err : {};
40.
41.   // render the error page
42.   res.status(err.status || 500);
43.   res.render('error');
44. });
45.
46. module.exports = app;
```

在最前面用 require 方法调用的一般是依赖或者独立抽象出来的代码，像 C#中的 using、
JSP 中的 include、PHP 和 Java 中的 import 等。

第 1 行引用 Express 框架，这里可能有读者会疑惑，为什么还要引用？因为 Express 虽然是一个 Web 框架，但依然基于 Node，所以 Express 是 Node 的一个组件，而 app.js 里的代码也只是利用这些组件完成实际的项目需求。

第 2 行和第 9 行是项目文件，即不同的项目有不同的文件。

第 11 行实例化 Express 后通过第 14~15 行设置一些参数，也就是修改 settings 对象的值，settings 大致有如下一些值：

- env 运行时环境，默认为 process.env.NODE_ENV 或者 "development"。
- trust proxy 激活反向代理，默认未激活状态。
- jsonp callback name 修改默认?callback=的 jsonp 回调的名字。
- json replacer JSON replacer 替换时的回调，默认为 null。
- json spaces JSON 响应的空格数量，开发环境下是 2，生产环境下是 0。
- case sensitive routing 路由的大小写敏感，默认是关闭状态，"/Foo" 和"/foo"是一样的。
- strict routing 路由的严格格式，默认情况下"/foo"和"/foo/"是被同样对待的。
- view cache 模板缓存，在生产环境中是默认开启的。
- view engine 模板引擎。
- views 模板的目录。

其中 app.set('view engine', 'ejs')就是设置默认的模板解析引擎，传统开发语言，如 ASP、PHP、JSP、ASP.NET 等，都没有附带模板解析功能，很多都是由第三方开发，就算有也比较臃肿，Express 不仅内置，还提供多种模板引擎，可以说绝大多数 JavaScript 网页模板引擎稍加改造都可以用于 Express，这是其他网页开发语言绝对无法媲美的优势。

Express 默认使用 ejs 后缀的模板文件，模板目录在 views 目录下。一般来说，网页设计师或者前端工程师输出的文件基本上都是 html 后缀格式的文件，为了减少转换，只需要简单配置一下即可让 Express 也能够识别 html 格式的模板文件，代码如下：

```
app.set('view engine', 'html');                    //设置为 html 后缀
app.engine('.html', require('ejs').__express);      //引擎依然为 ejs
app.set('view engine', 'z3f');                     //设置为自定义文件后缀
app.engine('.z3f', require('ejs').__express);       //引擎依然为 ejs
```

第 19~44 行引用 Express 提供的一些中间件，第 39 行是根据 Node 配置环境选择性加载中间件，默认情况就是 development 环境，如果要调试让系统环境改变，只需要在系统变量里添加 NODE_ENV 变量即可，如图 23-8 所示，当然，修改之后可能需要重启操作系统。

图 23-8 设置 Node 所在系统的环境变量

第 25~26 行是项目代码，根据访问网址指向不同的路由处理逻辑中去，这些代码都在 routes 目录下，比较简单，比如 routes.index 对应/routes/index.js，代码如下：

```
var express = require('express');
var router = express.Router();

/* GET home page. */
router.get('/', function(req, res, next) {
  res.render('index', { title: 'Express' });
});

module.exports = router;
```

这相当于数据，对应的模板文件为/views/index.ejs，代码如下：

```
<!DOCTYPE html>
<html>
  <head>
    <title><%= title %></title>
    <link rel='stylesheet' href='/stylesheets/style.css' />
  </head>
  <body>
    <h1><%= title %></h1>
    <p>Welcome to <%= title %></p>
  </body>
</html>
```

通过图 23-5 的运行效果和这些模板代码对照可以发现，程序中的数据对象被传递到模板上被模板引擎解析。

23.2.2 中间件（middleware）

中间件就像流水线一样，对来访的请求进行层层处理（如图 23-9 所示），处理完成后又交给下一环节，如此循环。它有些像 Java 的过滤器、IIS 的筛选器。

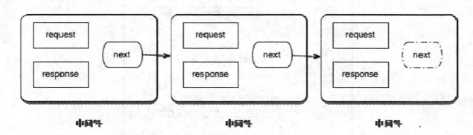

图 23-9 中间件流程

在程序代码中，哪些是中间件呢？一个简单的识别标志就是 app.use()，通过这个方法调用的大多都是中间件。

下面通过一个简单的例子来理解中间件及其用途，以 IP 禁止为例，要禁止某些 IP 不能访问本站这样一个中间件，其代码非常简单，如下所示：

```
module.exports = function(req, res, next){
var ips = ['127.0.0.1','192.168.0.52'];
if(ips.indexOf(req.connection.remoteAddress)>-1){
        res.end('STOP');
}else{
        next();
}
};
```

逻辑很简单，如果客户端 IP 在黑名单里，则通过 res.end()终止程序的运行，否则用 next()方法继续到下一个中间件，通过图 23-9 可知，next()是很重要的方法，没有它就无法进入下一个中间件。

将代码保存到 middleware/bannedIP.js，在 app.js 中用两行代码来调用：

```
var bannedIP = require('./middleware/bannedIP');
...
app.use(bannedIP);
```

启动网站，或者重启，现在，分别用两个 IP 来测试这个中间件是否有效，如图 23-10 所示。

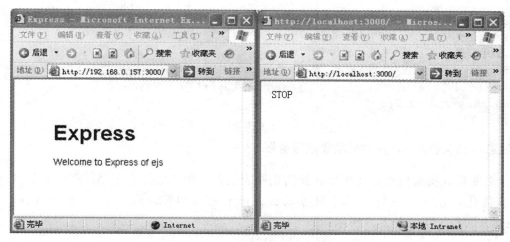

图 23-10 自定义中间件 IP 过滤器

更多的路由规则写法请参考 23.3.1 小节的内容。需要注意的是，中间件是流水线模式，即是序列执行方式，所以顺序不同，会导致处理的优先级不同，即在代码中，将中间件代码位置前移或后移会改变其优先顺序。

23.3 Express 的请求解析

从 Web 服务器最基本的处理流程来看，HTTP 模块基于事件处理网络访问，无外乎两部分，即请求和响应。本节内容就先来介绍 Express 对请求的解析处理。

23.3.1 路由 routes

路由又习惯上称为 URL 映射，基本上都是对 URL 的解析。URL 是跟随 HTTP 一起的，尤为重要，就像门牌号，没有它就找不到想要的东西。同样，一个构造清晰的 URL 路径便于查找目的地和识别，甚至对于 SEO（Search Engine Optimization，搜索引擎优化）也是非常重要的。

在 Express 中主要用 get、post 和 all 这 3 种方法来处理路由的操作，在项目中 routes 目录下存放的就是一些路由处理逻辑代码。

Express 提供的路由格式主要有两种：一是纯字符串路由；二是正则表达式路由。

```
//纯字符匹配
app.get('/', routes.index);
app.get('/users', user.list);
//正则匹配
app.get(/^\/page\/(\w+)(?:-(\w+))?$/, function(req, res){
    var from = req.params[0];
    var to = req.params[1] || from;
```

```
        console.log('page:' + from + '-' + to);
});
//分组变量
app.get('/:myvar/:myvar2', function(req,res){
  console.log('myvar: ' + req.params.myvar +'<br />myvar2: ' +
req.params.myvar2);
});
```

　　注意：每次修改 app.js 后必须重启服务器。

　　分组变量其实质依然是在内部转换为正则表达式，所以它还是正则匹配，只是 Express 帮助其简化，使之更友好。其中转换后的匹配正则可以在 req.route 对象中找到，更多 Request 方法和属性如表 23-3 所示。

表 23-3　Express 提供的 Request API

方法或属性	说明
req.params	数组对象，命名过的参数会以键值对的形式存放
req.query	一个解析过的请求参数对象
req.body	对应的是解析过的请求表单，由 bodyParser()中间件提供
req.files	上传的文件对象，由 bodyParser()中间件提供
req.param(name)	返回 name 参数的值
req.route	当前匹配的路由里包含的属性
req.cookies	Cookies 对象，由 cookieParser()中间件提供
req.get(field)	获取请求头里的 field 的值，大小写不敏感
req.is(type)	检查请求的文件头是不是包含 Content-Type 字段
req.ip	返回客户端地址
req.ips	当设置 trust proxy 为 true 时，解析 X-Forwarded-For 里的 IP 地址列表，并返回一个数组
req.path	返回请求的 URL 的路径名
req.host	返回从 Host 请求头里获取的主机名，不包含端口号
req.fresh	判断请求是不是新的
req.xhr	判断请求头里是否有 X-Requested-With 这样的字段并且值为 XMLHttpRequest

23.3.2　Request 对象

　　Request 对象是 Express 封装的一个类似其他 Web 编程语言中 Request 一样的对象，甚至比其他语言更加灵活强大，其优势就是使用 JavaScript 的语法风格。

Request 对象常常习惯缩写成 req，并且在中间件（图 23-9）以及最常见的 Express 官网文档中大多也如此简单描述。

23.4 Express 的响应控制

服务器得到了客户端的 Request 请求后，要做的事情就是对其做出响应，常见的响应状态代码如下。

- 200 OK——客户端请求成功。
- 400 Bad Request——客户端请求有语法错误，不能被服务器所理解。
- 401 Unauthorized——请求未经授权，这个状态代码必须和 WWW-Authenticate 报头域一起使用。
- 403 Forbidden——服务器收到请求，但是拒绝提供服务。
- 404 Not Found——请求资源不存在。
- 500 Internal Server Error——服务器发生不可预期的错误。
- 503 Server Unavailable——服务器当前不能处理客户端的请求，一段时间后可能恢复正常。

想了解更多关于 HTTP 响应的信息，请参考 HTTP 协议有关知识，这些响应状态也可以在 Firebug 浏览器工具中看到。下面通过表 23-4 预览一下 Response 对象的属性和方法。

表 23-4 Express 提供的Response API

方法或属性	说明
res.status(code)	返回指定响应状态
res.set(field, [value])	设置响应头字段 field 值为 value，也接受一个对象设置多个值
res.get(field)	返回一个大小写不敏感的响应头里的 field 的值
res.cookie(name, value, [options])	设置 cookie name 值为 value，接受字符串参数或者 JSON 对象
res.clearCookie(name, [options])	清除指定 cookie
res.redirect([status], url)	使用可选的状态码跳转到 url，状态码 status 默认为 302 Found
res.charset	设置字符集，默认为 utf-8
res.send([body|status], [body])	发送一个响应
res.json([status|body], [body])	返回一个 JSON 响应
res.jsonp([status|body], [body])	返回一个支持 JSONP 的 JSON 响应
res.type(type)	设置 Content-Type

（续表）

方法或属性	说明
res.sendfile(path, [options], [fn]])	传输指定 path 的文件，根据扩展名自动设置响应头
res.attachment([filename])	把 path 当作附件传输，通常浏览器会弹出一个下载文件的窗口
res.download(path, [filename], [fn])	把 path 当作附件传输，通常浏览器会弹出一个下载文件的窗口，可回调
res.render(view, [locals], callback)	渲染 view，同时向 callback 传入渲染后的字符串

23.4.1 write、end、send 输出响应到客户端

在前面代码中出现的 console.log 是将响应输出控制台，只能在服务器端看到，而要让用户——客户端看到信息，则需要使用 Response 对象提供的方法。

和大多数 Web 编程语言一样，write()方法是最常用的，比如给客户端打印一个 hello world 的代码：

```
app.get('/hello', function(req, res){
    res.write('hello world!');
    res.end('end');              //如果没有这一句，浏览器会不停地等待
});
```

end()方法也有类似功能，更重要的是它是结束或中止输出的方法，即到这里时服务器会把所有前面准备好的响应信息发送给用户和浏览器。

和 end()方法类似的还有 send()方法，它和前者一样也可以接收响应字符串，和前者不同的地方是，它自动补足了一些响应头信息，如图 23-11 所示。

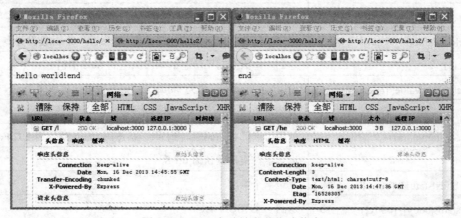

图 23-11 send 自动补充响应头信息

在一个路由处理中，如果使用了 send()方法，那么在 send()之前的代码中出现 write()方法则会提示：

```
Error: Can't set headers after they are sent.
```

当然，write()输出的内容还是会发送到客户端去，而且服务端控制台会报 500 错误提示，浏览器客户端则依然是 200 状态。

23.4.2 JSON、JSONP 输出响应到客户端

现在的 Web 应用和 JavaScript 交互越来越多，而 JSON 作为网络间数据交换最流行的格式得到了 Express 的强力支持，要输出 JSON 到客户端是极其简单的事情，如下面的代码所示。

```
app.get('/testjson/', function(req, res){
    res.json({user:'z3f'});
});
app.get('/testjsonp/', function(req, res){
    res.jsonp({user:'z3f'});
});
```

json()方法会将 JSON 输出到客户端，同时会将 Content-Type 响应头修改为 application/json。jsonp()方法则是专门处理 JSONP 的方法，和前者不同的地方是后者需要传递一个 callback 参数，如图 23-12 所示。

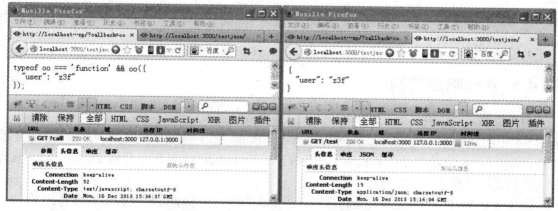

图 23-12 json 方法和 jsonp 方法的对比

如果没有传递 callback 参数，那么 jsonp()方法就会被当成 json()方法来处理。这是 Express 比其他 Web 服务器更加实用的一个功能，对 Web 项目要用到的这些东西封装得非常好。

23.4.3 设置 cookie

对于一个网站来说，cookie 是必不可少的，所以 Express 也对 cookie 操作进行了封装处理，读写一个 cookie 很简单，代码如下：

```
//写入一个 cookie，100 秒后过期
res.cookie("user","z3f",{maxAge:100000});
//在控制台输出获取后的 cookie 对象
console.log(req.cookies);
```

cookie 的值既可以是字符串，也可以是 JSON 对象，这就需要用到 cookies 中间件，即增加如下代码来启用：

```
app.use(express.cookieParser());
```

Express 中提供了一系列对 cookie 配置的属性，具体如表 23-5 所示。

表 23-5 Express 提供的 cookie [options]

属性	说明
expires	过期时间
maxAge	便捷设置 expires，它是一个从当前时间算起的毫秒数
path	限定目录，默认为 "/"
domain	限定域名

23.4.4 其他响应控制

响应控制，除内容（如文本、html、图片、多媒体等）以外，就控制 cookie 和响应头。表 23-4 中的 attachment()方法也是对响应头进行设置，然后发送文件，使浏览器认为是下载文件，download()方法则是在其基础上进行深加工，sendfile()方法则是分析文件后将状态设置和文件格式结合起来。

当读者熟悉 HTTP 协议及其原理后，对于请求和响应控制的理解就会更加容易。

23.5 相关参考

- http://expressjs.com/en/api.html —— Express 官网最新英文版 API。
- https://github.com/visionmedia/express/tree/master/examples —— Express 官方示例。
- https://github.com/senchalabs/connect#readme —— Connect 框架官网 API。

第 24 章 构造一个基于 Socket 的聊天系统

一切皆文件（Socket 是其操作模型的一种特例）！

——UNIX/Linux 基本理念

文件操作模型一般都是打开、读写和关闭，Socket 也类似，即打开、通信和关闭。于是，在网络编程中有豪言道：一切皆 Socket！虽有些极端，但也反映了当下网络编程的实际情况。

本章主要知识点：

- Socket.io
- Node.js 连接多种数据库

24.1 建立 Socket 服务器

Socket 通常称为"套接字"，起源于 UNIX，是 UNIX 的一种通信机制。微软 Window 在采用前自己曾用过类似的机制——DDE，不过在很早的时候微软也支持 Socket。发展至今，Socket 已成为系统必备的组成部分、网络编程中的主流方式。

Socket 常被描述为进程间通信机制，让人容易陷入单机进程的误区，在网络中使用 IP 和端口组合来标识某个进程，这样一来两两之间就能够实现通信（如图 24-1 所示）。

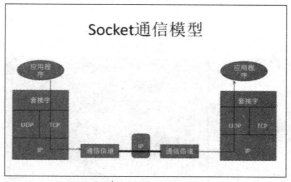

图 24-1 Socket 通信模型

习惯上所说的 C/S 就是指 Socket 的两端，一是客户端，二是服务端。B/S 中的 B 是指浏览器，一种特定的客户端，S 同样是服务端。

Socket 是很底层的操作，Node.js 实际上就是用 Javascript 指令去调用底层的 C++，虽然自带的 NET 模块就能够实现，但是比较烦琐，对于初学者来说比较困难，如果使用第三方开发的组件，如 Socket.IO，对 Socket 服务端和客户端就封装得非常完善，而且兼容性强，易于上手。接下来就看一下如何利用 Socket.IO 建立服务端。

24.1.1 安装 Socket.IO

Socket.IO 是 Guillermo Rauch 创建的 WebSocket API，Guillermo Rauch 是 LearnBoost 公司的首席技术官以及 LearnBoost 实验室的首席科学家。

Socket.IO 在 npmjs.com 官网上是非常受欢迎的，它是 Node.js 的一个模块，同样通过命令 npm install socket.io 就能安装最新版，如需要指定特定版本请在后面@上版本号，安装完成后如图 24-2 所示。

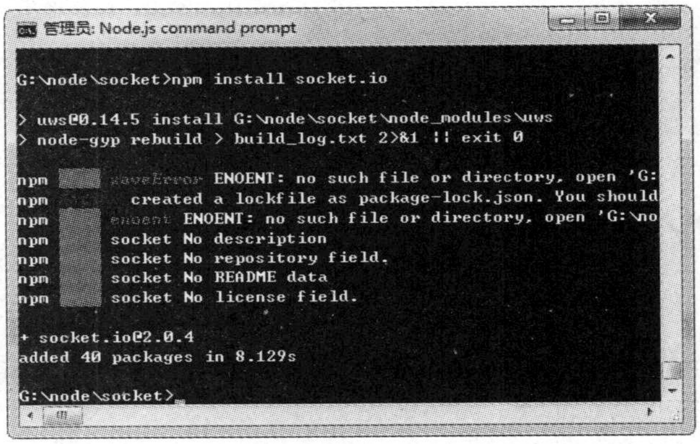

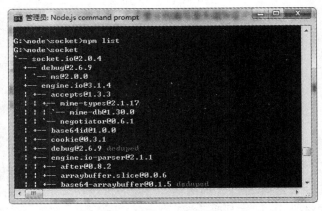

图 24-2 用 npm 安装 Socket.IO

到这里 Socket.IO 已经安装完成，用命令 npm list 可以查看其依赖的其他插件及其组织结构，如图 24-3 所示。

图 24-3 Socket.IO 的组成

准备工作完成，要实现聊天室，还需要分别编写服务端和客户端代码，接下来就介绍如何分别构建聊天室的服务端和客户端。

24.1.2 聊天室服务端

聊天室程序最核心的功能就是将每个客户端发送来的信息广播出去，以完成集体聊天的目的。图 24-4 就是基于 Socket.IO 构造的简易聊天室。

图 24-4 简易聊天室

既然是基于 Socket.IO 的，那么服务器端就需要用到 Socket.IO。将前面安装的 socket.io 的 node_modules 下的内容复制一份放置到聊天室目录（如 C:\Node\chatroom）下的 node_modules 目录中（C:\Node\chatroom\node_modules\），以便服务端代码调用，如【范例 24-1】所示。

【范例 24-1 创建聊天室服务端】

```
1.    var http = require("http")
2.      ,socket = require("socket.io")
3.      ,fs = require("fs");
4.    var app,io;
5.      app = http.createServer(function(req, res) {
6.          //读取本程序运行位置的 client.html 文件
7.          fs.readFile(__dirname+"/client.html",function(err, data){
8.              res.writeHead(200);          //设置 200HTTP 状态
9.              res.end(data);
10.         });
11.    });
12.    //HTTP 服务器绑定的端口
13.    app.listen(86);
14.    io = socket.listen(app);
```

```
15.      //设置 socket.io 日志级别
16.      io.set("log level", 1);
17.      //监听链接事件
18.      io.sockets.on("connection",function(socket){
19.          //响应客户端 msg 事件
20.          socket.on("msg",function(data){
21.              console.log("Get a msg from client ...");
22.              //控制台输出接收到的数据
23.              console.log(data);
24.              //把收到的信息广播出去
25.              socket.broadcast.emit("chat message",data);
26.          });
27.      });
```

将【范例 24-1】保存为 app.js，存放在项目根目录下（C:\Node\chatroom），用命令 node app 运行程序即可将聊天室服务端启动，服务端控制台效果如图 24-5 所示。

图 24-5 服务端控制台

如果没有设置 Socket.IO 的日志级别，通过图 24-5 还能看到更加详细的日志信息，由于日志必然对性能有一些影响，所以投产环境中还是将日志控制在适当范围比较好。

24.2 HTML5 中的 Web Socket

Web Socket 是 HTML5 规格中一个非常重要的新特性，新的 Web Socket 旨在解决 HTTP 协议的结构限制，是一种浏览器与服务器间进行全双工通信的网络技术。Web Socket 通信协议于 2011 年被 IETF 定为标准 RFC 6455，且已被 W3C 定为标准。

基本的互联网通信协议都会用 RFC 文件详细说明，由此可见，Web Socket 对于互联网的基础特性及重要性。

24.2.1 Web Socket 协议

Socket 通信开发最重要的就是协议。像通信软件（QQ、MSN）、杀毒软件（360、金山）、电信软件（短信、通话）等行业软件都有自己独特的协议。有了协议，就可以无视语言和平台，大家都可以为这个平台做开发，就像使用同一种语言交流一样，在通信程序开发中，协议起到了跨平台、跨语言的重要作用，Web Socket 也不例外。

由于历史原因，Web Socket 曾一度没有定稿，所以各个浏览器厂商，如 IE、FF、Chrome 和 Safari，对其实现有所不同，IE 9 及其以前版本没有实现 Web Socket 标准，但是现在越来越多的浏览器已经开始支持标准。不过，在有些较旧版本的浏览器中实现的是一些草案版本，常见的有 draft-76、draft-17 等。

24.2.2 Nginx 对 Web Socket 的支持

Nginx（engine x） 作为一个高性能的 HTTP 和反向代理服务器，从 1.3 版本开始对 Web Socket 协议提供了大力支持，使得开发者除传统的 HTTP 通信之外，将不再需要面对其他复杂的工作环境。

由于面临着不断增加的高性能、低延迟的通信需求的挑战，Web Socket 协议进入 Nginx 成为内核功能，也实实在在地方便了 Web 开发者和服务提供商提供基于 Nginx 平台的服务。

Web Socket 程序执行允许开发者在开发和支持实时 Web 应用程序和平台时扩展和简化 Nginx。Web Socket 在 Nginx 中的支持，使得 Web 开发者减少了不必要的工作。

24.2.3 Web Socket 常用 API

window.WebSocket 提供一组可用于 Web Socket 编程的对象、方法和属性，详情如表 24-1 所示。

表 24-1 window.WebSocket 对象的方法和属性

方法或属性	说明
send(data)	使用 WebSocket 对象发送数据到服务器
close(code, reason)	关闭 WebSocket 对象
onclose	当套接字关闭时调用的事件处理程序
onerror	当出现错误时调用的事件处理程序
onmessage	通知接收到消息的事件处理程序
onopen	当 WebSocket 对象已连接时调用的事件处理程序
url	获取套接字的当前 URL
readyState	报告 WebSocket 对象连接的状态
binaryType	由 onmessage 接收的二进制数据格式

WebSocket 的语法非常简单，要创建一个 WebSocket 连接的代码如下：

```
var socket = new WebSocket('ws://localhost:86');
```

然后就可以通过相关方法和属性完成更加复杂的 Web 应用。由于 WebSocket 对象并非浏览器历来就支持，所以就出现了像 Socket.IO 或者 Dojo WebSocket 这样的框架，通过它们使不同浏览器得以兼容。

24.3 在 Node.js 中操作数据库

数据库历来是 Web 应用中占据绝对地位的重要角色，在 Node.js 中同样如此，尤其是在当下这个大数据时代里，数据库更是必不可少，只是通过 JavaScript 操作数据库，在几年前是根本无法想象的事情，而今成为时下最热门的方式。

24.3.1 操作 MS SQL Server

MS SQL Server（简称 MSSQL）是微软公司提供的数据库服务器，也是 Windows 平台下最常见的数据库，所以微软官方也推出了 Node.js 平台下操作自家产品 MSSQL 的工具 msnodesql。

通过下面的命令即可将 msnodesql 安装到指定目录：

```
npm install msnodesql
```

笔者用一个绿色集成的 SQL 2000 工具 GSQL 来快速搭建数据库环境，因为是绿色环境，下载下来解压即可运行，运行效果如图 24-6 所示就表示启动成功。

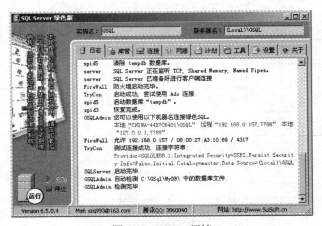

图 24-6 GSQL 环境

数据库环境现在已经搭建，用 SQL Server Management Studio 连接到本地地址 127.0.0.1:7788，然后创建一个测试数据库 nodetest 和一个 user 表，如图 24-7 所示。

同时，还需要设置数据登录用户名和密码，在开发环境下可以直接设置 sa 用户，位于

"安全性"选项下，如图 24-7 所示。接下来就可以用 JavaScript 来连接 MSSQL 数据库了，代码如【范例 24-2】所示。

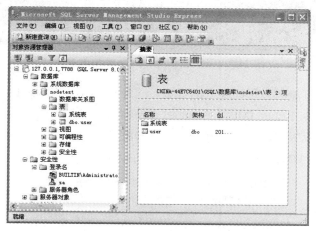

图 24-7 管理 MSSQL 数据库

【范例 24-2 JavaScript 操作 MSSQL】

```
1.      var sql = require("msnodesql")
2.          //链接数据的字符串
3.      ,conn_str = "Driver={SQL Native Cl ient};Server={127.0.0.1,7788};
        Database={nodetest};uid=sa;PWD=123;";
4.      sql.open(conn_str, function (err, conn) {
5.          if (err){                                    //如果链接出错则退出
6.                  console.log(err);return;
7.          }
8.          console.log('open ok...');
9.          conn.query("insert into [user] ([name])values('nodejs')");
                //插入一条记录
10.         conn.query("insert into [user] ([name])values('z3f')");
                //插入一条记录
11.         conn.query("select * from [user] where [name] = 'z3f'",function
        (err,result){
12.                 console.log("query ok...");
13.                 console.log(result);
14.                 for(var i=0;i<result.length;i++){
15.                     console.log(result[i].name);   //遍历输出查询到的结果集
16.                 }
17.         });
18.     });
```

代码思路很简单，连接数据库后插入两条记录，然后查询指定的记录，结果如图 24-8 所示。

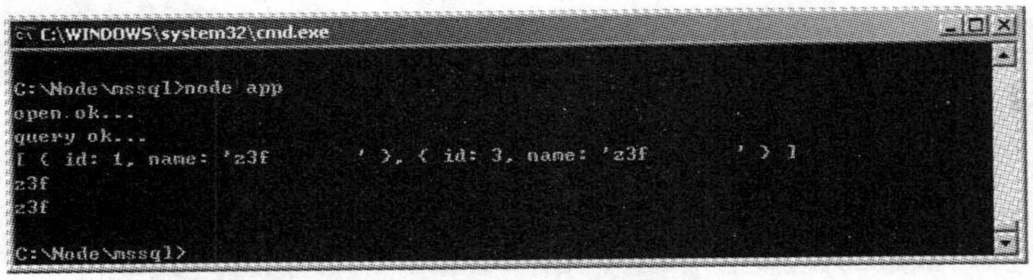

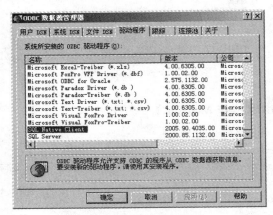

图 24-8 msnodesql 操作 SQL 2000 数据库

在执行的时候，可能因为不同版本的数据库（如 SQL 2005、SQL 2008 等）或不同操作系统的原因，会出现 SQL state IM002 和 08001 错误提示。

对于不同的数据库版本，需要设置正确的 ODBC 驱动（【范例 24-2】代码第 3 行中的 Driver 名称），选择计算机上安装的驱动程序，如图 24-9 所示。

图 24-9 查看 ODBC 驱动

图 24-9 中的"ODBC 数据源管理器"可通过"控制面板"→"管理工具"→"数据源 (ODBC)工具"打开，其他操作系统略有差异，另外，SQL 语法不在本书讨论范围之内，请读者查看相关书籍和资料。

24.3.2 操作 MySQL

MySQL 和 MSSQL 一样，也是非常流行的数据库，如何用 JavaScript 在 Node.js 下链接 MySQL 数据库呢？

首先，在本地快速搭建一个 MySQL 环境，这里笔者选用集成开发工具 AppServ，通过图 24-10~图 24-14 下载、安装并配置好 MySQL 环境。

图 24-10 下载 AppServ

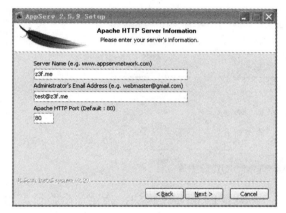

图 24-11 Apache 可以随意设置

图 24-12 设置 MySQL 数据库密码

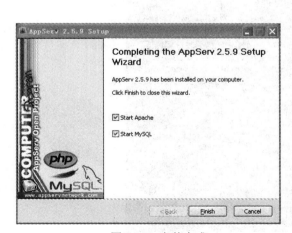

图 24-13 安装完成

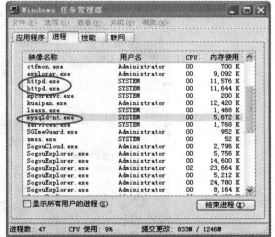

图 24-14 安装完成启动的进程

　　AppServ 内置了 phpMyAdmin，在运行之前需要找到 config.inc.php 文件，将设置的数据库用户名和密码做如下配置：

```
$cfg['Servers'][$i]['user']      = 'root';   // MySQL user
$cfg['Servers'][$i]['password']  = '123123@';// MySQL password (only needed
```

配置文件一般在安装目录下可以找到，如 C:\AppServ\www\phpMyAdmin。然后在浏览器中输入本地访问地址 http://localhost/phpMyAdmin/，会要求输入数据库管理账号和密码，登录成功后在内置测试数据库 test 下新建一个 node 表，为后面做开发准备，详情如图 24-15 所示。

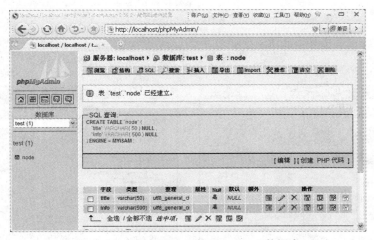

图 24-15　phpMyAdmin 管理 MySQL 数据库

接下来就是用命令 npm install mysql 来安装 Node.js 的 mysql 模块，指定一个路径，如 C:\Node\mysql，安装成功后的效果如图 24-16 所示。

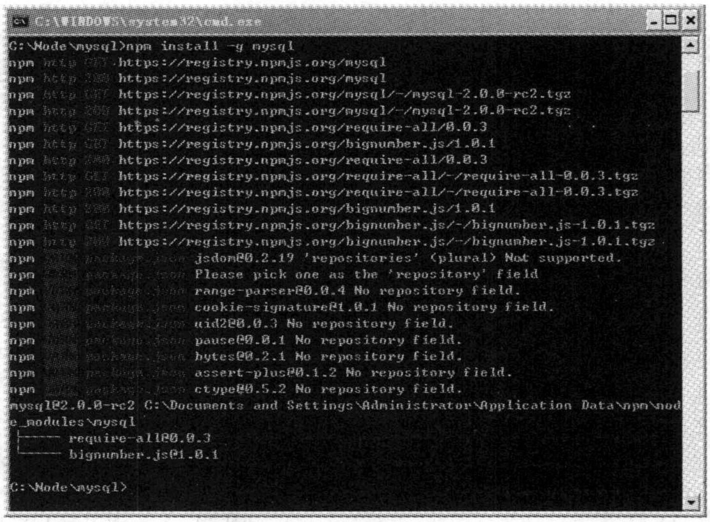

图 24-16　安装 mysql 模块

准备工作完成后，就可以用 JavaScript 来操作 MySQL 数据库了，其模式或 API 和

MSSQL 操作非常相似，具体代码请看【范例 24-3】。

【范例 24-3 JavaScript 操作 MySQL】

```
1.    var mysql = require("mysql");                        //引用模块
2.    var client = mysql.createConnection({               //创建连接
3.        "host":"localhost",
4.        "port":"3306",
5.        "user":"root",
6.        "password":"123123@"
7.    });
8.    client.query("USE test",function(error,results){
9.        if(error){                                      //出错时退出
10.           console.log("ClientConnectionReady Error:"+error.message);
11.           client.end();return;
12.       }
13.       InsertData(client);
14.   });
15.   //插入数据
16.   InsertData=function(){
17.   var values=["Hello!","node 2 mysql at:"+Math.random()];
18.   client.query("INSERT  INTO  node  SET  title=?,info=?",values,function
   (error,results){
19.           if(error){                                  //出错时退出
20.               console.log("InsertData Error:"+error.message);
21.               client.end();return;
22.           }
23.           console.log("Inserted: "+results.affectedRows+" row.");
24.           console.log("Id inserted: "+results.insertId);
25.       });
26.       GetData(client);
27.   };
28.   //查询数据
29.   GetData=function(client){
30.       client.query("SELECT * FROM node",function(error,results,fields){
31.           if(error){//出错时退出
32.               console.log("GetData Error:"+error.message);
33.               client.end();return;
34.           }
35.           console.log("Results:");
36.           console.log(results);                       //控制台输出记录集
37.           if(results.length>0){
38.               var rs = results[0];                     //取得第一条记录
39.               console.log("Title:"+rs.title);          //输出指定字段
40.               console.log("info:"+rs["info"]);
41.           }
```

```
42.              }
43.         );
44.         client.end();                                    //关闭数据库连接
45.         console.log("Connection closed.");
46.    };
```

将【范例 24-3】的代码保存到 C:\Node\mysql\目录下的 app.js 文件中，用命令 node app.js 即可运行，运行效果如图 24-17 所示。

图 24-17 操作 MySQL 数据库

24.3.3 操作 MongoDB

与 MSSQL 和 MySQL 不同，MongoDB 是非关系型数据库，相对于 Node.js 的应用环境来说，它支持的 JSON 数据格式非常受开发者欢迎，也是呼声很高的一种 NoSQL 数据库。

在 MongoDB 官网下载一个安装包，笔者使用 32 位 Windows 版本，解压缩后即可运行。解压到指定目录（如 D:\soft\mongoDB）后，再创建一个存放数据库文件的目录（如 D:\soft\mongoDB\db），可以是任意位置，然后通过命令行提示符到 bin 目录下运行命令 mongod --dbpath=D:\soft\mongoDB\db，如果数据库目录不正确，则可能报错，运行成功时本地路径 http://localhost:28017/可查看 mongoDB 的各类运行信息，否则将无法访问此 URL。

接着，需要另外打开一个 CMD 窗口，切换到指定目录（如 C:\Node\mongoDB），执行命令 npm install mongoDB 来安装 mongoDB 操作模块。

然后，另外打开一个 CMD 窗口，切换到 mongoDB 安装目录（D:\soft\mongoDB\bin），执行命令 mongo 进入 mongoDB 的控制台，其中有很多操作数据库的命令，show dbs 就可以查看当前有哪些数据库存在，如图 24-18 所示。

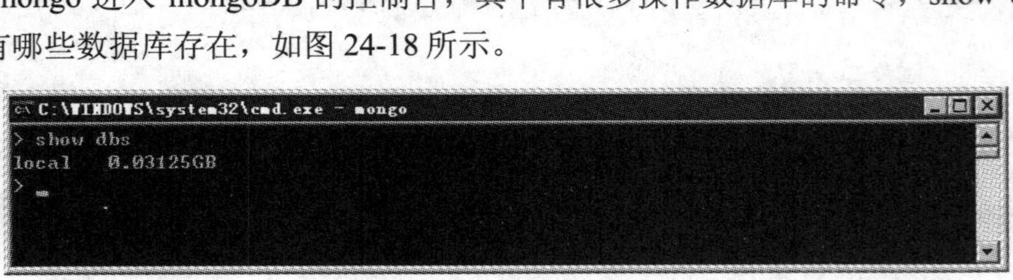

图 24-18 mongoDB 数据库

MongoDB 和关系型数据库操作数据最大的不同在于不是使用 SQL 语法，可以通过【范例 24-4】进行对比。

【范例 24-4 MongoDB 数据库的操作】

```
1.      var mongoDB = require('mongoDB');                    //引用模块
2.      var server = new mongoDB.Server('localhost',27017,{auto_reconnect:true});
3.      //连接数据库
4.      var db = new mongoDB.Db('testnode',server,{safe:true});
5.      //打开数据库
6.      db.open(function(err,_db){
7.          if(err){                                        //如果报错则提示
8.              console.log(err);
9.          }else{
10.             //打开记录集
11.             db.createCollection('nodemsg',function(err, collection){
12.                 if(err){
13.                     console.log(err);
14.                 }else{
15.                     var _data = {"id": new Date().getSeconds(),"msg" :
                        "node msg","code" : Math.random()};
16.                     //插入数据
17.                     collection.insert(_data,{safe:true},function(err,
                        result){
18.                         console.log(result);
19.                         //更新 id=20 的记录
20.                         collection.update({id:20},{$set:{"msg":"update
                            msg"}},{safe:true}, function(err, result){
21.                         });
22.                         //查询 id>20 的记录
23.                         collection.find({"id":{"$gt":20}}).toArray
                            (function(err,docs){
24.                             console.log("find id>20");
25.                             console.log(docs);
26.                             db.close();             //关闭连接
27.                         });
28.                     });
29.                 }
30.             });
31.         }
32.     });
```

将【范例 24-4】的代码保存到 C:\Node\mongoDB 目录下的 app.js 文件中，然后运行命令 node app.js 启动。首次运行时，mongoDB 会自动创建数据 testnode 或相应的记录集 nodemsg，后续运行时则直接执行相应的逻辑代码。在【范例 24-4】中，每次运行时会增加一条记录，并且更新 id 等于 20 的记录信息，并且找到 id 大于 20 的记录显示出来，显示完毕后关闭数据库连接，运行效果如图 24-19 所示。

图 24-19 mongoDB 操作数据

不能用传统的关系型数据库思维来理解 NoSQL 数据库和架构相应的业务需求，像重要的存储过程、触发器这类关系型数据，常见功能都是不提供的，而它的优势在于数据结构简单，支持流行的 JSON 格式，对某些业务处理起来高效便捷。当然，MongoDB 数据库也不是万能的，需要根据实际需求选择。

24.4 完善聊天系统

有了聊天室的服务端，当然也需要客户端，最主要的客户端就是浏览器，Socket.IO 提供了兼容浏览器客户端的东西，所以大大减少了开发者不必要的工作量。

24.4.1 聊天室客户端

相信读者已经在【范例 24-1】中看到"__dirname+"/client.html""这样的代码，这就是发送给客户端的内容。服务端代码相当简单，那么客户端的代码是否如服务端代码这样简洁呢？答案是肯定的，详见【范例 24-5】。

【范例 24-5 聊天室客户端代码】

```
1.  <!DOCTYPE html>
2.  <html>
3.  <head>
4.  <title>简易聊天室</title>
5.  <meta http-equiv="Content-Type" content="text/html; charset=utf-8" />
6.  <script src="/socket.io/socket.io.js"></script>
7.  <script>
8.  (function(){
```

```
9.        var socket = io.connect('http://127.0.0.1:86');//端口与服务器一致
10.           socket.on('chat message',function(msg){
11.               msgbox(msg.msg);                    //显示服务器推送信息到聊天窗口
12.           });
13.       window.sendMsg = function(){
14.           var inpt = document.getElementById('put');
15.           var str = inpt.value;
16.           msgbox(str);                            //显示自己发送的信息到聊天窗口
17.           socket.emit('msg',{msg:str});           //发送到服务器
18.           inpt.value = "";                        //清空发送消息窗口
19.           inpt.focus();                           //让焦点定位到发送消息窗口
20.       }
21.       function msgbox(str){
22.           document.getElementById('box').innerHTML += str + '<br />';
23.       }
24. })();
25. </script>
26. <style type="text/css">
27. #box{overflow: auto;width:500px;height:100px;border:1px solid #dcdcdc;}
28. #put{width:430px;}
29. </style>
30. </head>
31.  <body>
32.    <h2>简易聊天室</h2>
33.    <div id="box"></div>
34.    <input type="text" id="put" />
35.    <input type="button" value="发送消息" onclick="sendMsg();">
36.  </body>
37. </html>
```

将【范例 24-5】保存为 client.html 并存放在项目根目录下（C:\Node\chatroom），在浏览器中输入 http://127.0.0.1:86/即可看到如图 24-4 所示的运行效果。由于网址是本地计算机使用的，因此如果要在局域网或广域网访问，那么需要修改对应的网址。需要注意的是，socket.io.js 文件是 Socket.IO 提供的，我们自定义的代码文件中是没有此文件的，它对 Web Socket 提供了良好的封装处理，其 API 的详细说明如表 24-2 所示。

24.4.2 Socket.IO 常见 API

Socket.IO 的目标是支持任何的浏览器、任何设备，不仅前端统一，而且后端也能共用，其中常用的方法如表 24-2 所示。

表 24-2 Socket.IO 常用的方法

方法	说明
connect(url)	连接到服务器
on(event , callback)	事件处理
emit(event , data, callback)	发送数据
of(path)	限定路径

由于前后端均使用 JavaScript，因此这些方法中的 on 和 emit 都是通用的，只是参数传递略微不同，其中 on 方法不仅兼容 WebSocket 原有的一些事件，还能自定义事件，如服务端代码中用的 msg 事件和客户端是保持一致的，只有这样才能通信。通过这个方法，可以很方便地自定义各类交互事件，能够较快速地完成开发。

of 方法能够在同一个端口下开设多个不同通信应用。例如，服务器 localhost 如果这样：

```
var chat = io.of('/chat').on('connection', function (socket) {
    ........
});
var news = io.of('/news').on('connection', function (socket) {
    ........
});
```

那么客户端连接时就需要加上路径：

```
var chat = io.connect('http://localhost/chat');
var news = io.connect('http://localhost/news');
```

24.5 相关参考

- https://www.npmjs.com/——W3C 官方提供的在线验证 CSS3 工具。
- https://tools.ietf.org/html/draft-hixie-thewebsocketprotocol-76——Socket.IO 支持的 hixie-76 版本。
- https://tools.ietf.org/html/draft-ietf-hybi-thewebsocketprotocol-16 —— Socket.IO 支持的 hybi-16 版本。
- https://socket.io/——Socket.IO 官网。
- https://github.com/WindowsAzure/node-sqlserver——msnodesql 官网。
- http://docs.sequelizejs.com/——多合一集成数据操作框架。